城市安全与综合防灾规划

滕五晓　罗　翔　万蓓蕾　夏剑霰　王　昊　著

科学出版社
北　京

内 容 简 介

本书立足于城市安全建设的前沿，通过对城市安全历程的梳理，总结城市安全建设经验，提出基于“韧性城市”理论的城市综合防灾系统规划的理念和具体方法。全书分为上下两篇。上篇基于韧性城市理论视角，在回顾中西方城市营建中确保城市安全的做法和经验，梳理城市防灾规划的理念变化的基础上，对国内外韧性城市建设前沿进行研究，形成城市综合防灾规划的体系框架。下篇以建设全球城市为规划目标，对上海市浦东新区综合防灾规划体系进行了研究，在此基础上，从安全分区、功能布局分别对浦东新区城市空间战略、重要防灾设施进行了规划研究，以构建强韧性的防御体系和安全保障体系；围绕模式创新和能力提升对浦东新区应急管理体制、综合应对体系两方面进行了研究，以建立多层次立体式城市综合防灾管理体系和快速应对体系。

本书可供公共安全、城市安全、应急管理、城市规划等相关专业的科研人员、研究生等参考，也可供城市应急管理、城市运行管理、城市规划管理等相关业务部门的工作人员借鉴。

图书在版编目（CIP）数据

城市安全与综合防灾规划 / 滕五晓等著. —北京：科学出版社，2019.10

ISBN 978-7-03-062609-7

Ⅰ. ①城… Ⅱ. ①滕… Ⅲ. ①城市－灾害防治－城市规划
Ⅳ. ①X4 ②TU984.11

中国版本图书馆 CIP 数据核字（2019）第 221167 号

责任编辑：朱 丽 白 丹 / 责任校对：樊雅琼
责任印制：吴兆东 / 封面设计：图阅盛世

科学出版社出版
北京东黄城根北街 16 号
邮政编码：100717
http://www.sciencep.com

北京中石油彩色印刷有限责任公司 印刷
科学出版社发行 各地新华书店经销

*

2019 年 10 月第 一 版 开本：720 × 1000 B5
2022 年 8 月第四次印刷 印张：15 1/4
字数：305 000

定价：108.00 元

（如有印装质量问题，我社负责调换）

前　　言

本书是在“浦东新区城市安全和综合防灾系统研究”项目研究成果的基础上，进一步聚焦城市安全营造历史变迁和城市防灾规划理论发展演化，逐渐完善而成。

安全是人类本能的需求，是城市建设的基本要素之一。从远古走来，人类不断寻求与自然共生、与灾害抗争的方式和方法，形成了卓有成效的城市安全营造经验，也形成了城市规划的理论。早期的城市防灾既有为防御外敌入侵而修筑的军事工程设施，也有为抵抗各种灾害袭击而建设的防灾减灾设施，建房屋以避风雨，筑城墙以御外敌，但多以抵御某一类灾害为主。随着人类社会发展，城市系统日渐复杂而庞大，灾害对城市安全运行构成威胁，灾时有效应对与灾后快速恢复成了城市管理的重要任务，应急管理应运而生，并得到快速发展。但是著者在长期的城市公共安全与应急管理研究中，深感突发事件防不胜防，应急管理被动应对，这是因为很多灾害事故隐患在城市规划建设过程中就不断被积累，甚至被放大。其根本原因在于应急管理与城市规划建设相脱离，缺少源头规划，多元治理的城市防灾减灾存在制度上的缺陷。

随着风险管理理论与方法在城市管理领域的广泛应用，系统性防灾体系规划理念逐渐受到重视。风险管理的核心是从原有的以灾害应急为中心的灾害对应体制，向灾害预防、灾害减轻的全过程风险管理转变，并且从单一灾害应对模式转化为全灾害风险管理模式。但是城市灾害风险错综复杂，受城市自然环境、城市形态、城市社会环境的多重影响。城市安全不仅受到致灾因子（诸如地震、风暴潮、洪涝灾害等）威胁，还与城市社会的风险暴露程度及城市承灾体的脆弱性程度相关。全球气候变化导致自然灾害致灾因子被放大的同时，由于城市快速扩张造成环境退化而导致承灾体脆弱性放大，不科学的城市规划使越来越多的人暴露于风险之中，三重因素最终导致城市灾害风险的不断放大。国际社会也因此对全球风险治理的关注度增强。世界银行在发布的主题为“风险与机会——管理风险以促进发展”的《2014 年世界发展报告》中，呼吁个人和机构成为“具有主动性和系统性的风险管理者”，强调以一种主动、系统、综合的方式来管理风险。这是一种更具有前瞻性、更为主动的风险管理理念。

韧性理论的兴起为城市应急管理体制建设打开了一扇窗。韧性城市作为城市规划建设的理念被广泛地接受。面对环境、社会经济的不确定性和风险，“韧性”也成了城市规划建设和发展的核心目标。城市韧性不仅表现在城市能够主动防御灾害，而且体现在灾害发生后城市具有快速应对灾害的能力和快速恢复能力。具体表现为城市系统能够有效地预防和减少灾害事故的发生，即便在遭受重特大自然灾害或突发事件后，城市不应瘫痪或被脆性破坏，部分设施可能受到破坏，但城市能够承担足够的破坏后果，具备较强的自我恢复和修复功能，能快速地从灾难中恢复，并能确保其基本运行。城市防灾从被动的工程性防御走向主动的系统性防御，安全和防灾逐步融入城市发展目标，“韧性城市”建设成为全球城市共同的战略目标。共同的理念背后，是我们对于城市理解的共识，也有一致的做法和经验。

受此战略思路引导，著者以浦东新区城市综合防灾战略规划研究为契机，深入探讨城市安全与城市规划、建设、管理的关系，将应急管理与城市规划相融合，探索构建既能有效防御和减轻灾害事故的发生，又能在突发事件发生时及时应对，灾害发生后快速恢复的强韧性城市综合防灾规划体系。本书立足于城市安全建设的前沿，通过对城市发展历程的梳理，总结城市安全建设规律，提出基于“韧性城市”理论的城市综合防灾规划理念与具体规划方法。全书分为上下两篇，分别从城市综合防灾规划体系构建与规划实践应用两个层面进行研究。上篇聚焦城市防灾规划理论和规划体系构建，基于韧性城市理论视角，在回顾中外城市营建中确保城市安全的做法和经验，对城市防灾规划的理念变化进行梳理的基础上，对国内外韧性城市建设前沿进行研究，形成城市综合防灾体系建设的规划体系。下篇从浦东新区综合防灾规划实践出发，在理论体系和规划思路框架下，以建设全球城市为规划目标，从安全分区、功能布局分别对浦东新区城市空间战略、重要防灾设施进行了规划研究，以构建强韧性的防御体系和安全保障体系；围绕模式创新和能力提升对浦东新区应急管理体制、综合应对体系两方面进行了规划研究，以建立适合浦东新区的多层次立体式城市综合防灾管理体系和快速应对体系。

国家应急管理部的组建，标志着城市应急从突发事件协同应对走向常态下日常管理与紧急情况下应急管理相结合的城市安全综合管理。这一管理体制的创新，为构建集城市规划、建设、运行、管理于一体的城市综合防灾规划体系，提供了制度保障，相信会引起多视角关注和多学科融合，著者以此抛砖引玉。本书如有疏漏、不足之处，恳请广大读者批评指正。

本书的出版获得复旦大学社会发展与公共政策学院科研发展基金资助。

2019 年 5 月

目　录

下篇：浦东新区综合防灾规划探索——以建设全球城市为目标

上篇：城市安全与综合防灾规划研究
——基于韧性城市理论

安全是人类本能的需求。从远古走来，人类不断寻求与自然共生、与灾害抗争的方式方法，获得了经验且卓有成效，也形成了城市规划的理论。城市防灾从被动的工程性防御走向主动的系统性防御，安全和防灾逐步融入城市发展目标，“韧性城市”建设成为全球城市共同的战略目标。共同的理念目标背后，是我们对于城市理解的共识，也有相一致的做法和经验。只有站在这样的战略高度并基于历史经验，规划建设城市综合防灾系统，才能建设既能有效防御和减轻灾害事故的发生，又能在突发事件发生时及时应对，灾害发生后快速恢复的强韧性城市。

第一章　安全城市营建：永恒之理想

人类社会的发展历程，是一段与环境协调共生、不断追求美好生活的历史，也是一段不断谋求安全的发展史。从旧石器时代的穴居、树居寻求防御野兽的个人安全，到逐渐走向半穴居、干栏式建筑寻求固定聚落群的群体安全，再到社会专门化分工城市出现后，对于城市防御自然灾害、抵抗外敌入侵的理想和实践从未间断。时至今日，我们依旧在探寻理想的安全城市如何实现。

当沿着历史的脉络来回顾人类对于安全城市的追求时，可以看到早期虽然没有理论指引，但在实践中、在与灾害抗争的过程中，无论是中国还是西方，都形成了从城市选址，到城市建设，再到城市管理的完整方法。到 19 世纪，城市规划的理念和方法正式被提出。对安全的关注最初隐含在设计理念中，随后则被明确列出，作为规划重要的一环。并且，对安全的要求，从应对灾害，拓展成为对更广泛的风险的预防和准备。安全城市的营建一直是人类社会永恒不变的理想与追求。

第一节　中国城市营建中的“安全”

中国古代城市既有从聚落自然发展而来的，也有根据行政要求而营建的，无论何种城市，古人都通过各类硬件建设和制度建设，努力营造一个安全的城市，并卓有成效。当然，实际上，“安全”本身就是一个相对于“灾害”而产生的概念，从原始时期开始，各类城市的安全设施和措施，就是伴随着一次次的灾害而来的。洪水一次次淹没家园，让人们更关注水利工程的建设；大火一次次吞噬住宅，使得我们在规划、建设和日常生活中逐渐关注建筑灭火和消防设施建设，乃至从管理和救援方面进行准备。虽然古代中国没有城市防灾规划的说法，但实践中，对安全的追求无处不在。

一、安全是人类生存的本能追求

当我们抽象地谈论安全时，它似乎是一句口号，是一个外来的概念，但实际上，褪去所有外在的矫饰，安全的本质就是人类在种族发展过程中，维持生命和延续种族的天然需求，是人类生存的本能，是生命体传续基因的根本需求。因为是本能，所以并不是外在的力量（无论是其他个体还是群体）强加于人的目标。人类对于安全的追求早于人类能表述这一目标，也绝对早于人类建立群居聚落，乃至发展成为现代城市。从这个意义上说，安全是人类社会追求的常态，是融入人类发展历程方方面面的特质，不安全反而是非常态，是外部或内部环境变化引发的应激变化。

人类对于安全的追求自远古时代就有。从生物体单独的视角来看，人类体格不强壮，各类感官系统不敏锐，对自然界的温度、湿度变化又很敏感，所以，人类在自然界中非常脆弱。人类用制造工具、利用环境乃至改造环境的方式来减弱自身的脆弱性。人类用火把驱赶夜晚的野兽；利用洞穴和建造简易的穴居房屋，来更好地对抗外在环境、养育后代；人类以聚落而居，依靠群体的力量去获取安全。

从早期人类活动中，可以看到安全更多是基本生存层面。伴随着人类聚落的固定化和规模化，聚落的安全成为群体更关注的问题。聚落的安全防范主要体现在以下几个方面。

1）聚落位置的选择。出于生产生活的需要，聚落位置既要靠近水，又要有一定的垂直或水平距离，以避免受到水的侵害。

2）聚落的对外防御。聚落通过设置（利用天然或人工挖掘）外部的沟壕、堆砌城垣来达到事先防御的目的。目前在西安半坡遗址、山东城子崖遗址、内蒙古赤峰东八家石城遗址均能见到此类遗存（董鉴泓，2004）。

3）聚落内部的功能分区。生和死的分隔，墓地和居住区域分开，从安全的角度来说，抵御的是尸体可能带来的疫情，虽然当时的人类并不清楚原理，但从现存的遗址中，可以看到这种共同的选择。这种共同性背后，可能是基于经验和本能对卫生的追求，也就是对安全的追求。这也许就是原始意义上的安全分区，或防灾分区。

人类逐渐从原始社会向奴隶社会过渡时，城市随之出现，并且人口进一步集聚。除了前文已经提到的安全防范措施，人口的密集也带来了以下新的安全问题。

1）建筑密度增大，而中国传统建筑又以木材为主，那么木质构造建筑的防火问题成为城市建设必须要考虑的新问题。

2）私人建筑和公共建筑的增多也使得城市建筑区域需要考虑除了自然渗透之外的排水设施，洪涝始终是城市建设发展中的抗争对象。

3）随着人口的聚集，更多因人口而产生的治安、公共卫生等问题，也成为城市需要解决的安全问题。

二、史前城市中的安全元素

（一）良渚古城的水利系统

对于中国史前古城，以前我们更多关注的是中原地区，但近年来，长江中下游平原的考古发掘使我们对良渚文明有了更为深入的认知。杭州良渚地区的良渚古城遗址，是距今 5300～4300 年良渚文明的中心（刘斌等，2017）。良渚古城的水利系统在良渚古城的北面和西面，利用自然山体加上人工堆筑，形成了由 11 条堤坝组成的前后两道防护体系，北部坝体较高，南部坝体较低（王宁远，2016）。通过 ^{14}C 测定，可知良渚水利工程的人工堆筑都处于良渚文明的中早期（王宁远和刘斌，2015）。

对于良渚古城北面和西面的水利工程的研究于 2007~2017 年开展，根据专家结合周围地形地貌的推测，可知处在余杭 C 形盆地中的良渚古城很容易受到西北面天目山区山洪的影响，而通过水利系统的高、低两级水坝系统，可以将大量来水淤塞在山谷和低地中，解除洪水的直接威胁（图 1-1）。根据数据模拟，这些坝体大致可以阻挡短期内 870mm 的连续降水，相当于本地区百年一遇的降水量标准（刘斌等，2017；王宁远和刘斌，2015）。

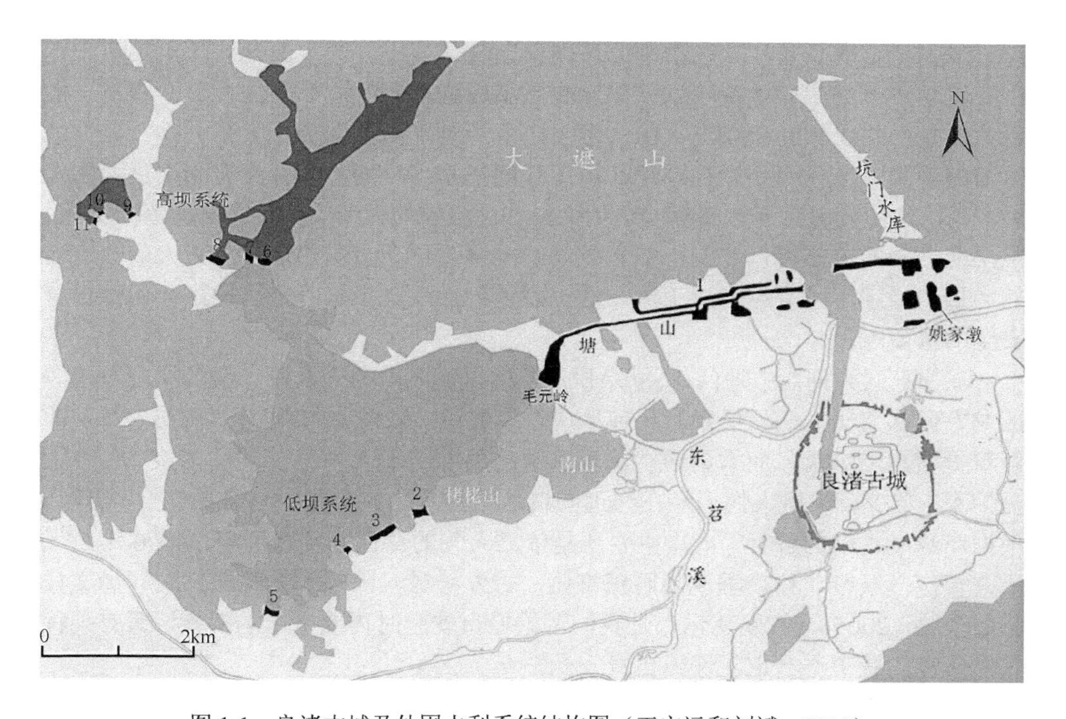

图 1-1　良渚古城及外围水利系统结构图（王宁远和刘斌，2015）

1. 塘山；2. 狮子山；3. 鲤鱼山；4. 官山；5. 梧桐弄；6. 岗公岭；7. 老虎岭；8. 周家畈；9. 秋坞；10. 石坞；11. 蜂蜜弄

良渚古城被建在莫角山上，修建时先将自然山体抬高填平，使其成为平整的高地，再在高地上建宫殿。这样在潮湿多雨的长江中下游平原，能够最大限度地保障良渚古城不受水患侵扰，是对于居住地的一重安全保障（刘斌，2007）。从目前的考古发现中，还能看到类似于后世较成熟城市的三重城市格局：由宫殿区、城墙和外郭构成一个完整的防御体系，并且地面高度由高到低，可以看到城市功能和重要性的区分（刘斌等，2017）。

在4000多年前的史前文明城市，人类通过构筑水坝、堆筑城郭和城墙、挖建水道、堆筑高地等方式，对其所面临的主要自然灾害——水患，进行综合治理，可谓叹为观止。我们在对史前人类的智慧表示赞赏和震惊的同时，也可以看到，安全是生存之本，具有一定权力的贵族或统领为自身的安全总是竭尽所能。

（二）中原地区的黄河水利

我们把目光从长江中下游平原移向中国文化核心区的中原地区，虽然黄土地和长江中下游的气候状况不同，但水患是不同族群所共同面临的大敌。我们一般说黄河是中华民族的母亲河，但实际上，黄河对于史前人类更多是灾祸，充沛的水量随着降水变化而不受控制地在中原摇摆扫荡。早期文明并没有利用黄河的能力，所以其主要诞生于水量稍少、更为温和、可控的大河支流，乃至支流的支流。从早期文明的分布可以看到，随着时间的推移，早期文明的选址随着人们改造自然力量的增强而越来越靠近干流。这也是他们通过选择聚落定居地点而保障自身安全的重要表现。

屈原在《天问》中追问："洪泉极深，何以寘之？地方九则，何以坟之？河海应龙？何尽何历？鲧何所营？禹何所成？"据说，鲧采用"堙障""壅防"法，即修筑堤坝围堵洪水；而大禹成功治理洪水的关键是采取"疏""导"的方法。"大禹治水"至少反映出人们已经在通过归纳总结治水之方来维护自身的安全。当然，根据环境考古学的解释，大禹主要还是依靠天气的变化来判断形势，4000年前气候好转，气候带北移，季风降雨正常化，古人将错误归因于大禹的判断（吴文祥和葛全胜，2005）。气候变化也是我们讨论城市安全时需要考虑的要素，适应某种气候条件的城市不一定能保障自身安全。

在早期史前文明的城池遗址，甚至可以看到人工的排水设施。新石器红山文化晚期的河南淮阳平粮台，是一个方形城池，不仅在其外围发现了护城壕沟，还在城墙南门位置发现了陶制排水管道，这是迄今所知道的最早的公共排水设施（许宏，2016）。对河南偃师二里头（距今3800～3500年）大型都邑的考古，发现了排水管道、渠道及石砌渗水井等构成的宫殿排水系统（许宏，2014）。在城池建设中考虑排水需求，体现了先民对于安全的理解已经从被动接受各类天灾，到主动改变环境，既能满足生活需求，又能更好地适应气候条件。

三、古代城市营建的安全观

中国古代城市的建设，尤其是有规划的行政中心的建设，特别能体现出中国人对于城市营建的安全观。这种安全观主要体现在城市选址、对自然环境的利用和改造、城市布局及城市建设的细节等方面。

（一）城市选址

城市选址要充分理解自然环境。在《管子·乘马篇》中，已有关于居民点选址要求的记载，“高毋近旱而水用足，下毋近水而沟防省”，充分考虑用水的便利性和防灾需求。

从选址角度，最经典的案例就是中国都城选址，为何西安、洛阳成为十三朝古都？这种共同的选择非常好地体现出了中国人对都城的要求，背后也包含了选址的安全观。最简单直观的思路是：一国的政治中心应当在地理中心，或有利于控内御外。而就建城本身来说，要求的则是地理环境的适宜。首先要有基本的粮食供应能力（粮食安全），虽然首都可以从其他地方调运粮食，但这对交通运输的要求非常高，在动乱时候有断粮之险，所以都城选址要以一定的产粮平原作为保障，气候适宜、水源充沛的平原是首选。其次是首都周围的自然环境要能够保障首都的安全，易守难攻。在冷兵器时代，一马平川就会导致无险可守。最后，连通性也是非常重要的地理因素，良好的交通条件不仅能保障日常的物质供应和政令传递，也有利于战时的人马调运，所以秦始皇修建驰道，对中央集权控制非常有利，也反映了他对于安全和控制的理解。这和当代保障交通生命线的内涵是一致的。这几点要求使得西安、洛阳成为都城首选，位于地理中心，关中平原可以保障粮草，南、西、北三面崇山峻岭可以阻隔外敌，东方的黄河和渭河则可以连通四方。一国之都的选址如此，一省省会的选址，乃至一个地区中心城市的选址，莫不如是。只是供选择的范围和考虑的大小有差异，评价的内容都一致——以安全为上。

（二）对自然环境的利用和改造

对于自然环境的利用和改造更突出地体现了人的作用。完美符合“天时、地利”标准的城市地理位置难得，很多城市建设都需要根据自然环境，因地制宜地建设。所以，虽然按照《周礼·考工记》的理想，都城以宫城为中心，九经九纬，东西南北笔直通畅，甚至每条路也都有相应的宽度，但这只是都城建设的理想。实际建设则如《管子·乘马篇》所言，“因天材，就地利，故城郭不必中规矩，道路不必中准绳。”江南城市水网密布，所以即使是都城城池的建设，也和北方以城墙作为防御的城池有极大的差别。吴国国都规划时，伍子胥提出了“相土尝水，象天法地”的规划思想，他主持建造的阖闾城，充分考虑江南水乡的特点，水网密布、交通便利、排水通畅，而水门设计巧妙，既能排水又能阻碍敌人进攻，展示了水乡城市规划的高超技巧（吴志强和李德华，2010）。

对于自然环境的充分利用和改造，不能不提始建于公元前256年而至今仍然在发挥作用的都江堰。人类和水的关系从避“水害”到建“水利”。长江上游的支流岷江，在春夏山洪暴发时，挟带泥石的洪水对成都平原造成洪涝灾害，洪水退去后则又是沙石千里，而岷江东岸因玉垒山的阻隔，又形成东旱西涝的局势。李冰在对当地西高东低的地势、玉垒山的地形和岷江的水情进行充分勘察的基础上，凿玉垒山建“宝瓶口”引水工程；再根据江河的自然水势走向修筑分水堰，岷江被分为排洪的外江和流入成都平原的内江，分洪减灾；同时，设计巧妙的弯道，使得江水形成环流，泥沙被卷入外江，自动排沙。自然地形加之人工改造形成的一整套水利工程系统既满足了防洪需要，也满足了灌溉和水运的需求，使得川西平原成为富饶的“天府之国”（文韬和青分，2012）。都江堰水利工程集防洪、排沙、分流、灌溉于一体，是城市防灾工程的典范（图1-2）。

（三）城市布局

城市的整体布局也反映了城市营造的安全观。城市无论大小，都有一定的规制。在城市建设之初，就有一定的城市规划理念贯穿其中，如城市整体会有一定的坡度，或者呈中间高四周低的“龟背”形以利于排水。五代后周世宗柴荣在《京城别筑罗城诏》中，特别分析了都城发展中人口及商旅的增加，导致城市过于拥挤、道路狭窄，卫生状况堪忧，易发火灾等问题，提出了要改扩建汴梁城，加宽道路，设立消防设施。这份诏书很好地体现了中国古代的都城的规划理念。

而中原中古时期的都城建设，以北魏洛阳城的封闭式里坊为代表，后来的隋大兴城和唐长安城都以此为典范。洛阳城是中国古代都城建设史上第一次有计划地对居民区进行整齐规范的规划和布局而形成的。“坊”即“防”，四周有围墙，围墙封闭，北魏杨炫之在《洛阳伽蓝记》中说：“方三百步为一里，里开四门”，而坊门早晚定时启闭“以避奸巧”，对城市治安有重要的作用（张晓虹，2011）。坊之间则有宽阔的道路，既能起到木结构建筑防火的功能，把火势阻隔在一个街区范围内，也能在没有照明的夜间起到治安防范的作用。

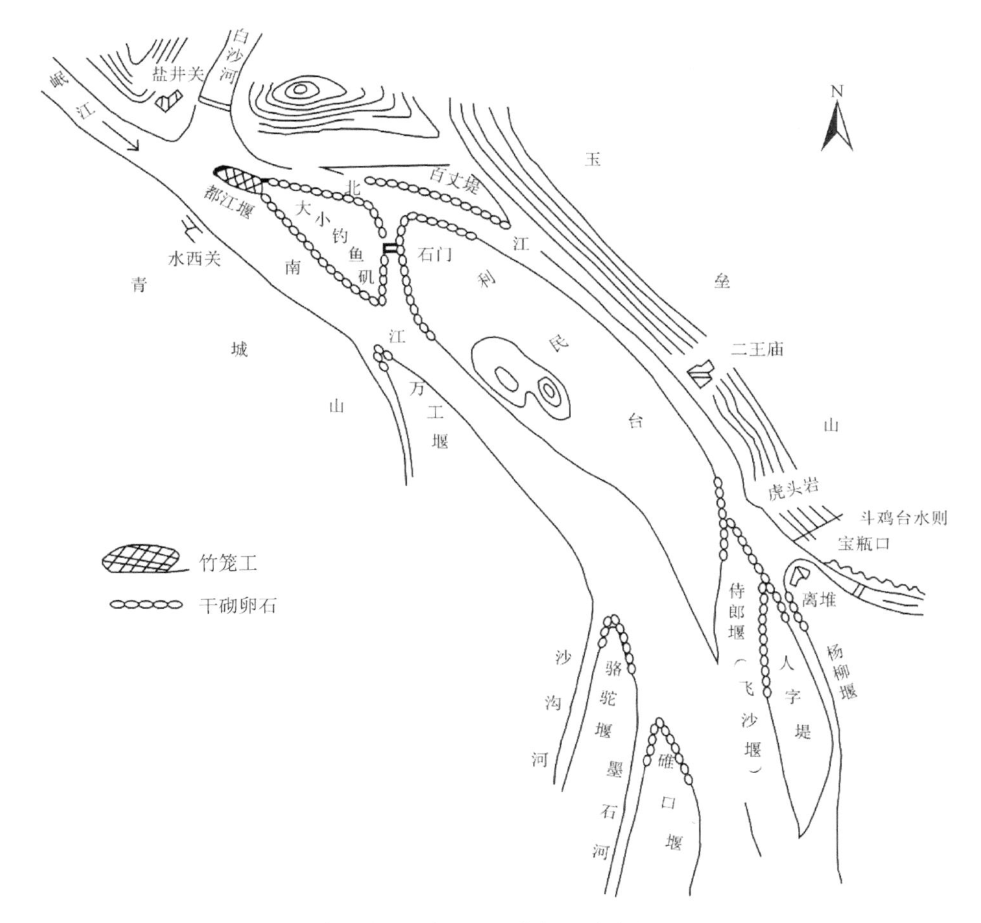

图 1-2　都江堰渠首工程示意图（秦安禄，1993）

（四）城市建设的细节

城市的细节也需要仔细设计，以使得城市更安全。例如，北宋都城开封地处平原，没有高山的阻隔，从军事上说，其并不是适宜建都之所，但随着唐宋经济中心的南移，需要从南方运粮保障生存，而开封的优势就在于水运交通发达。在这种情况下，城市的防御系统就尤其关键。宋代孟元老在《东京梦华录》中特别记录了开封城门的细节，“城门皆瓮城三层，屈曲开门”，通过城墙防御外敌入侵，而城门设瓮城，并且几层城门并非正对，而是形成 90°的夹角，即使敌人进攻也不能长驱直入，可以在一定程度上削弱敌军，特别是骑兵的冲击力度。

城市建筑以木构建筑为主，木构建筑在抗震性能上特别有优势。木构建筑以木料作为房屋的力学结构，地面上立木柱，木柱上架设横向的梁枋，通过榫卯连接建筑的主体梁柱，墙壁只起隔断作用而不承重。当房屋遇到突然、猛烈的冲击时，由于木结构各个构件间由榫卯连接，在结构上称为“软性连接”，富有韧性，不至于发生剧烈的撕扯断裂，所以地震后会出现“墙倒屋不塌”的现象（楼庆西，2001）。典型的例子就是山西应县释迦塔，建于900多年前的现存最古老、最高的木结构佛塔，经受多次地震依然屹立不倒，依靠的就是木构建筑的结构优势。当然，拥有超强抗震性能的木构建筑最怕火，也怕雷击。所以，对于木构建筑，会在庭院中设置大水缸以备不时之需，即使可能很难扑灭蔓延成片的大火。

当城市人口不断集聚，城市内部变得越来越拥挤，而道路无法像早期都城那么宽阔时，城市管理者会通过减灾制度的设计来维护安全。木构建筑的防火在东京（宋朝首都，现名为开封）的建设中已经得到了关注。《东京梦华录》中记录了在坊巷中，每隔300步就设有一处消防巡逻房屋，有巡逻兵5人，负责夜间巡逻警戒和应对各处火警，并在地势较高的地方造高耸的望火楼，专人瞭望，望火楼下还驻守一百多名士兵，配备有各种救火器具，水桶、梯子等，一旦发现火情，由骑兵报告相关部门，各部门带领兵士前往灭火救援。由此可见，北宋东京就已经有了相当完善的消防规划和救援体系。宋朝南迁以后，这套防火体系也被沿用到了临安城。临安城城内被划分成14个区，有消防兵士2000人，而城外分为8个区，有消防兵士1200人，他们都装备有消防设备。而街头治安巡逻的士兵也负有巡查火情之责，一旦发生火灾，所有驻军都会被动员起来（谢和耐，2008）。

通过对中国城市营建的回顾，我们可以看到近现代城市安全规划理念的雏形。在对自然适应、利用和改造的过程中，先人总结出城市选址、布局和建设的基本安全原则，进而营造更为安全的城市环境。

第二节　西方城市营建中的“安全”

论及安全，人类的追求都是一致的，但是，当我们把眼光转向西方，去看更广阔的人类发展历程中人类对于“安全”的追求时，可以看到西方城市营建与中国的异同，和自然环境、人文历史都有关联。通过对于西方城市“安全”营造的梳理，可以更好地理解人类在追求安全过程中不变的向往和蓬勃的创造力。

一、“城市”起源的中西差异

“城市”这个词语是复合词，《墨子·七患》中说，“城者，所以自守也”，“市”则是进行物品交换的平台。中西方提及“城市”，对于“市”而言，没有差异，都是进行交易的场所，而谈到“城”就不同了，古代欧洲城市和中国城市在直接景观风貌上就有差异，欧洲大地上常见“城堡”，而中国则是方方正正的“城郭”。

两者存在巨大的差异，但也有共性——满足“防御性”需求。城堡主要建在陡峭的山崖上，一般由石头建筑而成，具有较强的私人性（高原等，2018）。最初的功能是“储存性据点”，是酋长的私产，用来存放粮食，或家人居住使用，主要用于防范本地的掠夺，然后规模逐步扩大，也有了人工城墙设防，不过总体而言，城堡主要还是军事防御中心（刘易斯·芒福德，2005）。中西方的城市从词源上有差异，从概念范围上，差异就更大了，中国的城市更偏重于区域范围，而西方的城市则不仅是区域范围，还包含了该范围内的社会生活。

乔尔·科特金（2006）在《全球城市史》中回答了希罗多德提出的问题，究竟是什么使得城市如此伟大？又是什么导致它们逐渐衰退？他提出了 3 个关键要素，首先是地点的神圣性，宗教设施支配着大型城市形象；其次是提供安全和规划的能力，防御体系是首先而且必要的；最后是商业的激励作用，这是城市活力的保障。第二条关于安全的要求，是我们着重探讨的。而且西方城市的“安全”，其实和宗教、市场是密不可分的，形而上的宗教是安全的最终目标，形而下的市场则是安全的基本保障。

而每每谈论西方文化的源头时，必然要谈及“两希”：希伯来和希腊。两河流域因战争频发而并未能保留原本的城市，但古希腊却成了欧洲城邦的模板，从雅典开启的卫城精神和广场精神，对于城市未来的安全建设也有引领作用。

雅典卫城建立在刻非斯平原中部的一个山岗上，周围已形成了一些居民点。卫城是附近居民遇到外敌入侵时的避难所和宗教祭祀的地方，控制着整个平原，同时又离海较远，比较安全，后来成了巴塞勒斯（即军事首长）的驻地（周义保，1992）。以雅典卫城为原型，发展出了城堡这类防御性建筑物。而高台下的城区，则发展起另一套完全不同的城市布局：以广场为核心，各种公共建筑围绕，构建公民参与的公共空间（白继萍，2017）。卫城精神和广场精神也成为后世欧洲城市的两个主要发展维度，前者发展为对硬件环境乃至城市市政建设的重视，而后者则发展出市民参与城市自治的传统。

二、源于罗马的城市市政建设

古罗马维特鲁威在《建筑十书》中提出，建筑最基本的要素是“坚固、实用、美观”，并且也讨论了城市的卫生、粮食供应的充足性，以及塔楼和城墙的坚固性。

古罗马将城市建设推到一个新的水平，可谓是“大城市的原型”（乔尔·科特金，2006）。特别重要的是，为了使得城市有能力承受不断增长的人口，古罗马修建了大量的公共建筑，主要是道路、引水渠、排水系统，这些可谓是城市市政建设之源，为欧洲其他城市的建设提供了范本。

“条条大路通罗马”，这句谚语中包含了大量的信息。道路是城市最基本的骨架，既包括城市内部宽敞的道路设施，目前的考古挖掘发现，人行道甚至是铺有踏脚石的人工路面；也包括通向广大罗马控制区域其他城市的通衢大道，爱德华·吉本说："罗马人保卫和平的方法就是不断地为战争做准备"（刘易斯·芒福德，2005）。罗马的道路，就和秦始皇的驰道一样，意味着安全，空前的安全保障为城市发展创造了条件。

引水渠可以算是古罗马留给世人最经典的遗存物了。穿越山林平原的宏大高架水渠系统是古罗马的象征，更重要的是非常好地体现了古罗马对于安全的重视。传说引水渠源于一次瘟疫后的神谕，要避免瘟疫就不能饮用台伯河的水，而需要饮用山泉水。虽然借由神谕而来，并不知道其中的原理，但这反映了人们对饮用水和公共卫生之间关系的经验认知，也体现了古罗马城市精神中，对于公共福祉的重视。同时，输水管道对于城市防火也有一定的作用。

古罗马的排水系统最早设计用于排干沼泽和暴雨积水，由主排水道和多条分支排水道共同组成，使用石质的墙壁和拱顶，整体建设得非常坚固。分支排水道附属于道路，引走路上积水。古罗马设置有专门的监察官、营造官负责排水系统的管理和维护，并且罗马的给排水系统互相分隔，大大降低了混淆污染的可能性（潘明娟，2017；刘海峰，2013；刘琳琳，2006）。

古罗马的公共设施建设开创了市政建设的先河，至今仍能看到宏大的历史遗迹。不过他们对于这些设施的使用和管理时好时坏，效益很差。罗马城被分隔成宏伟的广场和脏乱的贫民窟，贫民窟火灾频发、卫生条件极差。而且，罗马城在帝国鼎盛时期，人口达到百万人之多，对城市中积攒的垃圾和废弃物缺乏有效的处置方法，也缺乏最起码的疾病防范措施，各种传染性极强的毁灭性瘟疫时有流行。实际上，大城市由人口聚集而导致的瘟疫肆虐，一直到中世纪乃至近代早期，都一直困扰着欧洲城市。便利的交通条件甚至为瘟疫的跨聚落和跨地区传播创造了条件（刘海峰，2013；李化成和沈琦，2012；刘易斯·芒福德，2005）。

总结而言，古罗马城市对于公共建筑的关注开启了城市"市政"建设的帷幕，其对公共卫生的追求落实于宏大的引水系统和排水系统中，并且，随着罗马帝国的扩张，对公共福祉的关注将辐射到欧洲更广阔的区域。

三、源于欧洲的城市自治传统

西方的城市不仅包括市政环境，还包括区域范围内的社会生活。以佛罗伦萨、威尼斯为代表的自由城市，延续了古希腊的广场精神，强调市民自治和公共参与；以阿姆斯特丹为代表的现代商业城市，对自然进行改造利用，建立委员会进行管理。

罗马帝国衰落以后，由于没有强大的帝国确保安全，而天主教会也并非可靠的维护安全的权威组织，欧洲很多幸存的孤立城市不得不依靠自己的力量谋求生存。首先需要的就是一个安全的环境，由此，开启了一个独立的欧洲城邦的黄金时代。

很多城市建造了围绕城市的厚厚的城墙以抵御外敌。“在攻城大炮使用之前，坚固的城市防御工事能够抵御甚至是最强劲的入侵者”（乔尔·科特金，2006）。而建立于亚得里亚海的沼泽和岛屿之上的威尼斯，也建立了自己独立的共和国。因为是岛屿，所以威尼斯构建起了和传统城市不同的岛屿城市模式——用交通线和绿地连接“功能分区”，甚至创设出了一种新型的城市模式——没有城墙（刘易斯·芒福德，2005），并且因为威尼斯共和国主要通过贸易获取利润，经济发展维系了这个由水手、工匠和商人组成的国家，所以，威尼斯形成了“共和制政府”并将其作为制度保障，而作为城市市民主体的商业从业者则通过行会等参与社会管理，共同参与城市事务的决策。而行会的作用，在同样位于亚平宁半岛的佛罗伦萨更为典型，行会在城市工商业管理、市政建设、社会救济等方面都起了巨大的作用（刘丽娟，2009；柳艳华，2016）。这也是后来城市管理中市民参与的肇始。

而临河临海的荷兰城市阿姆斯特丹则给了我们另一种启示：现代人类对于自然的改造、利用和管理。荷兰 3/4 的国土面积都在海平面以下，而阿姆斯特丹则始于 12 世纪在运河口、被堤坝保护起的聚居聚落（陈京京和刘晓明，2015）。可以说，阿姆斯特丹的发展是以对水的高超控制为基础的，用双手堆筑很多高出水面的土山高地，筑建堤坝防止洪水泛滥，用风车控制排水设施……因为这些公共设施的维护都需要合作和共同管理，所以他们早在 13 世纪就建立起了一个独立的管理机构——汇水区委员会（Water Catchment Boards）（刘易斯·芒福德，2005）。这也是后来我们常用的管理城市公共设施的机制和方法。

威尼斯、佛罗伦萨、阿姆斯特丹的经验都体现了古希腊雅典的广场精神，进一步发展了城市市民参与的方式，开拓了城市自治的范围。

四、灾难推动城市管理制度变革

西方城市营建中对于“安全”的关注和各类灾变的推动不无关联。1666 年伦敦大火推动了伦敦城从中世纪城市向现代城市的转型，也促成了火灾保险制度的建立；而两百多年后烧毁 1/3 个芝加哥城的另一场大火则极大地规范了消防救援。

（一）伦敦大火

1666 年 9 月 2 日，伦敦发生了其历史上规模最大的一次火灾。凌晨 1 点左右，伦敦布丁巷（Pudding Lane）一间面包铺失火，由于风大，火势迅速蔓延，大火烧了 4 天，泰晤士河以北 80%的城区过火，烧毁 13200 间房屋、87 座教堂、44 家公司，导致 5 人死亡（许传升，2017）。

这场大火之前的伦敦城，并没有想象中的中世纪小镇的安宁、祥和，而是人口大爆炸，从 17 世纪初的 20 万，激增到 17 世纪中叶的近 50 万，王室限制伦敦城向外扩张，城内人们就自行在街道上肆意搭建木板结构的房屋，房屋一幢连着一幢（侯兴隆，2018）。1665 年“黑死病”席卷欧洲，公共卫生条件极差的伦敦死亡十几万人。伦敦大火就是在这样的条件下发生了。

伦敦大火之后，三件最重要的事情被提上议事日程，一是城市重建的规划和标准要求；二是火灾保险制度；三是消防队伍的建立。这三者共同推动了伦敦城市的现代化。就城市重建规划而言，重要的是规定了道路宽度的标准化，房屋立面材料必须是砖块或者石料，房屋之间必须留出防火通道等，而更重要的是火灾保险制度的建立。大火发生之前就有人提出过建立火灾保险，但毕竟保险对象是未知甚至不可能出现的灾难，生活在平稳环境中的人们很少有这样的忧患意识。尼古拉斯·巴蓬（Nicholas Barbon）首先建立了小规模的火灾投保项目，而在 1680 年，正式在皇家交易所成立了火灾保险所这一英国最早的股份制商业火灾保险机构。而且，由市政部门注资建立的伦敦协会之后运作失败，使得伦敦确立了所有火灾保险机构私人经营的模式，这也是公民社会开始发挥力量的体现。同时 1667 年，伦敦议会通过了专门规范城市消防的法律，从财政上支持城市消防处设施、设备和消防队的运作（孙晓斌，2017；孙竹青和谭刚毅，2015；张荣忠，2005；黄硕，2014）。

（二）芝加哥大火

单纯拥有消防队可能并不能阻止大灾难的发生。伦敦大火之后 200 多年，1871 年美国芝加哥人口达 35 万之多，超过 2/3 的建筑由木材建成。而 10 月 8 日晚，一个谷仓棚屋的火星引燃了芝加哥。大火烧了 4 天，摧毁了 9km^2 范围内的芝加哥城，10 万人无家可归，至少 300 人丧命。当时的芝加哥已经建立起了消防队，有 185 名消防队员、17 辆马拉消防车。但这样的消防队规模面对芝加哥大火根本无能为力。

芝加哥大火之后显露出的消防力量严重不足的问题为社会各界所关注。灾后，芝加哥消防局进行了重组，将全市划分为 18 个责任区，每个责任区设置若干个消防队，全面推行军事化管理。芝加哥的消防改革由此开始，其也是美国城市中首先配备内燃机驱动的消防水泵，第一个取消马拉消防车全面实现机械化的美国城市。

芝加哥大火之后，美国对消防的重视一直持续到今天，每年的 10 月 9 日所在的一周被定为全国消防周（National Fire Prevention Day）（魏道培，2007；司戈，2009）。更重要的是，芝加哥大火促使美国城市消防制度进行了大变革，规范了消防救援力量的布局和管理。

从西方城市营建中的“安全”要素中可以看到几个不同于中国的特征。从古希腊城市建设的源头上，卫城和广场的建设体现出对于“城市”的基本理解：一是保障安全，二是公众参与。由这两条主线出发，从前者可以看到后来罗马帝国对于市政建设的重视，而后者则在文艺复兴时期欧洲的城市自治中得到了进一步的发展。而伦敦和芝加哥的两场大火，更是直接推动了现代意义上的城市规划和灾害应对，具有里程碑意义。

第三节　现代城市规划中的“安全”

纵观从古至今的中西城市，在现代城市规划理念出现之前，无论是中国还是西方国家，大家都出于生存需要，选择了以聚落而居，由此开始了对于共同居住安全的追求。虽然生存环境、生产力水平、社会关系等存在各种差异，但是，人类理想中的安全城市具有极强的共性特征。而18世纪后期开始的工业革命，给城市带来了巨大的改变。城市的功能、人口的集聚程度、城市的规模等，和传统城市相比，都有了巨大的变化，城市的环境受到严重破坏，给人们的生活造成了安全影响。也正是在应对工业化带来的城市问题过程中，形成了各种规划理论，总结了人类在实践中的经验、教训。

一、工业化带来新挑战

以瓦特改良的蒸汽机为标志的工业革命使城市的功能产生了巨大的改变。“工业革命对商品的制造方式、制造地点带来了本质性的变化，成为城市增长的强力催化剂”（保罗·诺克斯，2009）。在前工业革命时代，农村有大量的手工业分布，如农民在农业生产之余就能在各自小屋中完成纺织的全部生产流程，但随着机器介入纺织行业，所有的加工都流水线化，所有的生产集中于工厂，工人无法分散完成劳动，也必须集聚到工厂附近，于是，农村工人涌入城市。而工业化带来的生产力的提升，也不断吸引人力资源从农业转向工业。早期制造业工厂主为了吸引劳动力，也给工人提供住房，这样，城市聚落围绕着新的工厂生长起来（齐爽，2014）。

而伴随着18世纪后期开始的工业革命，城市安全的关注点也发生了转换。工业化带来了生产力的极大提升，但当城市建设、管理理念并没有同步转换时，人类的生存安全会受到严重威胁。工业生产性建筑取代宗教、公共服务建筑，成为城市的中心；而与此同时，产业工人在中心城区无序地聚居，恩格斯在《英国工人阶级状况》中这样描写曼彻斯特的土地占有者，“只要哪里还空得下一个角落，他们就在那里盖起房子；哪里还有一个多余的出口，他们就在那里盖起房子来把它堵住。”与拥挤的住房相伴的是恶劣的卫生条件，缺乏垃圾处理、排污等公共设施导致河流污染、瘟疫流行；而工业生产中煤炭的大量使用则造成空气的恶化（刘金源，2006）。工业化城市所呈现的“城市病”引发了对城市建设的反思，城市规划也由此起步。

二、城市规划理念变迁下的理想城市

在中西方古代城市的实践中，可以看到不同时代对于理想城市的认知随着该时代人们最为核心的诉求而发生变化。从早期中国都城建设中对于秩序和等级的关注，到古罗马对公共市政建设的帝国城市的关注，乃至文艺复兴时期对更为自治的城镇的关注，再到工业化以后，城市越来越接近于我们当下所熟悉的概念。在这些城市发展过程中，虽然没有形成现代意义上的城市规划，但可以看到在对抗自然灾害、卫生防疫、群体治安等安全需求的背后，城市规划的思想和理念已经初露端倪。

近代工业化革命给城市带来了巨大的变化——财富增加、人口聚集，也带来了环境污染、灾害增多。无论是平民阶层还是新兴的资产阶级阶层，都深受“城市病”之苦，现代意义上的城市规划也由此萌芽。

（一）走向田园

随着城市急剧扩张，环境持续恶化，城市不再是家园，而成了人们要逃离的场所。应对这样的社会背景，英国人霍华德（Ebenezer Howard）1898 年首先提出了“田园城市”理论，把城市和乡村结合，在城市周边设置永久性田园，来控制城市用地的无限扩张。同时，他的设想更重要的意义在于把城市作为一个整体进行考虑，考虑工业化以后的城乡关系、人口密度、经济发展、公共建筑布局等，这些被视为现代城市规划的开端（吴志强和李德华，2010）。

而同样的规划风潮也席卷欧洲大陆、美洲，美国人佩里（Clarence Perry）针对城市交通增长伴随的安全问题、社区缺乏公共设施等，提出了“邻里单元”，特别是将郊区作为邻里单元建设，一定程度上恢复早期小范围社区的形式。而在这个理念的基础上，建设了雷德朋新镇，创造人车分离的道路系统，控制居住区内部车辆交通，保障居民的安全和环境（彼得·霍尔，2009；刘易斯·芒福德，2005）。

（二）走向技术

工业化使人们对于技术充满了乐观精神，认为可以通过技术的发展来解决城市问题。汽车的发展使得卫星城市成为可能，通过在大城市的外围建立卫星城市来疏散大城市人口，卫星城市要有必要的生活服务设施，也要有一定的工业，但和大城市之间通过有规划的道路联系（吴志强等，2010）。

由此衍生出了“有机疏散思想”“理性主义思想”等规划理念，开始考虑城市功能分区、用技术去解决问题，信赖并应用技术，开始用理性程序、数据去指导城市规划。其巅峰代表就是1933年国际现代建筑协会制定的《雅典宪章》，它指出了城市的基本功能类型——居住、工作、游憩和交通，并采用理性主义方法将它们合理组织。《雅典宪章》被视为现代城市规划的纲领性文件。

（三）走向生态

理性主义走到极端之后的反弹则是走向生态。生态包括几个层面，首先是城市和环境的关系，1987年第一次出现了生态城市的概念，主要考量其可持续发展，要求其土地使用、污染、温室气体排放等各方面，与其所处环境是友好的（吉慧凌和陈世峰，2012）。

其次是对理性主义的批判和反思，以美国学者简·雅各布斯（Jane Jacobs）1961年发表的《美国大城市的死与生》为代表，批判机械理性主义的城市规划忽略了城市本身所具有的社会、经济、文化特质，缺乏多样性和功能混合。

这样的城市理想通过1978年的《马丘比丘宪章》得到了确认，提出城市规划应努力去创造一个综合的多功能的生活环境，在城市急剧发展中有效地使用人力、土地和资源，来解决城市和周围环境的关系问题（吴志强和李德华，2010）。

在不同的“理想城市”背后，可以看到一个变化趋势，城市规划先是应对问题—解决问题，当“城市”有问题时，就走向城市的对立面——田园；而随着科学主义、理性主义的发展，乃至技术革命的飞跃，我们试图用技术去解决城市发展的问题；再到人文主义关怀下，将人的活动及其与环境的关系等考虑其中的城市（张京祥，2005）。然而实际上这三者并不是线性发展的，有交叉也有融合，如在智慧城市的建设理想中，就包含借用理性的计量，将经济、社会、文化等因素综合，来解决和缓解复杂的城市问题（张纯等，2016）。

三、从城市规划中的防灾到城市防灾规划

追溯历史，城市规划可以算是起源于卫生防疫（戴慎志，2011）。虽然在城市

规划初期的理论中，并没有单列一项“防灾规划”或“城市安全规划”，但实际上，各种不同的规划理念、不同的理想城市的背后，都包含了对于“安全”的考量和追求。

（一）城市规划中的防灾考量

从早期的“田园城市”开始，就特别关注了城市的交通问题，交通问题由城市的无序蔓延和中心区域人口的聚集造成，而城市规划则关注通过城市整体布局的调整，减轻城市交通安全问题。而之后的卫星城市、有机疏散理论等，则关注城市的功能分区、整体布局、有序连接，也都和城市安全有一定的关联。

除去这些规划中的“理想城市”，实际的城市规划中，防灾规划也成了必需的一部分。早在 1880 年，日本东京就已经在《东京中央市区画定之问题》中考虑到要将有危险、有公害隐患的工厂、仓库、设施安排在特定区域。芝加哥则在 1893 年哥伦比亚世界博览会后迅速崛起，面临人口涌入、交通拥堵等问题，《芝加哥规划》于 1909 年应运而生，其在城市整体布局、与密歇根湖的关系，以及综合交通体系和城市街道体系布局规划方面，颇有前瞻性。1944 年制定的《大伦敦规划》，控制伦敦市区工业扩建，明确了居住区和工业区相分离的规划理念，明确体现了“分区管制”思想，为大城市的规划提供了范本，当然，其“同心圆”布局方式以快速道路网络连接，也造成了一定的城市问题（姚传德等，2017；吴之凌和吕维娟，2008；张京祥，2005）。

不仅西方，20 世纪以来，伴随着西方近代城市规划理论与方法的传入，中国也在城市建设中提前规划，并考虑了城市防灾。民国时期最重要的一部城市规划是 1929 年颁布的《首都计划》，其中特别有“水道之改良”和“渠道计划”两节，分析了南京地形、秦淮河与护城河、雨水宣泄量等，提出设闸蓄水、浚深河床、雨污分流等防洪排涝规划（翟国方，2016）。虽然这部规划只考虑了水灾防治，没有考虑其他的城市公共安全问题，但也算是一种难能可贵的探索。

（二）城市防灾规划的诞生

城市规划和防灾规划一直密不可分，城市综合防灾规划早已被纳入城市规划中。今日，随着全球气候变化对人类生存提出的新挑战，城市作为人类当今主要的定居形式，被赋予了更多的职能。面对日趋复杂的城市问题，人们对城市的理想诉求日益多元化，关注点扩大到城市的形态、经济、文化、生态、能源、日常生活等各个方面（刘园等，2012）。不仅关注规划的制定、防灾硬件的布局和建设，也关注防灾规划在实施过程中的落地；防灾规划还从关注城市基础设施建设转向将城市中的不同力量融合其中，不仅关注硬件建设，也关注人员参与的软件环境，将城市管理的不同环节、步骤纳入其中。

在此背景下，各类城市防灾规划理念相继提出，其中，影响力最大的要数“韧性城市”理念。韧性城市是指在灾害面前有应对能力和恢复能力的城市。结合萨斯基娅·萨森（2014）提出的“全球城市”的发展目标来建设韧性城市，成为各个国家大都市的共识。作为一流的全球城市，纽约、伦敦、东京通过不断更新城市规划，设定防灾减灾目标，率先开始了以探索建设韧性城市为目标的城市综合灾害风险管理实践。这些规划也引领着全球范围内其他城市建设韧性城市和增强灾害风险管理的发展趋势。

从城市建设实践到城市规划，人类将自己对于“安全”的永恒理想不断推向新的阶段。在不断适应自然和人文环境的过程中，总结归纳出有适应性和推广性的规划理念，并加以实施。防灾规划也越来越专门化，成为更安全的全球城市的理论和实践指导。

参 考 文 献

白继萍. 2017. 古典时期雅典城的城市布局及规划思想研究. 西安：陕西师范大学硕士学位论文.

保罗·诺克斯，琳达·迈克卡西. 2009. 城市化. 顾朝林，汤培源译. 北京：科学出版社.

彼得·霍尔. 2009. 明日之城：一部关于20世纪城市规划与设计的思想史. 童明译. 上海：同济大学出版社.

陈京京，刘晓明. 2015. 论运河与阿姆斯特丹古城的演变与保护. 现代城市研究，(5)：93-98.

戴慎志. 2011. 城市综合防灾规划. 北京：中国建筑工业出版社.

董鉴泓. 2004. 中国城市建设史. 北京：中国建筑工业出版社.

高原，方茗，王向荣. 2018. 西方传统军事防御环境的转型与启示. 风景园林，25（4）：103-109.

侯兴隆. 2018. 1666年伦敦大火前的伦敦城市发展概况研究. 海南广播电视大学学报，73（4）：21-24.

黄硕. 2014. 17世纪伦敦重建与近代英国经济发展. 鲁东大学学报（哲学社会科学版），31（3）：29-34.

吉慧凌，陈世峰. 2012. 借鉴当代西方城市探析中国理想城市——西方理想城市的城市理想. 重庆建筑，11（7）：11-14.

李化成，沈琦. 2012. 瘟疫何以肆虐？——一项医疗环境史的研究. 中国历史地理论丛，27（3）：5-15.

刘斌，王宁远，陈明辉，等. 2017. 良渚：神王之国. 中国文化遗产，(3)：4-21.

刘斌. 2007. 神巫的世界：良渚文化综论. 杭州：浙江摄影出版社.

刘海峰. 2013. 论帝国前期罗马城的建设及其特点. 西安：陕西师范大学硕士学位论文.

刘金源. 2006. 工业化时期英国城市环境问题及其成因. 史学月刊，(10)：50-56.

刘丽娟. 2009. 论威尼斯共和国商业长期繁荣的原因. 大众文艺（理论），(7)：138-139.

刘琳琳. 2006. 古罗马城输水道、排水道的建设及其对公共卫生的意义. 长春：东北师范大学硕士学位论文.

刘易斯·芒福德. 2005. 城市发展史：起源、演变和前景. 宋俊岭，倪文彦译. 北京：中国建筑工业出版社.

刘园，周祥胜，秦晴，等. 2012. 从“模式”到“对策”——关于理想城市建设的探讨. 南方建筑，(4)：54-58.

柳艳华. 2016. 12～16世纪佛罗伦萨的行会. 天津：天津师范大学硕士学位论文.

楼庆西. 2001. 中国古建筑二十讲. 北京：生活·读书·新知三联书店.

潘明娟. 2017. 古罗马与汉长安城给排水系统比较研究.中国历史地理论丛，32（4）：76-85.

齐爽. 2014. 英国城市化发展研究. 长春：吉林大学博士学位论文.

乔尔·科特金. 2006. 全球城市史. 王旭译. 北京：社会科学文献出版社.
秦安禄，聂运华，金成林. 1993. 都江堰志. 成都：四川辞书出版社.
萨斯基娅·萨森. 2014. 答“全球城市”八问. 东方早报·上海经济评论，5-14.
司戈. 2009. 芝加哥——浴火重生的城市. 中国消防，（14）：51-56.
孙晓斌. 2017. 近代英国相互保险制的发端. 天津：天津师范大学硕士学位论文.
孙竹青，谭刚毅. 2015. 大火焚城与涅槃重生——伦敦1666年与汉口1911年的火灾及其重建比较研究. 西部人居环境学刊，30（5）：8-15.
王宁远，刘斌. 2015. 杭州市良渚古城外围水利系统的考古调查. 考古，（1）：3-13+2.
王宁远. 2016. 良渚古城及外围水利系统的遗址调查与发掘. 遗产与保护研究，1（5）：102-110.
王祥荣，谢玉静，李瑛，等. 2016. 气候变化与中国韧性城市发展对策研究. 北京：科学出版社.
魏道培. 2007. 人间炼狱——记忆中的芝加哥大火. 中国消防，（2）：53-54.
文韬，青分. 2012. 千年水堰流千古——都江堰. 中国减灾，（14）：46-47.
吴文祥，葛全胜. 2005. 夏朝前夕洪水发生的可能性及大禹治水真相. 第四纪研究，25（6）：79-87.
吴之凌，吕维娟. 2008. 解读1909年《芝加哥规划》. 国际城市规划，（5）：107-114.
吴志强，李德华. 2010. 城市规划原理. 第四版. 北京：中国建筑工业出版社.
许传升. 2017. 伦敦大火：不能忘却的世纪警示. 城市与减灾，（5）：12-17.
许宏. 2014. 古代都邑排水系统的流变. 中国文化报，02-18（008）.
许宏. 2016. 何以中国：公元前2000年的中原图景. 北京：生活·读书·新知三联书店.
翟国方. 2016. 城市公共安全规划. 北京：中国建筑工业出版社.
张纯，李蕾，夏海山. 2016. 城市规划视角下智慧城市的审视和反思. 国际城市规划，（1）：19-25.
张京祥. 2005. 西方城市规划思想史纲. 南京：东南大学出版社.
张荣忠. 2005. 伦敦大火启示城市消防安全. 安防科技，（2）：3-4.
张晓虹. 2011. 古都与城市. 南京：江苏人民出版社.
周义保. 1992. 古代雅典城市的兴起和发展. 安徽师大学报（哲学社会科学版），（3）：297-303.
谢和耐. 2008. 蒙元入侵前夜的中国日常生活. 北京：北京大学出版社.
姚传德，于利民. 2017. 日本第一部《都市计划法》及其配套法令评析.国际城市规划，32（2）：94-100.

第二章　城市防灾规划发展：理念之演化

从营建城市中的“安全”要素到有意识进行规划，人类在和灾害抗争的过程中，不断总结经验，再将之抽象总结为规划理论以指导实践。随着对城市理解的加深，对城市功能的依赖加强，我们对城市防灾规划的重视和理解也愈发加深。城市防灾理念从以工程性建设防御外敌和自然灾害为主，发展到综合应对城市不同功能带来的其他灾害风险类型，再到对城市未来发展阶段可能存在的潜在风险进行预判并作出规划，城市防灾成为全球城市发展建设的基础性目标。我国在近些年的城市规划和建设中，也越来越重视“安全”，颁布了基本的法律法规及其具体配套规范，将城市安全理念融入城市规划中，成为城市整体规划的重要组成部分。

第一节　城市安全从被动防御走向韧性建设

一、工程性防御保障城市安全

城市的起源、发展及其演化过程就是一部人类与自然共生、与灾害不断斗争的历史。建房屋以避风雨，筑城墙以御外敌。从遮蔽日晒雨淋到躲避野兽袭击，从防御外敌入侵到减轻灾害破坏，这些都是人类出于自身安全的需要，从本能躲避逐渐转化为主动预防。防御功能是城市的基本功能之一。从原始的自然聚落到精心建筑的城堡，无论是古代城市还是现代都市，都既有为防御外敌入侵而修筑的军事工程设施，也有为抵抗各种灾害袭击而建设的防灾减灾设施。

世界上最早的城市出现在尼罗河谷地、美索不达米亚平原、印度河谷地、我国黄河及长江中下游地区等地。由于人类对自然的认识程度有限，早期城市的防御功能有很大的局限性。例如，依河流两侧形成的原始聚落，享受着生活和交通便捷的同时，却可能遭受雨季洪水的袭击；依山坳而形成的集落，却时不时遭受滑坡、泥石流或者山洪的袭击；人们就地取用木材所建筑的木结构房屋能遮风挡雨，但很有可能被一场意想不到的大火摧毁；在断层带上逐渐发展起来的城市，可能因地震而毁于一旦；远古时期建筑在维苏威火山熔岩基础上的庞贝古城，在公元 79 年维苏威火山的再次喷发中整体被火山灰掩埋（薄海昆，2007）。

随着对自然的认识不断加深及科学技术的进步，人类从一次次灾难中吸取教训，通过各种方式努力提升城市的安全性。例如，为了躲避洪水泛滥，人们不断将聚落或城镇向地势较高地区扩展，或通过修筑堤坝的方式确保城市的安全。早在 2000 多年前的战国时期，由李冰率众修建的都江堰水利工程堪称这方面的典范，其最大的特色是集防洪、分流、排沙、灌溉等功能于一体，不仅有效防御了岷江洪水对成都造成的可能危害，为成都及川西平原筑起了安全屏障，而且把水流巧妙地引去灌溉川西平原，使得川西平原成为富饶的“天府之国”。都江堰水利工程至今仍然在农业灌溉、防洪抗旱等方面发挥着重要作用。

城市在建设中不断发展变化，城市的形态也在不断演化，以适应其新的功能定位。其中，城市的防灾功能不断强化，并由单一的工程性物理性防御，逐渐上升到城市或区域防灾体系建设，通过颁布标准，制定防灾规划，修建防灾设施。例如，1666 年英国伦敦大火烧毁了因人口激增、城市快速发展而形成的成片木结构房屋，使伦敦城遭受毁灭性打击。伦敦大火之后，为了有效预防和应对城市火灾，伦敦制定了包括道路宽度、防火建筑材料等在内的城市重建规划和标准，建立了火灾保险制度，组建了城市消防队伍。这些措施不仅保障了城市安全，也推动了伦敦城市的现代化。再如，1923 年 9 月 1 日日本关东大地震引起的地震火灾，烧毁了大量的木结构建筑，大多数遇难人员都死于火灾。因此，针对木结构房屋密集区域地震火灾风险，日本从建筑材料上建立规范标准，大力推动耐火材料的运用；对木构房屋区域进行防火规划，设计隔离区域，防止火灾蔓延、火烧连营，这些措施极大地提升了日本城市防御火灾的能力。事实上，每次大灾害后，日本都会总结经验教训，并修改相应的法律或颁布新的法律，完善灾害应对体系（滕五晓等，2003）。

二、城市不同发展阶段呈现不同风险特征

城市的安全状态随着城市发展而发生改变，是一定环境下的安全，是动态的安全。当自然环境和社会环境发生变化时，灾害风险类型也在不断变化，并产生各种新型风险，安全状态也就随之改变，原本安全的城市可能遭受灾害或面临新型风险而变得不安全。

通过第一章对古代城市营建中“安全”要素的回溯，不难发现，早期的城市防灾主要是为了防御某一类灾害或抵御外敌入侵而修建相应的防御工事。如果防御工事不够坚固，很容易遭受破坏，城市安全也就难以保障。但是，由于古代城市规模较小，城市系统相对简单，防御工程在一定程度上能有效防御灾害的发生，或者能在抵御灾害的实践中不断完善。随着经济社会快速发展，城市人口激增，城市规模不断扩大，城市演变成一个巨大的复杂系统，各系统之

间相互影响、相互制约，这就使得在现代城市复杂系统中，适应传统城市功能的灾害防御体系的防灾功能常常会顾此失彼。再加上新发展的城市功能自身也存在新的安全问题，两者的叠加使得现代城市面临的灾害风险更为复杂。例如，城市为了满足人类生活需要，规划建设了化工企业，但其排放的有毒有害气体会危害人类健康，如果生产过程中发生爆炸事故，更有可能导致人员伤亡；修建核电站用于满足维系城市运作的能源需求，但是核泄漏风险会对人类构成巨大威胁；人类活动会产生大量的垃圾，垃圾的堆放和处理反过来又不断影响人类健康和安全。

城市规划在空间布局方面更多考虑的是城市经济、社会功能，往往忽视对城市系统性风险和新型风险的防御。不合理的布局会增加城市面对风险的暴露度和脆弱性，一旦灾害事故发生，将不可避免地造成重大人员伤亡和财产损失。例如，2015 年天津滨海新区爆炸事故，住宅小区毗邻危险化学品（简称危化品）集装箱堆场（安全距离小于 1km），危化品爆炸波及周边住宅小区，殃及无辜；2015 年深圳光明新区渣土受纳场滑坡事故，则是由于缺少科学规划和管理，下方的工业园区及居民区长期暴露于滑坡风险中，终究没能躲过滑坡的袭击。

随着风险管理理论体系的发展，人们越来越接受和认同城市和社区应该建设在远离风险的安全地区的观点。但问题是，城市大多是沿袭自身的发展脉络不断聚集人口、扩张规模，城市的边界离最初的安全地带越来越远，不断向“高风险地区”推进。并且，快速城市化不可避免地改变了自然地貌，水土流失、环境受损，隐患潜伏，灾害便不期而至。例如，日本由于国土面积小，适合居住的地方大约只有 25%，而城市人口集中地区的面积不超过国土面积的 3%，其中一大半以上是在地质条件较差的冲积平原上发展起来的。随着城市化进程加快，城市的居住地从原来的冲积低地向阶地延伸，到 20 世纪 60 年代后，尤其是在 80 年代前后，城市规模不断扩大，原有的老城区已无法适应城市化的要求，各主要城市不断向外围扩展，逐渐向丘陵、山地拓展，城市的设施和社区不得不建在自然条件很差的冲洪积地区（滕五晓等，2003），而沿海地区则不断向地势较低的海边延伸，导致很多社区直接暴露于地震海啸风险之中。例如，在 2011 年“3·11”东日本大地震中发生重灾的宫城县石卷市，重要原因之一是其对巨大海啸灾害风险认识不足，城镇在发展过程中仅考虑了生产生活便利性、城市景观等因素，不断向海边扩张，而地震引发的巨大海啸几乎摧毁了海边的所有房屋和设施（图 2-1）。

城市发展具有生命周期，从形成到发展再到成熟呈现阶段性特征（郑国，2010），处于不同阶段的城市具有不同的社会形态及功能特征。同样地，一个国家或地区的城市化发展具有阶段性特征。美国城市学家诺瑟姆（Ray M.Northam）1975 年提出了“城市化过程曲线”理论（陈明星等，2011），一个国家或地区，城市化

(a) 海啸袭击前

(b) 海啸袭击后

图 2-1　日本宫城县石卷市遭受海啸袭击前后

过程一般可以分成城市化发展水平较低阶段、城市化发展速度慢的初级阶段、城市化发展的加速阶段和高水平城市化基础上的缓慢发展甚至停滞的成熟阶段（图 2-2）。

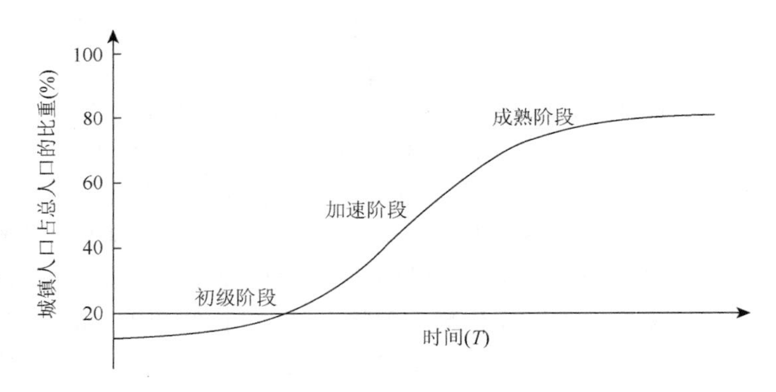

图 2-2　诺瑟姆城市化过程曲线示意图

处在不同城市发展阶段及不同城市化过程中的城市，面临不同的城市安全问题。第一阶段，城市形成初期或城市化初级阶段，城市建设水平较低，相对应的城市经济水平和城市管理水平都较低，这一阶段的城市建设标准及城市管理体系不可避免地不尽完善，城市防灾能力和应对水平较低。但这个时期城市系统也相对简单，灾害管理采取“撞击式应对模式”（被动应对）也能有一定的成效。当城市发展进入第二阶段时，城市处于加速发展阶段，城市以向外扩张为主，城市规划很难赶上城市发展的速度，基础设施建设也滞后于城市的需求，导致诸如城市排水能力等无法适应城市运行的要求。而肆意的扩张导致城市布局不合理，城市社会更多地暴露于风险之中。城市发展进入第三阶段后，在城市加速发展时期被忽视的城市问题会在这一时期突显、集中暴露。城市进入成熟期后，经济发展水平较高，这个时期特别重视城市发展的系统性问题、环境问题等，开始对城市实施精细化管理。但由于城市已经形成固有的形态，对其改造困难，特别是对于基础设施的改造等，治理的成本巨大。而当城市进入后期的缓慢发展阶段后，各种基础设施老化，脆弱性激增，各种安全问题可能都会在此阶段爆发。

对应于城市及城市化发展的阶段性，城市灾害风险也具有阶段性特征。因此，如何基于城市发展演化视角，将风险管理融入城市规划、建设和发展的全阶段，对城市安全进行科学规划建设，使得城市既能够防御近前的灾害，也能应对未来的风险，是城市综合防灾系统规划面临的核心任务。

三、从风险管理到韧性城市

城市灾害的不确定性特征已被广泛认知。城市在发展演化过程中，不可避免会遭受自然灾害等突发事件的袭击。而未来城市人口、财富将高度积聚，其结果是，一方面，自然与人为的致灾因素众多，灾种多元，灾情关联度大，具有多样性、综合性、群发性特征；另一方面，城市的高速发展也使得城市脆弱性相应加大，灾害事故极易形成叠加、放大效应，导致受灾程度严重化的可能。

因此，基于风险管理理论的城市规划与城市安全管理得以发展。风险管理的核心是从原有的以灾害应急为中心的灾害对应体制，向灾害预防、灾害减轻的全过程风险管理转变，并且从单一灾害应对模式转化为全灾害风险管理模式。

单个系统各自防御的优点在于每个系统各个条线的运营链条、技术标准、责任部门非常清晰，缺点是对于灾害的认知过于单一，忽视了灾害爆发时的连锁反应和综合破坏力。而城市是一个由外显的建筑设施、内隐的生命线工程、活动其中的人、经济行为共同构成的关联系统。而伴随着城市规模的扩大，不同系统之间的相互依赖性就越来越强，一旦其中某个系统受到了损害，其关联系统就会受到影响，扩大灾害损失，甚至造成整个城市系统的瘫痪和崩溃。最典型的例子就是电力系统[①]，一旦电力设施设备发生大规模故障，那么首先可能会影响交通运输、通信，乃至引起连锁反应，影响更多的经济系统、生命保障系统。城市灾害风险取决于城市自然状况、城市系统的脆弱性和灾害风险的暴露性，而气候变化增加了未来灾害风险的不确定性，贫困和环境退化将导致城市脆弱性增强，而缺乏规划的发展将大大增强城市社会灾害风险的暴露性（IPCC，2002）。这些都不可避免地导致城市灾害风险被放大[②]。

---

① 引自：世界银行. 2014. 2014年世界发展报告.

② 引自：世界经济论坛. 2016. 2016年全球风险报告.

风险管理视角下的城市规划，则需要关注城市体系的相互关联性，以系统化的方式分析评估风险，并通过风险转移或削减等风险管理方法，降低城市脆弱性和灾害风险的暴露度，提高城市防御灾害的能力，以确保城市社会远离风险。

城市综合防灾系统规划的目标是建设安全的城市，而绝对的安全只在理想状态下才能实现。从风险管理视角，城市安全规划的目标更确切地说是将风险控制在合理条件下和尽可能低的水平上。所以，风险控制就成了城市安全规划的核心内容。根据城市安全规划所依据的理念，风险控制可以从空间布局和治理体系这两个维度来实现，而空间布局既包含城市空间结构，又包含不同层级的行政区划；治理体系则关注风险发出对象和受影响对象的特性和组织管理模式。

随着城市防灾规划研究的深入，“韧性城市”的概念被提出。其来源于物理学的韧性（resilience）概念，由生态学家 Holling（1973）引入，并扩展到生态系统研究之外，已经成为不同学科的研究内容，包括自然灾害和风险管理、气候变化适应、工程及规划。面对环境、社会经济的不确定性和风险，“韧性”也成了城市规划建设和发展的核心目标（王祥荣等，2016）。

对于“韧性”的概念，不同的学者有不同的理解，从最初的生态恢复，到和城市硬件建设相结合的工程韧性，再到经济社会的韧性（蔡建明，2012），而融合经济和社会影响的韧性理解是目前学术界的主流（Liao，2012）。这种视野下的“有韧性的城市”，是指在外界干扰下能够采取灵活的应对措施，保存自己，保持发展的活力，吸引资源集聚，通过社会系统的自组织学习，避免潜在损失，应对挑战和变化。Ahern（2011）将韧性城市的特征概括为五点：①多功能性，强调城市功能的混合和叠加；②冗余度和模块化，强调在时空上分散风险；③生态和社会的多样性；④多尺度的网络联结；⑤有适应能力的规划和设计。总体而言，“韧性”的基本含义是，面对外界的冲击，能够有效缓解其影响，维持主要功能的运转，并能迅速从危机中恢复（邵亦文和徐江，2015）。

国际上已有相关韧性城市的规划建设案例，但多以发达国家为主且具有较鲜明的地方特点，如美国纽约的《一个更强大，更有韧性的纽约》、英国伦敦的《管理风险和增强韧性》和日本的《国土强韧化基本规划》等（郑艳，2013）。

美国纽约的《一个更强大，更有韧性的纽约》（Bloomberg，2013）从对整体气候变化的分析入手，分析了影响纽约安全的海平面上升、飓风、洪水等自然灾害，列举了包括海岸线防护、建筑、经济恢复、社区防灾预警、环境修复等在内的城市基础设施及人居环境建设详细的行动计划，并给予资金保障。

英国伦敦的《管理风险和增强韧性》（Johnson，2011）则要求建设韧性城市需要：①明确潜在灾害；②设立韧性目标；③实施项目；④定期评估更新项目和目标。伦敦明确提出韧性伦敦[1]，核心是评估伦敦应对可能发生的重大灾害事故风险的能力和实施的措施，当重大事故发生时，城市可以快速决策响应，减少损失。

日本将“强韧化国土”概念分解为4个基本目标（吴浩田和翟国方，2016）：①最大限度地保护人的生命；②保障国家及社会重要功能不受致命损害并能继续运作；③保证国民财产与公共设施受灾最小化；④具有迅速恢复的能力。

古代城市规划建设重视城市防御功能，现代城市不仅考虑工程防御，还注重社会应对体系建设，将城市建设得更加具有韧性。而韧性城市的核心是提高城市的韧性，使其不仅能有效抵御各种灾害事故的发生，同时在灾害发生后，系统具有较强的自我恢复能力，能从灾难中快速恢复。

第二节　城市安全融入城市规划

一、城市安全规划[2]的产生

伴随着城市人口的快速增长和城市经济社会的快速发展，城市灾害风险的暴露度和脆弱性也相应增强，这给城市安全与城市发展造成很大威胁。一旦突发灾害事故，将不可避免地造成重大人员伤亡和财产损失。安全成为城市运行和发展的最重要的考量，从单一的灾害（或外敌）防御，到减轻风险灾害，再到韧性城市概念被提出，人类社会不断思考，积极回应。

但城市安全如何通过韧性元素体现，又如何通过城市规划实现，则需要进一步探索和研究。如何将城市安全与城市规划相融合形成城市安全规划，通过城市安全规划实现韧性城市和安全城市的建设与发展，是城市管理者和学者共同关注的问题。

城市公共安全涉及城市经济安全、社会安全、生态安全、环境安全、交通安全、文化安全、公共场所安全等各方面，因此，城市安全规划是一个涉及城市方方面面的规划系统，既包括城市整体布局、基础设施建设、避难场所建设等硬件系统，也包括应急管理体制机制、预警预报系统、宣传演练等软件系统。通过预先的评估、分析、计划，对城市公共安全进行整体规划，城市依据安全规划体系进行建设与科学发展，可以有效控制和降低城市风险，提高整体应对和恢复能力。

---

① Cabinet office.2011.Keeping the Country Running：Natural Hazards and Infrastructure. London.

②目前与中国城市安全相关的规划有各类名称，本身存在混用的问题，可能会导致读者理解困难。作者在行文中，已经尽量进行统一和归并，这里做一个说明。“城市安全规划”泛指与城市安全相关的各类规划，“（综合）减灾规划”主要指现状规划，如《中华人民共和国减灾规划（1998—2010年）》，因此保留了这些名词。而“综合防灾规划”则是作者提出的具有综合性的城市安全规划。

由于我国进入城市化快速发展阶段，特别是大型城市发展速度快、范围大、环境复杂，所以，制定中长期城市安全规划对城市的安全发展和有序运行有重要意义。城市发展的不同阶段面临不同的灾害风险，城市安全规划不仅需要建设能应对现阶段城市面临的灾害风险的设施，更需要从城市长远发展的战略高度考虑，分析预测城市未来发展阶段的形态、可能的风险暴露度和脆弱性特征。

城市生活更安全、美好的共同愿望，要求我们必须将城市安全系统融入城市发展规划中，将城市安全作为城市发展和城市规划的重要目标之一，将城市防灾作为城市发展的重要内容之一，重新审视城市规划与城市安全、城市防灾之间的关系。

并且，城市防灾减灾、城市应急管理、城市规划涉及城市自然系统与社会系统各领域，更涉及法律、政策和方法，因此，需要从法律、政策的角度系统梳理城市安全与城市规划的关系，并通过具体规划的编制对城市安全予以诠释和实践，构建城市公共安全规划体系。而城市公共安全规划的法律体系、编制体系和实施管理体系，共同构成了广义上的“城市公共安全规划”（翟国方，2016）。

二、法律规范对城市安全规划的要求

（一）法律法规体系不断完善

随着我国城市数量增多和规模扩大，城市化发展水平不均衡。为解决城市发展过程中出现的环境破坏、资源配置不均衡的问题，1989 年 12 月 26 日，第七届全国人大第十一次常委会通过《中华人民共和国城市规划法》，并于 1990 年 4 月 1 日起施行。这是我国在城市规划、建设、管理方面的第一部基础性法律。该法规第二章第十五条规定，编制城市规划应当符合城市防火、防爆、抗震、防洪、防泥石流和治安、交通管理、人民防空建设等要求；在可能发生强烈地震和严重洪水灾害的地区，必须在规划中采取相应的抗震、防洪措施。《中华人民共和国城市规划法》针对的是城市的规划和建设，并未涉及乡、镇、农村地区。为了弥补这一不足，国务院又于 1993 年 6 月 29 日颁布了《村庄和集镇规划建设管理条例》，该条例第一章第五条规定，地处洪涝、地震、台风、滑坡等自然灾害易发地区的村庄和集镇，应当按照国家和地方的有关规定，在村庄、集镇总体规划中制定防灾措施。

这两部基础性规划建设法规明确了城乡规划的具体要求，以及城乡规划中需要考虑的防灾减灾设施等。但是这种就城市论城市、就乡村论乡村的法律体系，造成了城乡二元分治的局面，不利于城乡统筹发展，也无法实现有效的规划管治。此外，《中华人民共和国城市规划法》不能适应经济体制转变和城镇化发展的需求，也无法适应政府职能转变，没有突出对资源、环境、自然和历史文化遗产，以及社会弱势群体等公众利益的保护，且没有明确监督机制。

为了适应新时期的发展要求，化解城乡二元分治的局面，《中华人民共和国城乡规划法》于2008年1月1日施行（于2015年修正），同时，《中华人民共和国城市规划法》废止。这部新的法规将城乡规划纳入同一部法律，有利于统筹考虑城市、乡村的发展，促进城乡经济社会资源环境的协调和可持续发展。相较于《中华人民共和国城市规划法》，《中华人民共和国城乡规划法》（2015年修正版）对于公共安全方面的规定更细致，主要体现在3个方面：一是从目标上要求制定和实施城乡规划，应符合防灾减灾和公共卫生、公共安全的需要；二是将防灾减灾等作为城市总体规划、镇总体规划的强制性内容；三是对城市防灾相关的灾害防御设施和应急保障设施的建设做出了明确的要求，如要求地下空间的开发利用要充分考虑防灾减灾、人民防空和通信等需要；对于城乡规划确定的铁路、公路、港口、机场、道路、绿地、输配电设施及输电线路走廊、通信设施、广播电视设施、管道设施、河道、水库、水源地、自然保护区、防汛通道、消防通道、核电站、垃圾填埋场及焚烧厂、污水处理厂和公共服务设施的用地及其他需要依法保护的用地，禁止擅自改变用途。

为了落实法律的相关要求，建设部于2005年通过了《城市规划编制办法》，同时，1991年9月3日建设部颁布的《城市规划编制办法》废止。《城市规划编制办法》（2005年）共分五章、四十七条，将城市规划分为总体规划和详细规划，城市详细规划分为控制性详细规划和修建性详细规划，而大、中城市根据需要，可以依法在总体规划的基础上组织编制分区规划。在具体规划编制方面，其规定城市人民政府在提出编制城市总体规划前，应当对现行城市总体规划及各专项规划的实施情况进行总结，对基础设施的支撑能力和建设条件做出评价，以及对城市的定位、发展目标、城市功能和空间布局等战略问题进行前瞻性研究；编制城市规划，要考虑城市安全和国防建设需要；总体规划纲要应当包括下列内容：提出建立综合防灾体系的原则和建设方针；编制城市规划，对涉及公共安全和公众利益等方面的内容，应当确定为必须严格执行的强制性内容；城市防灾工程包括城市防洪标准、防洪堤走向，城市抗震与消防疏散通道，城市人防设施布局，地质灾害防护规定[①]。

（二）配套规划设计规范相继出台

为了有效落实法律法规在规划层面对于安全的要求，我国相继出台了各类

① 资料来源：http://www.mohurd.gov.cn/fgjs/jsbgz/200611/t20061101_159085.html.

相关的规划设计规范，主要从建设规范的角度，对房屋、防灾设施的建设做了规定。

1976 年唐山大地震之后，为了适应灾后恢复重建的需要，结合地震灾害的经验和教训，我国第一部抗震设计规范《工业与民用建筑抗震设计规范》（TJ 11-78，已作废）于 1978 年正式被颁布。在此基础上，1989 年《建筑抗震设计规范》（GBJ 11-1989，已作废）正式作为国家标准发布实施，首次提出了“三水准”理念，即“小震不坏、中震可修、大震不倒”（罗开海等，2018）。

而灾害发生后的应急服务设施能够为应急抢险救援、避险避难和过渡安置提供临时救助。国家在这方面也制定了一系列设计规范。例如，为贯彻执行有关防灾减灾和应急管理的法律法规，使防灾避难场所设计做到安全适用、经济合理，我国于 2015 年末制定了《防灾避难场所设计规范》（GB 51143—2015），适用于新建、扩建和改建的防灾避难场所的设计。

除了对房屋和防灾基础设施的设计规范要求，对于城市整体规划和建设，相关部门也出台了一系列措施。例如，为推进新型城镇发展、保护和改善城市生态环境、促进生态文明建设，我国积极开展了对低影响开发的研究，引入了“海绵城市”的概念，并于 2016 年 1 月编制了《海绵城市建设国家建筑标准设计体系》，其主要内容包括新建、扩建和改建的海绵型建筑与小区、海绵型道路与广场、海绵型公园绿地，以及城市水系中与保护生态环境相关的技术及相关基础设施的建设、施工验收及运行管理。和城市防灾关系更为密切的是中华人民共和国住房和城乡建设部（简称住建部）2018 年 9 月 11 日发布的《城市综合防灾规划标准》（GB/T 51327—2018），该标准自 2019 年 3 月 1 日起实施，其为建立健全城市防灾体系提供了指导和要求，明确了城市防灾规划应贯彻落实以预防为主，防、抗、避、救相结合的方针，以综合防灾评估为依据，以最严重灾害类型、危害严重程度来统筹分析城市防灾需求及安全防护和应急保障服务要求，提出建筑工程抗灾能力改善和灾害风险控制的基本对策和引导。

中国正处于快速城市化阶段，不同城市也处于不同的发展阶段。为了适应城市不同发展阶段的自然和社会情况，有效应对城市化不同发展阶段和城市不同发展阶段的新问题，也在总结经验的基础上对各类规范标准进行了修订。最近一次较大范围的集中修订是在 2016 年，住建部发布了《关于印发 2016 年工程建设标准规范制订、修订计划的通知》，要求各部门根据实际情况对相关标准进行集中修订。2016 年 6 月，有关部门对《城市居住区规划设计规范》（GB 50180—1993，已作废）进行了局部修订，以统筹、整合、细化居住区用地与建筑相关控制指标，优化配套设施和公共绿地的控制指标和设置，其中，将人的步行时间作为设施分级配套的出发点，突出了居民能够在适宜的步行时间内满足相应的生活服务需求，便于引导配套设施的合理布局。2016 年 7 月，有关部门对《建筑抗震设计规范》

（GB 50011—2010）进行了局部修订，总结了2008年汶川地震的经验，对灾区设防烈度进行了调整，规定必须对抗震设防烈度为6度及以上地区的建筑进行抗震设计，还增加了有关山区场地、框架结构填充墙设置、砌体结构楼梯间、抗震结构施工要求的强制性条文，提高了对装配式楼板构造和钢筋伸长率的要求。2016年9月，有关部门对《城市道路交通规划设计规范》（GB 50220—1995，已作废）进行了修订，使其适用于全国各类城市的城市道路交通规划设计，以科学、合理地进行城市道路交通规划设计，优化城市用地布局，提高城市的运转效能，提供安全、高效、经济、舒适和低公害的交通条件。

类似这样的建设设计规范还有很多，而这一系列设计规范的发布和执行，以及针对城市不同发展阶段对其进行的修订和更新，很大程度上规范了城市发展过程中的建设标准，从城市防灾不同专项的角度对城市规划和建设的各个方面做了规定，有效促进了城市的安全建设与发展。

三、我国城市安全规划编制的实践

灾害是人类生活的常态，城市发展过程中不可避免地会遇到各类灾害。在灾害应对过程中，我们汲取教训、累积经验。城市安全发展需要城市规划的引领，城市规划需要融入安全发展的理念。相关法律法规、规范标准等对城市安全规划已经提出了具体的要求，如何将城市安全的目标融入城市总体布局及各类防灾基础设施建设中，考验着城市实际运行管理能力。

（一）灾害应对经验助力城市安全规划编制

1. 突发公共事件应急体系规划建设

2003年的SARS事件给我国带来了一场空前危机，同时也给我国应急管理体系建设带来了重要的发展契机。2005年1月8日国务院颁布了《国家突发公共事件总体应急预案》（简称《总体预案》）。《总体预案》对突发公共事件进行了分类和分级，首次明确将自然灾害、事故灾难、公共卫生事件和社会安全事件作为突发公共事件实施统一的应急管理。同时，为了能有效推动应急管理体系建设，2005年7月22日，温家宝在第一次全国应急管理工作会议上指出，各级政府要以“一案三制”（制订修订应急预案，建立健全应急管理工作体制、机制和法制）为重点，全面加强应急管理工作（范维澄，2017）。为此，国家在国务院办公厅设置国务院应急管理办公室（国务院总值班室，2018年9月13日该部门被撤销），承担国务院应急管理的日常工作和国务院总值班工作。地方各级政府按照国家统一部署，先后成立了相应的应急管理领导机构（突发事件应急管理委员会或应急管理领导小组）及其办事机构（应急办），推动地方应急管理体系建设。2006年，国务院办公厅印发《“十一五”期间国家突发公共事件应急体系建设规划》。2007年11月1日，《中华人民共和国突发事件应对法》正式实施，国家以基本法的形式明确了突发事件应急管理责任、义务和权利，规范了应急管理的内容、流程，确定了“国家建立统一领导、综合协调、分类管理、分级负责、属地管理为主的应急管理体制①”，完善了应急管理监测预警、信息报告、应急决策、综合协调等各方面的工作机制。

这一系列与突发公共事件应急管理相关的法律法规的出台，标志着应急管理工作在法律层面拥有了合法性，有利于保证突发事件应对措施的正当性和有效性，为我国突发事件应对工作提供了重要的依据。《“十一五”期间国家突发公共事件应急体系建设规划》作为公共安全方面的专项规划，首次出现在公众视野。此后，每隔5年，国家和地方突发事件应急管理委员会都要配合国民经济和社会发展五年规划的编制，配套出台突发公共事件应急体系建设五年规划。例如，《国家突发事件应急体系建设“十三五”规划》主要从加强应急管理基础能力建设、加强核心应急救援能力建设、加强综合应急保障能力建设等方面提出建设目标，并明确了具体建设内容，为“十三五”期间公共安全建设指明了方向。

由于应急体系规划源于从SARS应对中总结出的我国应急体制不健全、机制不协调等问题，因此其主体内容偏向于对突发公共事件的应急管理与协调、应急管理机制的实施运作，各部门的人员、资源的调配，各部门工作内容的配合等（戴慎志，2015），更注重从应急管理角度，理顺我国的应急体制机制。可以说，应急体系规划是从规划“软件”的角度出发的，是我国城市安全规划的重要组成部分。

2. 综合减灾规划

事实上，综合减灾规划的出现早于突发公共事件应急体系建设规划。国务院于1998年就颁布实施《中华人民共和国减灾规划（1998—2010年）》，指导各地加强防灾减灾救灾方面的工程建设和非工程建设。综合减灾规划由民政部门主持编制，主要从自然灾害角度切入，提高全社会抵御自然灾害的综合防范能力。

然而，2008年“5·12”汶川地震灾害，造成69227人死亡，17923人失踪，374643人不同程度受伤，直接经济损失总计8451亿元，大量房屋倒塌，基础设施损毁。地震导致四川、甘肃、陕西、重庆、云南、宁夏6省（自治区、直辖市）的237个县（市、区）共5176个乡镇（社区）受灾（《汶川地震灾害地图集》编纂委员会，2008）。

① 资料来源：http://www.jingbian.gov.cn/gk/yjgl/10435.htm.

汶川地震反映出的城市布局不合理及建筑设防标准低等问题再次成了焦点问题，这使我们逐步意识到需要从理念和行动上实现从注重灾后救援向注重灾前预防的转变，"风险管理"则成了实现这种转变的核心手段，成为"综合减灾"的首要环节。2010年后，综合减灾规划作为专项规划，每隔5年编制一次，确保综合减灾专项规划能与国民经济和社会发展相适应。例如，《国家综合防灾减灾规划（2016—2020年）》明确了"十三五"期间全国防灾减灾救灾的任务，具体包括完善防灾减灾救灾法律制度、健全防灾减灾救灾体制机制、加强灾害监测预报预警与风险防范能力建设、加强灾害应急处置与恢复重建能力建设、加强工程防灾减灾能力建设、加强防灾减灾救灾科技支撑能力建设、加强区域和城乡基层防灾减灾救灾能力建设、发挥市场和社会力量在防灾减灾救灾中的作用、加强防灾减灾宣传教育、推进防灾减灾救灾国际交流与合作[①]10个方面的内容。综合减灾规划立足于自然灾害的应对，突出灾害风险管理，从注重灾后救助向注重灾前预防转变、从应对单一灾种向综合减灾转变、从减少灾害损失向减轻灾害风险转变，全面提升全社会抵御自然灾害的综合防范能力，是重要的城市安全规划。

突发公共事件应急体系建设规划和综合减灾规划是我国目前公共安全管理方面最重要的两项规划。这两项规划相对于城市经济社会总体发展规划而言，属于公共安全专项规划，但是从公共安全领域来说，两者具有一定的综合性，属于公共安全综合规划，都直接、明确地提出了一段时间内公共安全建设的主要目标和重要任务，对于目前公共安全建设具有重要的意义。

（二）灾后恢复重建规划更注重城市防灾

另一类城市安全规划则是灾后恢复重建规划，它实质上不是一个独立的城市规划类型，而是一个城市在特殊时期、特殊背景下，由于特殊原因而制定的城市总体规划（戴慎志，2015）。1976年唐山大地震后，河北唐山市开展了历时十余年的恢复重建工作。其间，唐山市编制了震后恢复重建的总体规划，放弃被破坏严重而又处于发震断裂带上的南市区，将城市中心区西移；规划除了考虑抗震，还综合考虑洪涝、火灾、地下采空区塌陷、爆炸及化学污染等其他灾害。这是中华人民共和国成立以来第一个比较全面的考虑综合防灾的城市总体规划，为此后的许多城市总体规划提供了宝贵的经验（吕元，2005）。

重建后的唐山市，城市功能分区明确，在形态布局方面融入了防灾考量，包括：控制城市规模、积极发展小城市；注意功能分区，选择好建设用地；适

① 资料来源：http://www.xinhuanet.com//ttgg/2017-01/13/c_1120306620.htm

当减少建筑密度，扩大空间、绿地面积；保证生命线工程的安全可靠；做好防灾规划，防止次生灾害发生。在这样的思想指导下，唐山市城市总体规划在一定程度上将城市安全和城市布局有机结合起来，具体体现在以下 3 个方面：一是强调城市均衡发展，引导人口合理分布。将全市分为中心区、古冶区、新区三大片，充分贯彻分散组团型的城市建设方针，严格控制老市区的规模，开辟城市新区，发展次中心城市，从中心区迁出一些大型工厂，相应疏散和减少中心区人口。二是优化城市功能布局，控制建筑密度。规划从 3 个区的具体情况出发，参考地震影响小区划，对城市土地利用进行了比较科学的功能分区，迁出易燃、易爆、危险品仓库，在远离人口密度的开阔地区单独建设，并结合建筑物的日照要求，制定合理的建筑密度。三是同步考虑疏散避难，设定自救区。根据行政区划、城市自然环境和疏散通道的分布，按万人的规模划分抗震自救区（刘海燕，2005）。这样的布局，在改善居民生活环境的同时，也有效地提升了城市抵御灾害的能力。

唐山灾后重建规划在一定程度上结合自然环境，综合考虑了城市选址、功能分区、空间布局、减灾设施布局等方面，对其他城市的总体规划和安全规划起到了引领作用。

（三）城市安全战略规划纳入城市总体规划

社会的有序发展离不开城市安全，为了有效回应社会发展对城市安全的需求，城市在编制总体规划的过程中，逐步将城市安全作为战略规划纳入其中。

例如，深圳市研究了城市防灾与公共安全体系、城市安全布局形态、城市安全用地选择、疏散通道、避难场所、应急基础设施、救灾物资供应系统 7 个方面，并于 2013 年在公共安全风险评估的基础上，发布了全国首个城市公共安全体系的纲领性文件《深圳市公共安全白皮书》，提出到 2020 年要完善城市公共安全“六大体系”：齐抓共管的责任体系、全面系统的预防体系、及时准确的预警体系、联动高效的应急体系、健全严格的法制体系、广泛深入的文化体系[①]。哈尔滨市公共安全规划形成了城市公共安全体系规划→城市公共安全专项规划→城市公共安全预案库的系统模式（张丛，2010）。成都市通过风险分析，确定了成都市的主要灾害类型，并对其与所需求的城市保障设施及城市安全布局的关联度进行分析，最后将城市开敞空间、综合避灾设施、工业危险品布局、城市生命线系统、环境卫生、专业防灾设施等作为城市公共安全规划的主要内容（沈莉芳和陈乃志，2006）。北京市通州区在《城市规划编制办法》颁布后，完成了《通州新城规划》，该规划

① 资料来源：http://www.sz.gov.cn/zfgb/2013/gb858/201311/t20131119_2248762.htm.

除了传统的防洪、防震与地质灾害、消防和人防外，还增加了环境安全、公共卫生安全、大型社会活动安全，以及生命线系统综合减灾、反恐等其他突发事件应急处置和应急管理机制等条目，并发布了“市域致灾因素分析图”“重大危险源现状分析图”“重点保护区域规划图”“消防规划图”“生命线工程保障规划图”“应急通道与避难场所规划图”。该规划实现了从城市防灾减灾体系到公共安全保障体系的转变，同时突出了保障体系的综合化和全程化（陈喆和张建，2008）。

近期，上海市编制的《上海市城市总体规划（2017—2035年）》（简称“上海2035”）获得国务院批复原则同意并正式发布，其明确了上海2017年至2035年并远景展望至2050年的发展目标、发展模式、空间布局、发展策略和实施保障。其中提到的城市安全已经不再局限于应急管理和综合减灾，而是从韧性城市的角度，聚焦城市生态安全和运行安全，从而提高人民群众的安全感。其第七章核心内容是生态环境和城市安全，包括应对全球气候变化、全面提升生态品质、显著改善环境质量、完善城市安全保障。其提出了构建“双环、九廊、十区”多层次、成网络、功能复合的市域生态空间体系，具体的指标涉及碳排放总量较峰值降低率、暴雨重现期设计、森林覆盖率、人均公园绿地面积、空气质量优良率、固废物的处理、避难场所建设、防震抗震标准、应急预警机制、综合防灾管理体系建设，以及生命线安全、信息安全和危化品的管控。

这些城市在编制总体规划过程中，已经将城市安全作为重要内容纳入其中，从城市空间布局、基础硬件建设、应急管理等角度，将城市作为一个发展着的整体进行规划。

第三节　韧性城市视野下的城市防灾规划

一、我国城市安全规划存在的问题

在对我国安全规划现状进行梳理后可以发现，现有的城市安全规划在关注公共安全管理的“缩减、预防、应对和恢复”四阶段安全管理体系的同时，也开始注重从空间结构上实现资源的合理布局。但是，由于我国目前尚未形成独立的、具有法律地位的城市公共安全总体规划体系，尚未开展公共安全详细规划的实践（翟国方，2016），不论从安全规划的体系方面，还是从具体的规划内容角度，都不可避免地存在一些问题。

（一）意识有待提升

人类社会从防御灾害、抵御外敌入侵，到建设城市安全系统，城市安全规划经历了从被动防御到科学预防的发展历程，对城市安全规划的认识也逐步提高。城市安全规划对于城市安全发展有重要的指导意义，从总体上把握城市存在的各类风险，并针对性地提出应对措施，是保障城市安全运行的基础。

事实上，一直以来，城市规划建设重视的是城市经济发展，而防灾减灾因为不能带来直接的经济效益而被当作配套工程，占据的是从属地位。对于安全问题的应对，我们更多采取的是“头痛医头，脚痛医脚”的态度，是一种“被动式”的应对。所以，对城市安全规划的认识的提高，主要是通过灾害教训被动获得的。

但是，一方面，由于城市不同发展阶段面临着不同的风险，城市系统的复杂性也放大了风险，所以较难预测未来城市面临的安全问题。另一方面，城市防灾规划方面也缺乏系统全面的规划理论和依据，所以缺乏利用城市空间布局进行主动防灾的意识，只是“在第二道防线上消极地为城市的各种灾害做着技术、管理和组织程序上的专业措施”（徐波，2007），导致城市安全规划与建设缺少综合性和系统性。

今时今日，我们虽然逐渐意识到城市建设所形成的城市布局可能加剧城市风险，但是要将这种意识具体转化为行动仍然需要时间，部分地区的城市建设依然存在“在快速发展过程中应对灾害能力的功能缺陷，从而对城市安全造成影响”（贺庆，2017）。

（二）系统性不足

无论是自然成长的城市，还是精细规划的城市，其在发展进程中，在不同的阶段面临着不同的灾害风险，同时，城市的建设和发展也不可避免地将潜在风险不断积累。因此，城市安全规划不仅要预防和应对所处阶段的灾害风险，而且需要思考如何应对未来可能发生的灾害，同时还要避免因城市建设与发展而积累风险或产生新风险。这就需要把安全城市作为建设发展的重要目标，进行全面而系统的规划。

但是，目前城市安全规划的问题是，一方面，城市安全规划的内容不全面，缺乏系统性；另一方面，城市安全规划无法与城市其他专项规划有效衔接。

城市安全规划的编制涉及众多学科领域，其中最重要的是安全管理和城市规划。因此，在安全规划编制过程中，既要符合《中华人民共和国城乡规划法》，还要综合考虑《中华人民共和国突发事件应对法》的指导性，不仅从城市的用地空间布局上保障城市安全，还应涵盖突发事件应对的各个环节（张丛，2010）。但是，从事应急管理工作的学者在进行安全规划编制研究中，往往缺乏利用城市空间布局进行主动防灾的意识；而从事城市规划的学者在进行城市安全规划研究中，又往往难以将缩减、预备、应对和恢复这 4 个环节很好地融入安全规划中。

实践层面，我国在综合防灾规划方面至今仍未形成统一规范的编制体系（孙明和李丽微，2013）。现阶段，综合防灾规划和应急规划与其他专项规划相互衔接显得不足。例如，排水、电力、燃气及通信等都以分项系统为单位考虑城市安全问题，但在应对重大灾害时，各系统间难以实现协调配合和快速响应（李鑫和罗彦，2017）。因此，在制定专项规划时，需要考虑道路、排水、通信等基础设施建设在城市安全、城市防灾中发挥的作用；而在安全规划中，也需要充分利用现有基础设施，使其在灾害预防、应对等环节发挥作用。这就体现了规划间的相互衔接，也体现了规划体系作为一个整体需要发挥的作用。

（三）风险分析不够

风险评估是城市安全规划编制的基础。只有在对城市风险进行充分评估和分析的基础上，才能制定出更具有针对性也更有效的安全规划。但是目前，关于城市综合风险评估的研究并不多，特别是随着城市体系日趋复杂，灾害本身及其引发的各种次生、衍生灾害，形成了“灾害链”，破坏城市整体功能的正常运行，目前对此的实证研究并不充分。在不同自然环境和社会条件下，对于不同城市不同发展阶段可能面临的风险的研究也不够，多灾种综合评价体系尚未成熟。所以在城市安全规划编制过程中，对城市风险的综合分析还不到位，对承灾体脆弱性的评价仍显不足。

与此同时，以“灾害响应”为主的管理体制功能限制（李鑫和罗彦，2017）、风险管理短期成本效益问题、风险管理本身的风险性仍然制约着突发事件管理的转型，风险管理无法真正成为突发事件治理的前提和依据，无法成为突发事件治理的政策设计的核心，也就很难成为城市安全规划的基石。

因此，需要在城市安全规划编制过程中，综合分析评价城市的风险特征，并以此为切入口，从城市总体布局的角度，编制更为主动、更有针对性的安全规划。

（四）忽视安全软件建设

城市安全规划的主要内容包括硬件建设和软件建设两个方面。硬件建设以各项基础工程建设为主，如防洪工程、消防工程、人防工程、抗震工程等；而软件建设的内容繁多，包括信息系统的建设、专业队伍的建设、公共意识和应对能力的提升等。然而，目前城市规划更侧重于“静态布局研究”，而应急管理规划则聚焦于应对突发事件的管理体系规划。很少有将城市空间及设施规划与城市应急管理体系建设融为一体的综合性城市安全规划。

在灾害发展过程中，“人们的行为规范和观念等非物质性因素”往往是导致灾害损失扩大的重要因素（陈宇琳等，2013）。防灾减灾的关键是“人”。一旦我们对人的行为能力研究不足，无法对人群的疏散能力、救援队伍的救援能力进行准确的估计和有效的调动，那么再完善的硬件设施也无法发挥预期的作用。

然而，相对于硬件建设，涉及“人的行为”的软件建设内容更多、更复杂，但又缺乏实质可见的载体，容易显得空泛、无法落实。这就造成了目前的安全规划更多侧重于工程性措施，而忽略了对人的行为的规划，也没有将更多的社会主体纳入城市规划编制和城市发展建设过程中。缺少社会应对能力建设的城市安全规划无法应对日趋复杂的城市系统带来的风险。

（五）技术手段待增强

2008 年 11 月，国际商业机器公司（IBM）提出了“智慧地球”这一理念，并于 2010 年提出了“智慧城市”愿景。自此，国内外许多城市开始进行“智慧城市”的建设，而城市安全是“智慧城市”建设的重要内容。城市安全的建设越来越依赖信息和通信等技术手段，而城市安全规划的编制也同样离不开信息技术的支持。信息技术的不断发展能更好地将安全理念融入城市总体规划中并予以实践，如多灾种风险分析、综合防灾资源的优化配置、应急处置优化过程规划、统一的信息平台系统等（洪南福和陈连进，2016）。

但是，目前，我们在城市安全规划编制过程中对信息技术的运用还处于初级阶段。虽然我国已经在编制综合减灾规划的过程中，尝试运用遥感技术、卫星通信技术，但是技术体系还不成熟，普及率也不高，仅在国家层面灾害评估中应用这些技术，其在省级层面并没有得到有效推广。技术手段的落后直接影响了信息的采集、数据的分析及评估结果的有效展示，这就影响了规划编制的科学性，使得规划无法实现其引领城市发展的基础作用。

总体来说，目前我国城市安全规划主要在理念、体系、编制方法、内容和手段上存在不足。从规划编制理念角度，城市规划对于城市安全仍是一种“被动式”的回应；从规划体系角度，我国城市安全规划暴露出规划相互衔接不足等问题；从规划编制方法角度，由于缺乏将风险评估作为基础，我国城市安全规划针对性不足；从规划内容角度，我国安全规划偏重于硬件建设，在多元参与的安全治理方面相对薄弱；从规划编制技术角度，我国城市安全编制的数据基础薄弱，信息分析应用水平仍然处于初级阶段。

因此，要建立更为完善的城市安全规划体系，需要进一步梳理分析安全规划与城市规划的关系，以及进一步讨论安全规划的分类和内容。只有在进一步分析研究现状的基础上，才能设计出具备理论支撑、符合我国实际的城市安全规划体系。

二、城市安全规划体系的内容及特征

近年来，面对各类城市灾害的频发，城市安全方面的研究也不断向纵深发展，其中，如何编制有效的城市公共安全规划是城市安全管理及规划领域的研究者和管理人员需要关注的重要问题。但是，从城市安全规划本身来说，其理论体系尚不成熟，许多概念目前无法达成共识，其研究内容与规划特色依然众说纷纭（施波和赵冬月，2016）。

刘茂等（2005）从公共安全的角度认为"城市公共安全规划的本质是在对城市风险进行预测基础上所做的安全决策，或者对城市的安全设计，目的是控制和降低城市风险，使之达到可以接受的水平"。寇丽平（2006）从城市规划的角度认为"城市公共安全规划就是通过调整危险源、防护保卫目标、应急救援力量和设施三者的地理布局，减小危险的影响范围，提高城市灾害发生时的反应和处理能力，达到降低风险、提高安全性的目的"。金忠民（2011）则从安全规划的公共政策属性及空间布局技术手段相结合的角度，认为"城市规划的本质属性是公共政策，技术手段是空间布局。城市规划对城市安全的研究主要体现于综合防灾规划，涉及城市公共安全布局的战略决策、用地安排、设施规划和防灾标准等内容，与广义上的安全概念相比，具有专业性特点和技术性要求"。翟国方（2016）则从全过程的角度，认为"城市公共安全规划之目标是以风险理论为指导，在调查分析城市系统内自然、社会、经济等方面诸要素及各种因子相互关系的基础上，结合系统内各种资源供给的可能性，编制城市系统的公共安全规划，并通过该规划的实施，保障城市系统的安全稳定运行"。这些对城市安全规划的定义有助于推动我们对城市安全规划的理解。

各种定义使得不同学者对城市安全规划体系内容、范围和特征的认知各不相同。从规划内容角度：张翰卿（2011）将公共安全规划分为安全防灾规划和安全应急规划，前者主要针对灾害危险的改变和减少承灾体的物质易损性，后者主要针对灾害事件的改变和减少承灾体的社会易损性；戴慎志（2015）将城市综合防灾规划分为全方位的城市综合防灾规划和城市规划中的城市综合防灾规划这两个类型，前者由防灾部门全面部署各类防灾工作，后者由城市规划部门对土地使用中的各方面提出防灾要求。从规划范围角度：刘茂将（2005）城市公共安全规划大致概括为城市总体公共安全规划、城市分区公共安全规划和城市专项公共安全规划。从规划侧重角度：孙明和李丽微（2013）从理论规划和技术规划两个方面探讨了公共安全规划编制的要点；翟国方（2016）将公共安全规划分为事业规划和建设规划，前者注重政策措施的制定，后者注重空间和设施建设。

在对城市安全规划的研究进行梳理后，可以发现城市安全规划种类多，内容复杂。而要建立完善的城市安全规划体系，各类规划之间需要相互有效衔接。要实现这样的衔接，需要关注 3 个关键要素：一是城市安全规划与城市总体规划的关系；二是城市安全规划需要自成体系；三是不同安全规划的编制侧重与有效衔接。

城市安全规划要与城市总体规划相衔接。城市总体规划要强调城市安全，城市安全规划要符合城市发展要求。城市安全规划既要考虑城市安全布局，也要体现安全治理的理念。城市安全规划体系中，除了对城市安全起到引领作用的综合防灾规划，还应该包括区域规划、专项规划等。综合防灾规划应该结合城市安全布局要求和城市安全治理理念，全方位提出综合防灾指标和要求，并形成具体设计方案予以落实。区域规划是根据城市综合防灾规划所提出的指标和要求，在特定区域范围内对指标要求进行细化，是从地域角度对综合防灾规划的落实。专项规划则是根据综合减灾规划所提出的指标和要求，结合特定的灾害风险特征，对指标要求的细化，是从灾害种类角度对综合规划的落实。而区域规划和专项规划之间也需要相互衔接。区域规划中要体现对区域内风险特征的分析；而专项规划也需要考虑灾害发生特定区域的承灾体脆弱性特征。不能孤立地从空间布局角度降低承灾体的脆弱性，也不能单纯从技术角度降低致灾因子的强度和频率，两者必须相辅相成，相互促进。

三、基于韧性理论的城市防灾规划

城市安全需要融入城市规划中，而面对社会发展过程中的各类风险，建设“韧性城市”也成了城市建设和发展的核心目标。“韧性城市”要求城市不仅能有效预防各种灾害事故的发生，而且能在灾害发生后快速从灾难中恢复各项功能。“韧性城市”不只是理念，也是一套行之有效的操作方法。因此，在分析城市安全规划的现有研究并充分理解韧性城市内涵的基础上，可以从风险评估、硬件和软件建设、信息技术应用等方面入手，开展城市安全规划的编制，实现对城市安全建设的引领。

（一）重视风险评估

从灾害管理的角度，风险管理是灾害管理的起点，是风险管理理论的核心所在，自然也是公共安全规划编制的基础和源头。风险评估是“人们认识风险并进而主动降低风险的重要手段”（范维澄和刘奕，2008），可以“预测事故发生的可能性及后果的严重性”（丁辉，2009）。通过风险评估来引导城市公共安全规划的编制，并以此为基础实现合理的城市空间布局和有效的城市资源配置，这对于保障城市安全具有重要的意义。

以风险评估为起点编制城市综合防灾规划，首先要识别城市的致灾因子、危险源、承灾体、安全设施、救援力量的地理位置和周边环境，评估致灾因子的致险程度、承灾体的脆弱性程度，以及城市减灾设施和队伍抵御灾害的能力。再以此为基础，对城市风险进行综合分析和评价，并编制城市公共安全规划，规范城市建设与管理，最大限度地降低城市风险，减少突发事件发生，更主动、更积极、更前沿地将风险管理融入城市公共安全管理中。

（二）优化城市空间布局

有韧性的城市需要优化城市空间布局，需要考虑城市空间的功能结构和行政区划，前者是城市形成和存在的基础，满足城市基本的功能和需求；后者则是现代城市管理中的人为划分，是实现有效管理的手段。

从空间布局的功能结构角度，防灾规划强调城市公共安全空间结构的强韧性。合理的城市空间结构能发挥空间对风险防控的作用，反之则可能因城市布局不合理，而加剧灾害发生的可能性或加剧灾害给城市造成的损失。例如，寇丽平（2006）认为城市公共安全规划的重点内容应当包括城市重大危险源、公众聚集场所、城市公共基础设施及其他各类特种设施。城市空间布局是一项系统而复杂的工程，涉及“点、线、面”不同性质的空间结构特点。“点”包括危险源、重大基础设施、避难场所等；“线”包括避难路线、救灾通道、河海岸等；“面”包括防灾分区、土地利用计划和方式调整等（戴慎志，2015）。只有将城市土地利用与这些“点、线、面”状的设施设备布局结合到一起，共同融入城市发展中，才能最终实现对风险的控制。

从空间布局的行政区划角度，防灾规划则关注人为分割的区划和城市自然地理、空间布局的关联，强调不同区域层面规划的有效衔接，把握区域和整体的关系，突出城市的整体性。市级规划注重城市的总体布局，根据城市发展目标，注重从空间布局方面对城市不同区域的功能进行划分。区级规划侧重于实现市级规划所确定的本区域内的空间布局和功能定位，根据功能要求制定具体的建设目标及方案。社区规划主要根据社区自身的功能定位及周边环境，结合《城市居住区规划设计规范》，在风险评估的基础上，对社区内的建筑、绿地、学校、社区等建设发展进行规划。因此，这三级行政区域所制定的规划各有侧重，并相互联系。上层规划侧重从空间布局确定不同区域的功能定位，中层规划侧重如何具体实现功能定位，基层规划则更多从日常生活角度对中层规划进行有效补充。例如，上层规划根据城市风险特征确定综合避难场所的选址，中层规划明确避难场所的建设标准，基层规划明确社区在何种情境下，通过何种途径将人员疏散至避难场所。这就体现了规划间的有效衔接。

（三）融入安全治理理念

在“韧性城市”引领下进行综合防灾规划的编制，需要融入安全治理理念，核心是谁来治理、治理什么这两个问题。需要在城市防灾规划中予以明确，以指导建设实践。

从谁来治理的角度，就是要对城市安全治理的体制、机制、队伍进行合理的规划。安全治理不是某一个部门的工作，而是涉及政府各个部门，因此需要建立相互协调的体制机制，明确建设目标，明确责任分工，明确建设进度，明确建设成效。同时，安全治理不能仅仅体现政府的控制性，还应该体现多元参与的特点，强调社会各利益相关主体与政府之间的合作关系和伙伴关系。在理顺体制机制的基础上，还要认识到，所有的工作需要“人”来完成。这里所说的“人”不仅包括政府官员，还包括社会民众、社会组织、企事业单位等与城市安全直接相关的群体。因此，将安全治理理念融入城市防灾规划，就需要明确这些社会力量的地位和作用，建立多功能、多层次的队伍体系，共同建设更安全的城市环境。

从治理什么的角度分析，就要从突发事件生命周期治理角度规划治理的对象。根据罗伯特·希斯（2004）公共安全管理的“4R 模式”，公共安全管理可以划分为缩减阶段（Reduction）、预备阶段（Readiness）、应对阶段（Response）和恢复阶段（Recovery），即通过风险评估与管理，预防危机的发生和减小危机发生后的冲击程度；通过预警、培训和演练，做好处理危机的准备；在危机爆发后，合理运用各种资源和管理方法，在尽可能短的时间内遏制危机的发展，防止事态进一步恶化；确认危机带来的冲击和影响，制定危机恢复管理方案，对危机管理工作进行评估。基于“4R 模式”，城市防灾规划涉及的内容需要涵盖整个过程，包括 4 个方面：即风险分析、制订减轻风险措施、建立应急救援体系、编制恢复重建规划。

（四）规划编制的信息化和智能化

在信息技术不断发展的今天，城市安全建设越来越依赖信息和通信等技术手段，使城市在预防和恢复阶段都能有效应对。城市防灾规划编制更需要引入智慧系统的建设，要从全局角度提出城市安全发展的方向，需要明确城市发展对安全的要求，以及城市安全与城市建设各个方面之间的关系。

城市防灾规划的背后是各部门数据的共享和信息技术的支撑，需要在大量数据分析的基础上，形成最合理的规划方案，最后通过规划文本表现出来。例如，在开展风险评估的过程中，在有效摸排城市面临的致灾因子、城市固有的脆弱性和城市减灾能力的基础上，采集各方面的数据，形成数据库，实现有效的评估，找到城市建设的薄弱环节，从而为编制城市安全规划奠定基础。因此，城市安全规划的编制应该依托信息平台及各职能部门在工作中所累积的数据，构建城市风险特征库，搭建适合城市安全治理的系统平台，实现信息资源的有效整合和定期更新，并通过各类评估模块的研发，加强对信息数据的有效分析，为决策提供依据，从而实现规划编制的信息化和智能化。

城市安全是城市发展的目标，同时也是城市发展的基础。要实现城市安全目标，则需要从城市规划的角度对城市建设的各个方面进行制度设计和设施建设。韧性城市理论是当代全球城市应对不确定性和复杂性都在不断增强的风险的共同选择，也是指导我们编制城市防灾规划的基本理念。在这个过程中，需要结合不同的经验，应用多种技术手段，以提高城市安全规划的编制水平和落实效果，在保障城市安全运行的基础上实现城市的有序发展。

参考文献

薄海昆. 2007. 火山脚下深埋的记忆. 世界知识，（6）：58-60.

蔡建明. 2012. 国外弹性城市研究述评. 地理科学进展，（10）：1245-1255.

陈明星，叶超，周义. 2011. 城市化速度化曲线及其政策启示——对诺瑟姆曲线的讨论与发展. 地理研究，（8）：1499-1057.

陈宇琳，李强，张辉，等. 2013. 基于风险社会视角的城市安全规划思考. 城市发展研究，20（12）：99-104.

陈喆，张建. 2008. 北京通州新城公共安全规划评析. 华中建筑，26（11）：118-121.

戴慎志. 2015. 城市综合防灾规划. 第二版. 北京：中国建筑工业出版社.

丁辉. 2009. 加强风险管理推进安防建设. 中国安防，3：17-19.

范维澄. 2017. 公共安全与应急管理. 北京：科学出版社.

范维澄，刘奕. 2008. 城市公共安全与应急管理的思考. 城市管理前沿，5：32-34.

贺庆. 2017. 城市规划视角下的城市防灾空间体系研究. 武汉：湖北工业大学硕士学位论文.

洪南福，陈连进. 2016. 综合防救灾理念下城市公共安全规划研究. 安全与环境工程，23（1）：1-4.

金忠民. 2011. 基于安全城市理念的特大城市防灾规划技术框架. 规划师，27（8）：10-13+25.

寇丽平. 2006. 浅谈城市公共安全规划的现状及可行性方案. 城市规划，（10）：69-73.

李鑫，罗彦. 2017. 基于城市公共安全的韧性城市构建和规划思考. 城市，（10）：41-48.

刘海燕. 2005. 基于城市综合防灾的城市形态优化研究. 西安：西安建筑科技大学硕士学位论文.

刘茂，赵国敏，王伟娜. 2005. 城市公共安全规划编制要点和规划目标的研究. 中国公共安全（学术版），（Z1）：10-18.

吕元. 2005. 城市防灾空间系统规划策略研究. 北京：北京工业大学博士学位论文.

罗伯特·希斯. 2004. 危机管理. 王诚，宋炳辉，金瑛译. 第二版. 北京：中信出版社.

罗开海，保海娥，左琼. 2018. 中国建筑抗震设防水准的历史沿革、现状及展望. 地震工程与工程震动，38（4）：41-47.

邵亦文，徐江. 2015. 城市韧性：基于国际文献综述的概念解析. 国际城市规划，30（2）：48-54.

沈莉芳，陈乃志. 2006. 城市公共安全规划研究——以成都市中心城公共安全规划为例. 规划师，（11）：27-30.

施波，赵冬月. 2016. 城镇公共安全规划的特点及目前存在的问题. 武汉理工大学学报（信息与管理工程版），

38（2）：141-143，160.
孙明，李丽微. 2013. 城市公共安全规划探究综述. 山西建筑，39（32）：4-6.
滕五晓，加藤孝明，小出治. 2003. 日本灾害对策体制. 北京：中国建筑工业出版社.
王祥荣，谢玉静，李瑛，等. 2016. 气候变化与中国韧性城市发展对策研究. 北京：科学出版社.
吴浩田，翟国方. 2016. 韧性城市规划理论与方法及其在我国的应用——以合肥市市政设施韧性提升规划为例. 上海城市规划，126（1）：19-25.
徐波. 2007. 城市防灾减灾规划研究. 上海：同济大学博士学位论文.
翟国方. 2016. 城市公共安全规划. 北京：中国建筑工业出版社.
张丛. 2010. 浅议城市公共安全规划编制. 城市与减灾，（5）：2-4.
张翰卿. 2011. 安全城市规划的理论框架探讨. 规划师，27（8）：5-9.
郑国. 2010. 城市发展阶段理论研究进展与展望. 城市发展研究，2：83-87.
郑艳. 2013. 推动城市适应规划，构建韧性城市——发达国家的案例与启示. 世界环境，（6）：50-53.
《汶川地震灾害地图集》编纂委员会. 2008. 汶川地震灾后地图集. 成都：成都地图出版社.
Ahern J. 2011. From fail-safe to safe-to-fail：sustainability and resilience in the New Urban World. Landscape and Urban Planning，100（4）：341-343.
Bloomberg M R. 2013. A Stronger, More Resilient New York. https://www.adaptationclearinghouse.org/resources/a-stronger-more-resilient-new-york.html.[2017-5-25].
Holling C S. 1973. Resilience and stability of ecological systems. Annual Review of Ecology and Systematics，（4）：1-23.
IPCC. 2002. Managing the Risks of Extreme Events and Disasters to Advance Climate Change Adaptation：A Special Report of Working Groups I and II of the Intergovernmental Panel on Climate Change. Cambridge：Cambridge University Press.
Johnson B. 2011. Managing Risks and Increasing Resilience：The Mayor's Climate Change Adaptation Strategy. https://www.london.gov.uk/sites/default/files/gla_migrate_files_destination/Adaptation-oct11.pdf.[2017-5-20].
Liao K H. 2012. A Theory on urban resilience to floods-a basis for alternative planning practices. Ecology and Society，17（4）：48.

第三章　韧性城市规划案例：经验之借鉴

随着气候变化及城市化的快速发展，城市物理环境和社会环境都发生了改变，使得城市灾害风险的脆弱性和暴露度不断增大，进而导致城市风险的放大。而自然因素、社会因素的交错影响，也使风险的不确定性增强。风险放大效应和风险不确定性的叠加使得灾害事故造成的损失巨大。

建设“韧性城市”成为全球城市的共同目标。通过提高城市系统应对风险不确定性的能力，通过系统性地推动防灾规划和建设，不同的城市都在探索适合各自自然、社会环境的发展模式，提升城市应对灾害的能力和从灾害中快速恢复的能力。

第一节　韧性城市建设的兴起

一、全球城市韧性建设的先行者

作为一流的全球城市，伦敦、纽约和东京通过不断更新城市规划，设定防灾减灾目标，率先开始了以探索建设韧性城市为途径的城市综合灾害风险管理实践。这些全球城市的城市规划也引领着全球范围内其他城市将灾害风险管理理念融入韧性城市建设中。

（一）伦敦市韧性城市建设进程

受显著的气候变化影响，伦敦自 20 世纪以来就饱受干旱、洪水等灾害的侵袭，并且城市在应对气候变化所带来的灾害风险方面表现不佳，一直受到各方的批评。因此，伦敦较早地在推动气候变化韧性政策的制定和韧性规划研究上采取了措施，认为相比于灾后恢复重建，提高灾前城市的抵抗能力成本更低、效果更好（周利敏，2016）。英国于 2001 年发布了“管理风险和增强韧性”计划，该计划包括构建“伦敦气候变化公私协力机制”，使政府、非政府组织、大众传媒等在气候应对上相互协作，同时设立专职政府官员负责制订韧性城市计划。

在此基础上，2011 年伦敦正式发布了《气候变化适应战略——管理风险与提高韧性》（*Managing Risk and Increasing Resilience：The Mayor’s Climate Change*

Adaptation Strategy），以提高城市应对极端天气事件能力、提高市民的生活质量为主要目标，系统评估了气候变化对伦敦的影响，制定了详细的适应行动。伦敦把适应气候变化行动分为 4 个层次，分别为预防（Prevent）、准备（Prepare）、响应（Respond）和恢复（Recover）。在预防方面，通过加强防洪基础设施建设、提供防洪标准等结构性的调整措施和空间规划来减小风险发生的概率；在准备方面，基于对气候变化风险的识别进行洪水风险评估，建立早期预警系统和灾害保险机制，宣传培训民众应对等，从而降低社区和个人的脆弱性，增强城市的韧性。在恢复方面，采取基础设施恢复重建、为受灾民众提供咨询服务等一系列行动，确保伦敦在灾后能够快速、低成本地恢复到正常状态。

此外，《气候变化适应战略——管理风险与提高韧性》还强调了规划的动态变化。在规划中强调未来气候变化和城市发展过程中的不确定性。在系统评估气候变化影响的基础上，对规划所提出的具体行动计划制定了政策跟踪与评估机制，及时监测适应行动的进展和效果，及时调整推进计划。

在不断实施监测与评估下，特别是为了应对气候变化、人口和经济持续增长的国际国内新趋势的影响，伦敦在 2016 年修订了新一版的《伦敦规划》（*The London Plan*），提出了城市可持续发展的愿景，打造“首屈一指的全球城市”的目标。其中的子目标包括将建设一个“由多元、便利的安全社区构成的城市”。通过政府、社会组织和大众媒体等多方协作的方式，发挥不同利益攸关方参与、决策规划的能力与优势，考虑各地区、街道的形式、功能和结构，根据不同建筑的规模和方位，统筹综合治理各类灾害的风险，建设安全的公共社区空间，增强社区对残疾人、老人，以及不同性别、种族、收入群体的环境包容性，从而提出长期面临的洪涝、干旱及气候变化影响的城市规划，提高伦敦面对未来灾害风险冲击的韧性，同时也使新一版的《伦敦规划》能够合理、高效、有力地落实。

（二）纽约市韧性城市建设进程

从 2007 年纽约市发布第一版城市规划（PlaNYC）以来，各个版本的纽约城市规划一直是全球各大城市学习的对象。在经历了飓风“桑迪”的袭击后，纽约市于 2013 年推出了一个长期、全面的气候韧性规划，即《一个更强大，更有韧性的纽约》（*A Stronger，More Resilient New York*）。该规划吸取了飓风“桑迪”的教训，制定了一系列政策方案来支持城市的灾后重建，并提出城市为适应海平面上升、极端气候灾害等气候变化影响所采取的措施。

在加入洛克菲勒基金会“100 座韧性城市”项目后，纽约又自主发起了一项“同一个纽约”（OneNYC）的子项目，将各级政府、私营部门和社区组织协同起来，共同应对气候变化、贫富差距等城市威胁（陈玉梅和李康晨，2017）；并在

2015 年发布了《同一个纽约——规划一个强大而公正的城市》（*One New York: The Plan for a Strong and Just City*）的新版城市规划。该规划提出了增长、平等、可持续、韧性四大愿景，希望城市在未来长期发展中保持经济繁荣的同时，构建一个更公正的社会，能够对所有市民的健康和福祉负责，并提升城市的可持续发展能力，以及具有抵抗各类灾害和风险的韧性。围绕四大愿景，规划还形成了“愿景—策略—行动”框架体系，并制定了详尽的指标来落实规划。

其中愿景 4 为建设“有韧性的城市”。今后面对诸如飓风“桑迪”这样的灾害事件，纽约应能做出快速的应急反应，为所有纽约市民提供基本的功能服务，并计划到 2050 年，消除重大灾害事件带来的对生活和工作的长期影响。为了实现这一目标，纽约将在规划的指导下，强化海防线、不断更新城市的私人和公共建筑，以有效提升应对洪水和海平面上升等气候变化影响的恢复能力。通过对交通、通信、供水、能源等基础设施进行适应性改造，从而增强社区、社会和经济的韧性，使得城市的每个社区都更加安全。

（三）东京都韧性城市建设进程

为了迎接 2020 年奥运会，东京都在 2014 年编制了《东京都防灾规划——创建世界第一的安全·安心城市》。该规划中有着明确的规划目标和理念，即“以 2020 东京奥运会和残奥会的举办为契机，通过针对地震、台风、水灾等自然灾害预防、应对和快速恢复与重建的城市规划建设，以及构建‘自助、共助、公助’为一体的防灾社会体系，努力将东京建设成世界第一的‘安全、安心’全球城市”。

东京都将通过增强民众、企业、社会的灾害意识，建立广大市民相互协助、有效应对灾害的社会体系；构建相关职能部门（机构）联动的灾害响应体制，确保避难场所的有效运行和人员的及时救助；切实推进木结构建筑密集地区改良、房屋建筑抗震性能提高、道路网络保障、暴雨及海啸有效应对的抵御灾害能力强的防灾都市建设等措施来实现规划目标。

二、联合国国际减灾战略署“让城市更具韧性”运动

联合国减少灾难风险运动始于 2005 年的《2005～2015 年兵库行动框架：让国家和社区具有抗灾能力》，确定了 2005～2015 年世界减灾战略和行动重点，提出了对城市发展非常重要的 5 个领域：在城市活动中把减轻灾害风险作为一项优先任务；了解城市风险、采取行动；增进对城市风险的了解和城市风险意识；减轻城市风险；城市做好准备应对。

在此基础上，联合国国际减灾战略署（UNISDR）于 2010 年发起“让城市更

具韧性”（Making Cities Resilient：My city is getting ready）运动，并颁布了《如何使城市更具韧性——地方政府领导人手册》（*How to Make Cities More Resilient：A Handbook for Local Government Leaders*）。根据UNISDR网站提供的信息，该项运动提出三点原则：更多了解、明智投资和安全建设。关于这三点原则的指导概括在减轻灾害风险基石——“让城市抗灾十大要素”中，这十大要素是根据《2005～2015兵库行动框架：让国家和社区具有抗灾能力》的5个重点领域制定的。

“让城市抗灾十大要素”对韧性城市建设具有指导和引领作用（UNISDR，2010）。这10项要素是：

1）在市民团体和民间社会参与的基础上进行组织和协调，以了解并减轻灾害风险，建立地方联盟，确保所有部门了解他们在减轻灾害风险和防灾中的角色。

2）制定减轻灾害风险预算，激励业主、低收入家庭、社区、企业和公共部门投入，减轻他们面临的风险。

3）维护更新灾害和脆弱性数据，准备风险评估，将这些作为城市发展规划和决策的依据，确保所在城市抗灾力的信息和计划向公众开放，与他们进行充分讨论。

4）投入并维护关键的基础设施以减少风险，如排洪设施等，为应对气候变化做出必要调整。

5）评估所有校舍和医疗场所的安全性能，如有必要，提升安全等级。

6）运用并强化现实的、抗风险的建筑规定和土地开发原则，划定供低收入市民使用的安全土地，只要可行，改造非正规定居点。

7）确保学校和社区开设减轻灾害风险的教育课程和培训。

8）保护生态系统和天然缓冲器，减缓让城市脆弱的洪灾、暴风和其他自然灾害。在减轻风险的经验的基础上，适应气候变化。

9）建立城市预警系统和应急管理体系，定期举办公共防灾演习。

10）灾害过后，确保把生存者的需要置于重建工作的中心，支持他们和他们的社区组织规划并帮助应灾，包括重建家园，恢复生活。

迄今为止，已有4270座城市将此作为城市发展规划的基础，UNISDR的韧性城市建设指标对于如何在城市规划和建设中融入“安全”要素，有极强的指导作用。

三、洛克菲勒基金会“100座韧性城市”项目

城市的韧性是指城市无论面临何种灾难风险，具有什么程度的脆弱性，其中的个人、社区、机构、商业和政府都能够与此生存、适应，并且得到发展。加强城市韧性的关键是提升城市中每个社会系统的韧性，并形成一个城市韧性系统。

有了强有力的韧性系统才能够在灾后更迅速地抵御、响应、适应灾害所带来的破坏和损失。

正是在这样的理念下，洛克菲勒基金会于 2013 年发起“100 座韧性城市”项目，并承诺投入不少于 1.64 亿美元用于资助入选城市。该项目旨在帮助世界各地的城市在面对 21 世纪日益严重的物理、社会和经济等方面的挑战时，更具有韧性。通过三年三轮审核选定，纽约、伦敦、新奥尔良等 100 座城市入选。中国的黄石、德阳、义乌和海盐 4 座城市也是其中的成员城市。

“100 座韧性城市”项目支持的韧性城市建设不仅包括城市应对地震、洪涝、传染病暴发和恐怖袭击等突发事件的冲击，还包括城市应对慢性城市病的压力，如居高不下的失业率、效率低下的公共交通系统、暴力事件、常年供应不足的食品及饮用水等。在对自身存在的冲击和压力有了明确的认识后，城市不仅能够更好地应对灾难的发生，而且在任何时候都能够对所有市民发挥城市的基本功能。项目认为“我们无法预测下一个灾难什么时候会发生，但是我们可以知道该如何应对这些灾难”[①]。

每座入选城市都将得到以下三种形式的支持：得到制定建设韧性城市规划的资金和技术；成为提供前沿的韧性城市理论和技术支持的 100 座韧性城市网络（100 Resilient Cities Network）成员；受到资助聘用一名专业首席韧性官（Chief Resilience Officer）来确保韧性城市建设的资金和后勤保障，协调政府各部门的运作，同时监督韧性城市规划战略的制定和实施。“100 座韧性城市”项目通过嵌入式的城市规划和运营原则，聘用城市专业首席韧性官来协调推动韧性城市建设，帮助成员城市对城市规划中的“韧性”部分进行恰当的诠释，保持城市各种规划文件的一致性，并促进各部门之间的协同以减少权力和资源的重复利用，最终使得城市的韧性建设更高效[②]。

“100 座韧性城市”项目希望不仅能够帮助单独一座城市更具有韧性，还能够建立政府、非政府组织（Non Governmental Organization，NGO）、私营部门和民众共同参与的全球韧性城市实践的架构。经过 5 年的项目推进，超过 80%的项目成员城市启动了城市韧性战略或者规划，并且转变了相应的城市政府职能，建设了韧性城市工程，进行了包括民众、企业、社会组织在内的社会行动。

我国湖北省黄石市、四川省德阳市及浙江省义乌市和海盐县 4 座城市先后加入了洛克菲勒“100 座韧性城市”项目。4 座城市具有截然不同的风险特征，黄石市是一座典型的“矿冶之城”，但目前面临着严重的资源枯竭问题；德阳市处于龙门山地震带，具有较高的地震灾害发生可能；义乌市作为全球小商品贸易中心，

---

① Rockefeller Foundation. 100 Resilient Cities. http://www.100resilientcities.org/.

② Urban Institute.2017.Institutionalizing Urban Resilience—A Midterm Monitoring and Evaluation.

来自世界各地的人员众多，存在治安、反恐等压力；海盐县境内建有我国第一座自行设计、建造和运营管理的核电站——秦山核电站，维护核电安全是该县头等大事。在近 3 年的项目推进过程中，4 座城市都将韧性城市建设的理念与人居和谐环境的打造、城市的可持续发展结合在一起。黄石市的建设重点在于实现资源枯竭型城市的转型发展；德阳市主要是通过生态环保措施、加强资源规划实现城市可持续发展；义乌市通过组织系统再造以快速响应灾害，进一步提升城市居住环境的质量；海盐县聚焦于解决基础设施老化和人口老龄化等社会问题，实现城市绿色发展。中国这 4 座城市的实践很有价值，它们结合各自的城市特点探索韧性城市理念如何在不同类型城市中有效应用。

第二节　日本韧性城市建设体系

日本是一个极易遭受地震、台风、海啸、火山爆发等多种自然灾害侵袭的国家。在和各种自然灾害斗争和共生的漫长历史中，日本政府、社会和民众特别有危机意识，逐渐培养了适应灾害和通过灾害学习的能力。日本从频繁而严重的自然灾害中吸取了应对灾害和建设韧性城市的经验，每次重大灾害之后，日本都认真反思如何能够减轻损失，不断完善应对灾害的法律和政策，制定详尽的防灾规划，全面提升社会韧性。目前，日本已经建立了一套有核心理念引导、自上而下推动的完整的韧性城市实践体系。

一、立法为先的防灾减灾体系

日本的灾害管理体制和韧性城市建设体系的基础是防灾减灾相关法律制度，日本通过立法来确保灾害对策各项措施和事业的实施，所有法律的基石是 1961 年颁布的《灾害对策基本法》。该法律的出台源于 1959 年造成 5098 人死亡失踪的伊势湾特大台风，该法律成了日本防灾减灾和灾害管理的基本大法，明确了从政府到普通公民等不同群体的防灾责任，并推进综合防灾的行政管理和财政援助（袁艺，2004）。

此后，围绕不同灾害，以及备灾、应急响应、灾后恢复重建的灾害周期，日本制定了各种专门法律或相关法律，使各类与灾害相关的活动尽可能有法可依。既有针对不同类别灾害的法律，如《大雪地带对策特别措施法》《活动火山对策特别措施法》《大规模地震对策特别措施法》；也有针对灾害预防的法律，如《建筑基准法》《地震保险法》；还有针对灾害应对的法律，如《灾害救助法》《被灾者生活再建支援法》等。

重要的法律法规在巨灾的推动下颁布实施，也在不断改进。例如，1995 年，在造成6434人死亡的阪神大地震之后，针对救灾协调调度不力的缺陷，日本中央防灾机构修改了《内阁法》和《灾害对策基本法》，推进建筑的耐震化改造，探讨高密度城市应对地震灾害的对策，建立自助、共助和公助的三位一体救助体系。而《灾害对策基本法》从1961年颁布实施开始，已经修订了23次（袁艺，2004）。

二、自上而下的灾害管理体制

依据《灾害对策基本法》和日本的行政管理体制，日本建立了从中央政府到都道府县到市町村的灾害管理行政体系。

为了促进综合防灾对策的制定和实施，日本中央政府建立了中央防灾会议。中央防灾会议是日本防灾方面最高的行政权力机构，由内阁总理大臣担任会长，其他内阁大臣担任成员。中央防灾会议负责制定防灾基本规划，将其作为减灾行动的基础，并商讨其他关于减灾的重要问题。同时，中央防灾会议也承担重要的组织协调职能，负责协调各中央政府部门之间、中央政府机关与地方政府，以及地方公共机关之间有关防灾方面的关系，协助地方政府和各行政机关制定和实施相关的地区防灾规划和防灾业务规划。

地方政府一级建立了都道府县防灾会议和市町村防灾会议。成员为来自地方政府机构、指定公共机构和其他组织的地方官员。会议负责制定地方的防灾基本规划及其他规划。

三、全面推进的“国土强韧化”

日本从每次重大灾难的经历中都能够吸取经验教训，不断完善国家的灾害管理体制与机制。“3·11东日本大地震”给日本造成了重创，日本反思现行灾害管理体制机制的问题，除了加强硬件防护措施之外，也意识到了防灾教育的重要性，以及地方创生和灾后复兴相结合的必要性。安全的城市建设必须超越狭义“防灾”的范畴，要扩展到包括城市政策、产业政策等在内的综合应对策略。如何整合现有行政资源和技术手段，将实现国土强韧化等韧性理念上升为国家战略并加以落实，也是日本面临的重大课题。

2013年12月，《国土强韧化基本法》的颁布，是日本对“3·11东日本大地震”的反思并交出的答卷。这部法律为强韧化规划的编制和实施奠定了具有强大约束效力的法律框架，确保了规划在国家发展中的核心地位和严肃性。

在《国土强韧化基本法》出台后，从规划权力机构和技术部门入手，组织有效的规划编制和执行渠道来推动国土强韧化。日本政府成立了专门的内阁官房国土强韧化推进室。该推进室随后在2014年6月发布了《国土强韧化基本规划》，提出了构筑“强大而有韧性的国土和经济社会”的总目标，确立了韧性城市的法制和行政基础，在国家层面及各府县市均应推进国土强韧化规划，初步形成韧性城市规划体系。日本将“强韧化国土”概念界定为“国土、社会经济及日常生活在应对灾害或事故时不会受到致命的破坏而瘫痪，并能够快速恢复”，分解为 4 个基本目标：一是最大限度地保护人的生命；二是保障国家及社会重要功能不受致命损害并能继续运作；三是保证国民财产与公共设施受灾最小化；四是具有迅速恢复的能力。

在“3·11 东日本大地震”发生 5 年之后，基于重灾评估的灾害管理应对措施仍未完成，特别是民众和企业对备灾没有足够的认识。而随着气候变化和全球变暖，灾害带来的威胁将日益严重。同时，日本老龄化社会及城市化的发展增强了社会脆弱性，也增大了灾害风险的危害性。为此，日本于 2016 年提出了“灾害管理 4.0”的概念[①]，一方面通过提高城市基础设施建设水平及增强每个国民的防灾减灾意识来减轻灾害风险带来的伤害，另一方面考虑民众和企业等利益攸关方对于防灾减灾的需求，构建一个包括社区、企业、民众在内的社会共同体，通过共同体自主备灾，形成相互连接、相互作用的社会网络，并让社会意识到，每一个人都有责任参与灾害管理，从而提升全社会的韧性。

与以往的防灾规划相比，国土强韧化规划有两个显著的不同点。

第一，强韧化规划针对国家或者地域内所有可能灾害造成的影响，着眼于全面提升自身的强韧性，而防灾规划可以针对不同灾害制订计划对策。防灾规划以风险为对象，强韧化规划以地域为对象（邵亦文和徐江，2017)。《国土强韧化基本规划》从宏观、长远的视角，根据灾害类型和地域情况，确立防灾对策，整合“自助、共助、公助”各类救助资源的关系，优化防灾资源，除了在灾时能充分发挥防灾减灾的效果，在正常情况下也应重视“维持性对策”的制定，保证其合理利用全社会资本，推进落实居民福利、协调与自然环境的关系、维持景观等功能，确保强韧化规划的有效实施。

第二，《国土强韧化基本法》规定《国土强韧化基本规划》享有最上位法定规划的指导地位，是制定其他规划的纲领性规划，其他规划有义务和基本规划相衔接，及时修正不一致的内容。《国土强韧化基本法》第 13 条规定：日本地方公共团体应当制定各自的国土强韧化地域规划。地域强韧化规划需要从当地的特征出发，探讨解决实际问题。每个地域均以强韧化规划作为所有规划的导引文件。截至 2018 年 4 月，日本 47 个都、道、府、县，除了冲绳县和福井县以外，已有 45 个完成了地域规划的制定[②]。

① Cabinet Office Japan.2016. White Paper Disaster Management in Japan 2016.

② Cabinet Office Japan.2018. White Paper Disaster Management in Japan 2018.

第三节　韧性城市建设的经验借鉴

“韧性城市”理念是一个总体目标，如何具体实施考验每个城市管理者的执政智慧。纵观众多发达国家城市韧性城市规划和建设的经验，可以看到很多共性特征，特别是多元协同参与、大数据支撑、基于风险评估、重视社区韧性建设、过程评估调整规划等经验，特别值得我们学习借鉴。

一、多元协同参与

“韧性城市”建设有一个统一的目标：整体提升城市全面应对灾害的能力。在此核心目标的统领下，众多发达国家城市将现有的和潜在的减灾行动纳入到一个统一的防灾战略中，加强原有规划及其职能部门之间的相互协调，减少不同组织之间相似或重叠的减灾资源投入。更重要的是，要将不同层级的规划及不同层级和领域的组织、个人纳入统一的目标统领下，多元协同参与，形成合力，建设“有韧性”的城市。

《纽约市防灾规划》就是广泛利益相关者之间努力合作的结果。《纽约市防灾规划》并非一个孤立的城市规划文件，而是对过去的规划有延续，和其他规范标准有衔接。该规划延续了纽约市过往的城市防灾规划、每年的防灾规划更新文件和 2013 年制定的韧性城市长期建设规划——《一个更强大，更有韧性的纽约》，也参考了《纽约州多灾害标准减灾规划草案》（NYS HMP）内容。此外，《纽约市防灾规划》中涉及的规划内容和具体实施标准衔接了纽约市的众多行业规范，如建筑规范（Building Code）、消防规范（Fire Code）。从风险脆弱性的评估，减灾行动的选择到资助资金的获得，整个规划由几十个合作伙伴通力合作完成，包括联邦、州、市各级政府部门，以及私营企业、学术机构、社会组织和民众。

《纽约市防灾规划》的参与成员被分为 4 个层次：第一层次为防灾规划小组（Planning Team），由市长办公室应急管理处（OEM）、纽约市城市规划局（DCP）和市长办公室长期规划与可持续发展处（OLTPS）组成。其主要职责为组织和指导防灾规划委员会（MPC）的会议；制定并执行防灾规划实施过程；指导防灾规划发展的减灾目标；收集、分析和管理由防灾规划委员会提交的减灾措施；为所有参与规划的成员提供技术支持；协调防灾规划委员会各成员单位提供在规划过程中所需的资料。第二层次为防灾规划专业指导委员会（MPCSC），其成员除上述 3 个部门外，还包括纽约市环保局（DEP）、纽约市园林及娱乐设施管理局（DPR）、纽约市房管局（DOB）、纽约市卫生局（DOHMH）、纽约市交通局（DOT）、纽约市消防局（FDNY）、纽约市警察局（NYPD）、纽约市重建办公室（HRO，在飓风

“桑迪”后成立，负责灾后重建）、大都会运输署（MTA）、纽约都会区规划协会（RPA，协调纽约—新泽西—康涅狄格都会区）等政府部门。其主要职责是参加防灾规划委员会的会议；提供专业的知识技能服务；协助评估减灾措施的优先等级；审查和修改由防灾规划小组提交的防灾规划草案。第三层次为防灾规划委员会，其成员除上述 13 个部门以外，还有 28 个联邦和州政府部门、NGO、高校、企业和社会团体参与其中。其主要职责为参加防灾规划委员会的会议；讨论、提交各自部分的减灾措施；审查和修改由防灾规划小组提交的防灾规划草案，以及在防灾规划通过后对相关减灾措施进行监督。

《东京都国土强韧化地域规划》也是多元部门协调参与推行制订的。规划指导的覆盖范围涉及警察消防、医疗福利、通信、经济产业、教育文化、环境及社区营造 7 个不同的部门。为了达成地域规划的目标，关联的协调机构还包括东京都所属的 28 个局、关东地区的 13 个指定行政机构、自卫队、日本邮政等 24 个指定公共机构、东武铁道等 40 个指定地方公共机构及东京都消防协会（邵亦文和徐江，2017）。

二、大数据支撑

得益于众多部门协同参与，《纽约市防灾规划》和《东京都防灾规划——创建世界第一的安全·安心城市》有庞大的基础数据支撑，以城市基础设施、房屋特征、人口分布、产业分布、历史灾害等大数据为基础，通过现状分析、情景模拟，提出规划方案。

2014 年《纽约市防灾规划》中涉及 13 项灾害，每项灾害都会运用大量相关的图表数据来评估灾害暴露度，识别脆弱性人群，计算历史灾情的发生频率和绘制基础设施地图，并以此作为减灾规划的依据。以纽约市最容易受到影响的沿海风暴潮（Coastal Storms）为例，所涉及的基础数据包括历史灾情数据、人口数据、房屋建筑数据、基础设施数据等。在历史灾情数据方面，纽约市保存了自 1785 年以来影响城市的沿海风暴潮的灾情统计，包括灾害发生时间、风暴潮名称、影响地区及简要的灾害描述，此外，还包括 1851 年以来影响纽约市 100 英里①半径内的风暴潮路径情况。在人口数据方面，规划统计分析了每个分区的人口分布情况，特别是老年人、残疾人及其他有健康服务需求的人、有语言障碍的人等脆弱性人群。大数据的收集可以帮助编制更有针对性的规划。例如，对于风暴潮灾害影响较大的房屋脆弱性，根据《纽约市防灾规划》对纽约市房屋建筑信息的统计，通过房屋高度、房屋结构、房屋年龄和房屋位置等数据的使用，运用美国联邦应

① 1 英里=1609.344 米。

急管理署（Federal Emergency Management Agency，FEMA）的HAZUS-MH工具在不同历史重现期的风暴潮（10年一遇、20年一遇、50年一遇、100年一遇、200年一遇、500年一遇、1000年一遇）情景下对潜在房屋损失进行了评估，房屋的受损程度分为非常轻微、轻微、适度、严重、毁灭5个等级。

《东京都防灾规划》的编制也基于庞大的城市基础数据和信息情报体系，包括齐备的城市房屋、人口、自然地理、基础设施等数据，以及完整的历史灾害事故数据，这些数据是东京城市进行灾害风险分析预测、情景模拟以编制防灾规划的基础。而一些灾害相关数据的综合分析更是为专业规划提供了保障，如东京全域各种危化品、有害物质的种类、分布、储存数量、危害性等数据，包括油库、加油设施（类型、数量、分布）、高压煤气设施（燃气、毒性煤气等）、火药类设施（工厂、火药库等）、毒物设施、剧毒物设施、放射性物质使用设施等，这些都是东京事故预防专业规划的依据和基础[①]。

三、风险评估和情景模拟为基础

有了庞大的城市基础数据作为支撑，城市防灾规划还需要以科学的方法为依托，进行预测、分析，制定实施方案。通过预测灾害发生状况及情景模拟，对该灾害发生后不同时间序列下可能出现的情景进行分析，根据情景模拟的结果评估形成应该采取的对应措施，再对比现在已有的应对能力，找出差距，提出建设目标。

《纽约市防灾规划》通过识别灾害风险、分析灾害风险及估计潜在损失三步对城市面临的风险进行评估。①利用多元资源识别灾害风险。通过回顾2014年《纽约州多灾害标准减灾规划草案》（NYS HMP）内容、纽约市城市工作组（New York City Urban Area Working Group）的灾害风险识别和风险评估报告（THIRA），分析OEM应急响应中心（EOC）的历史启动记录，研究大量的自然灾害数据资源，罗列纽约市可能发生的灾害风险，并参考周边地区的防灾规划，形成灾害威胁选择工作表。防灾规划专业指导委员会的成员单位利用灾害威胁选择工作表，确定对纽约市有影响的自然灾害和非自然灾害。②建立标准范式分析灾害风险。《纽约市防灾规划》将灾害风险分析分为两个主要组成部分：灾害描述和脆弱性评估。灾害描述除了对灾害进行大致描述以外，还对其严重性、可能性、发生的地点、历史灾情进行分析。脆弱性评估探讨灾害如何影响社会、建筑、自然和未来的环境。③借助科学技术评估潜在损失。《纽约市防灾规划》对纽约市每一个灾害风

① 资料来源：東京都. 2014. 東京の防災プラン～世界一安全安心な都市を目指して～、東京都総務局総合防災部防災管理課編集.

险进行潜在损失预估，借助全国适用的 HAZUS-MH，预估地震、沿海风暴潮和洪涝所产生的潜在损失。此外，GIS 专家和防灾规划小组还采用了各种方法来估计其他灾害风险所造成的损失。

以纽约市最容易受到影响的沿海风暴潮（Coastal Storms）为例，《纽约市防灾规划》采用了美国国家气象局（NWS）常用的 the Saffir-Simpson Hurricane Wind Scale 方法对沿海风暴潮的严重性进行评估。按照最大风速、潜在的破坏程度等将飓风分为 5 个等级，1 级最低，5 级最高，其中 3 级及以上的飓风被称为“有严重影响的飓风”（Major Hurricane）。再通过国家飓风中心（NHC）的模型评估沿海风暴潮发生的可能性，计算出纽约市平均每 19 年会受到一次飓风的影响（飓风“桑迪”影响纽约时为 2 级飓风）；而发生“有严重影响的飓风”的重现期为 74 年；4 级飓风（Category 4）发生的可能性不大，但还是有可能在纽约市发生。此外，《纽约市防灾规划》还运用国家飓风中心的 SLOTH（Sea，Lake，and Overland Surges from Hurricanes）模型[①]来评估纽约市在沿海风暴潮灾害方面的脆弱性，对纽约市发生 1～4 级风暴潮（Category 1-4）的可能性和影响范围进行了精确计算，据此指导城市规划。

《东京 2020 防灾规划》依据“构建世界第一的安全安心全球城市”的愿景，统一规划防灾城市的总体目标和各分目标。其中的预测及情景分析也是十分重要的部分。该规划预测了东京未来可能发生的破坏力最大的地震、台风和暴雨等灾害的强度、时间、破坏形式等，在此基础上，通过情景模拟分析灾害发生后不同时间序列下可能出现的情景、遇到的主要问题等，并进行现状评估，针对情景分析中可能遇到的状况，分析评估现在可能做到的程度。从而确定 2020 年必须具有的城市减灾能力及防灾蓝图，以及实现该目标各责任主体需要努力的方向。

《东京都地域防灾规划震灾分册（2007 修订版）》就假想了两个震源，分别是位于东京湾北部和多摩地区、震级分别为 6.9 级和 7.3 级、震源深度为 30～50km 的地震，并为两个假想的地震分别做了三种风速（因为会直接影响地震次生火灾的危害程度）下的情景模拟，对不同情景的人员死伤和设施损毁情况予以推测，以利于规划应对措施（阮梦乔和翟国方，2011）。

2012 年东京都防灾会议公布的《首都直下型地震等灾害引发的受灾情况预测》，围绕《东京都国土强韧化地域规划》的 8 项推进目标展开脆弱性分析，并具体到 45 个必须规避严重事态假定。根据这个预测，未来东京有可能发生的直下型地震，在最坏情况下可能造成多达 9700 人死亡、14.76 万人受伤、30 万栋以上建

① SLOTH 模型是基于 1～4 级风暴潮不同的风速、最大半径、移动速度、气压变化及移动方向等因素来模拟在不同的条件下纽约市受到最坏影响的情景。再根据纽约市的地形特征，模拟出纽约市在不同级别风暴潮影响下的淹没区域、淹没深度等。

筑受损和517万人无家可归的局面。除此以外，东京都也可能遭受海沟型地震和断层带地震的影响。作为日本政治、经济、文化和国际交流等各个方面的中心城市，东京都受灾也意味着日本国家中枢功能的中断（邵亦文和徐江，2017）。在此基础上，《东京都国土强韧化地域规划》再来讨论具体的推进方针，进一步制定每个领域部门需要达成的目标。

四、重视民众参与社区韧性建设

社区是灾害的最终承受者，也是每个人生活其中的基本行政单位。城市的强韧性建设要求每个单元都有应对灾害和从灾害中快速恢复的能力，也就需要发动每一个个体，每位民众都应该做好防灾减灾的准备。这不仅需要提高民众的防灾意识，还要鼓励民众采取实际行动，使民众相信自己所采取的防灾减灾措施可以在灾害发生时有效保护自己。日本“灾害管理4.0”中提到“很多情况下，民众对政府制定的防灾规划并不太感兴趣。为了解决这一问题，应当鼓励民众参与到防灾规划的制定过程之中，这样才会使民众有参与感。”近年来，许多发达国家的城市防灾规划都十分注重民众的参与，将规划目标与民众实际需求进行结合。

新奥尔良在2005年遭受了飓风“卡特里娜”的袭击，其造成了不可估量的损失。当地人口从灾前的50万人骤减至灾后的23万人[①]。在城市恢复重建的过程中，新奥尔良吸取了严重受灾的教训，发展思路由原先的被动抗洪转向了建设韧性城市。自2006年以来，城市人口逐渐回升，至2014年已达约40万人。这很大程度上是新奥尔良市民能够全程参与重建过程的结果。

在“100座韧性城市”项目的政策指导和资金支持下，新奥尔良基于城市发展的现状，于2015年发布了《韧性新奥尔良战略》(*Resilient New Orleans Strategy*)，使灾后重建更为有序、高效。该战略涵盖三大目标和四十一项具体行动。其中，目标二为“连接机会”，希望将新奥尔良建设成为一座平等互惠的城市。“公平”是这座城市经济复苏的前提条件，并反复强调社区的安全与稳定是社会实现长久稳定繁荣的动力。新奥尔良政府将全力建设健康的社区，通过提供公平、合理的就业机会，来维护社会治安、降低犯罪率，保障社会稳定发展。建设一批适用于各阶层不同需求的住房，让每一位市民都能拥有自己的家园[②]。社区组织层面，新奥尔良的社区开展了多次工作会议，积极讨论规划的编制工作。社区参与成为规划编制工作的一部分，规划过程中采用了一些机制来获得尽可能广泛的居民参与，参与讨论的居民的范围包括有能力返回城市的居民，以及成千上万还没有安置但

① American Census.2006.Online Resource.http：//www.census. gov.

② City of New Orleans.2015.Resilient New Orleans Strategy.

对新奥尔良重建抱有信心的市民。具体措施包括：在新奥尔良及其他分布有尚未安置的市民的主要城市开展草根活动、时事通信和培训教育，并在指定的规划片区开展四方会议及社区大会等（王曼琦和王世福，2018）。

《韧性新奥尔良战略》的另一个创新点在于通过数字网络媒体介入的公众参与，借助不同社区多元文化导向，让民众能够有效参与到战略计划的编制过程中，进一步提升当地居民对城市文化的价值认同感和归属感，助力城市的可持续发展。建立多个“韧性城市中心”为社区提供防灾减灾的宣传教育，并制定一套全新的灾害应急预案，包括灾前预警准备、灾中迅速反应、灾后高效重建等措施。而地方居民为规划部门提供当地的具体情况，以及他们对社区和城市的详细了解。民众的广泛参与保证了新奥尔良灾后恢复过程能够迅速、高效、连续地推进，他们是城市灾后重建的积极动力。

新奥尔良还为民众提供了直观的规划数据和信息。这些数据信息成为民众参与和反馈《韧性新奥尔良战略》的一个革新点，也是参与动力、相互理解与合作的基础。例如，“邻里规划网络”系统为新奥尔良的社区规划架构了一个十分完善的虚拟平台。网络系统每周定期为社区内各类群体、非营利组织及其他公众提供网络会议服务，其成员也将网络会议和会议日程表在互联网上公开。而新奥尔良规划编制之前，规划编制单位由公众在线投票选择，各规划组织和机构在网上通过视频及其他图文介绍、公示自己的工作成果，争取公众的支持。再如，新奥尔良的“资源保护中心”，通过在线讨论小组来帮助居民重建和保护历史建筑与城市历史街区，以及与民众进行一些有关建设承包商和重建材料等实施方面具体问题的讨论（黄怡，2011）。

此外，社区的韧性很大程度上表现在社区年龄结构的稳定性方面，以及社区居民之间的关系密切程度方面。日本神户六甲道车站北地区在“阪神大地震”灾后重建中，为了提升区域的社会韧性，一方面，从人群结构上增加年轻人比例，在住宅重建中，引入了社会住宅（邵亦文和徐江，2015），并优先保证青年租客的申请，以应对社区高龄化严重的问题；另一方面，通过组织民众参与社区公共空间的建设与维护，以加深社区民众之间的联系，如鼓励居民以提案的方式对土地区划中的道路与公园的规划设计提出要求，在公共空间举办社区活动，庆祝社区居民在社区建设中的努力付出。同时，老年人口作为社会的弱势群体，保证他们能有效应对灾害是整个社会韧性提升的重要组成部分。为此，日本从国家层面建立了避险支援指导方针，从信息传达体制、信息共享、避险支援规划、避险地点支援和多机构合作 5 个方面进行针对性的指导，包括避险准备信息发布；发生灾害时需要帮助设立支援小组；采用同意、志愿或相关机构共享方式来收集和共享需要帮助的人的信息，为每一位需要支援的人制订援助计划，在避难地点设置需要帮助的人的专用窗口等（梁宏飞，2017）。

五、强化过程评估

城市防灾规划制订后并不是一成不变的，而是需要不断对其进行动态的过程评估、检验建设效果、调整规划内容和计划，以持续帮助、指导城市的韧性建设工作。

纽约防灾规划小组和防灾规划指导委员会根据FEMA“社会、技术、管理、政治、司法、经济的评估方法”（STAPLEE）对《纽约市防灾规划》332个潜在的减灾行动进行定性分析，并从各部门了解在这些潜在的减灾行动中会出现的机遇和制约因素。根据FEMA的要求，防灾规划小组还会以潜在成本效益为基础去思考减灾措施，使效益最大化。采用STAPLEE方法去分析实施的优先顺序，具体优先标准。基于这些标准，对潜在的减灾措施进行高、中、低排序，最终确定优先顺序。当然，这些顺序是动态的，会随着可用资金的变化、减灾规划的修订、城市环境的改变而改变。同时，纽约应急管理办公室（OEM）会与FEMA、州国土安全与应急管理部门紧密合作来确保联邦、州所提供的资金能够实现纽约市减灾措施的目标和内容。

《东京都国土强韧化地域规划》也是基于PDCA循环模型——“规划（Plan）、执行（Do）、检验（Check）、纠正（Action）”循环往复，起始于对城市风险和脆弱性的科学分析，通过重点化和优先次序的政策设计，确定一个合理的应对方案包，进而通过实施结果评价反馈修正初始的分析思路。

参考文献

陈玉梅，李康晨.2017.国外公共管理视角下韧性城市研究进展与实践探析.中国行政管理，(1)：137-143.

黄怡，刘璟.2011.数字媒介与灾后重建规划中的公众参与——美国新奥尔良灾后恢复的启示//中国城市规划学会.2011中国城市规划年会论文集. 南京:东南大学出版社：3707-3714.

梁宏飞.2017.日本韧性社区营造经验及启示——以神户六甲道车站北地区灾后重建为例.规划师，(8)：38-43.

阮梦乔，翟国方.2011.日本地域防灾规划的实践及对我国的启示.国际城市规划，(4)：16-21.

邵亦文，徐江.2015.城市韧性：基于国际文献综述的概念解析.国际城市规划，(2)：46-54.

邵亦文，徐江.2017.城市规划中实现韧性构建：日本强韧化规划对中国的启示.城市与减灾，(4)：71-76.

王曼琦，王世福.2018.韧性城市的建设经验——以美国新奥尔良抗击卡特里娜飓风为例.城市发展研究，25（11)：21-26.

袁艺.2004.日本的灾害管理（之一）——日本灾害管理的法律体系.中国减灾，(11)：50-52.

周利敏.2016.韧性城市：风险治理及指标构建——兼论国际案例.北京行政学院学报，(2)：13-20.

UNISDR. 2010. 让城市抗灾：我的城市准备好了. https://www.un.org/zh/events/disasterreductionday/pdfs/230_CampaignkitCH.pdf [2019-04-18].

第四章　城市综合防灾规划体系：战略之导向

纵观国际各大城市的综合防灾规划，能看到其中有清晰的规划思路目标引领，“韧性城市”理论是其中最重要的理念。总结各大城市在构建城市综合防灾规划中的做法和思路，基于大数据和风险评估的城市现状分析是所有综合防灾规划的起点，在此基础上，各城市针对各自的风险特征，设计了防灾减灾硬件建设的目标和具体措施，并在规划过程中，将不同政府部门、社会力量纳入，使整个社会在共同目标的指引下，全方位提升应急管理的软实力。这些已有的经验对我们建立一个强韧性的安全城市有极大的指导作用。城市综合防灾规划体系建设，主要就是通过提高工程防御能力建设和提升社会应对能力建设，构建既能有效防御和减轻灾害事故的发生，又能在突发事件发生时及时应对，灾害发生后快速恢复的强韧性城市。

第一节　城市综合防灾规划思路和目标

一、韧性城市理论引领规划思路

没有一个人或地方能幸免于灾害或与灾害有关的损失（美国增强国家抵御危险和灾害能力委员会和美国科学、工程和公共政策委员会，2018）。现代社会，“安全、舒适、便捷”成为城市发展的理想目标，安全不仅是城市发展的基础，更是城市发展的目标。城市安全与防灾规划可以追溯到城市的起源及其发展初期，但早期的城市防灾规划主要是为抵御外敌入侵或防御某一灾害构筑防御工程而进行的规划。现代城市综合防灾规划是在城市发展实践经验和教训中不断完善的。随着风险管理理论与方法在城市管理领域的应用，系统性防灾体系规划建设逐渐受到重视，而韧性理论的提出，更为城市综合防灾规划提供了理论依据与规划方法。韧性城市规划建设作为现代城市防灾规划的理念和思潮，已经被广泛接受。

韧性不仅表现在城市能够主动防御，而且体现在灾害发生后城市具有快速应对能力和快速恢复能力。具体表现为城市系统能够有效地预防和减少灾害事故的发生，即使在遭受重特大自然灾害或突发事件后，城市不应瘫痪或脆性破坏，虽然部分设施受到破坏，但城市能够承受破坏结果，具备较强的自我恢复和修复功能，能快速地从灾难中恢复，并能确保自身的基本运行。

综上分析，一个安全的城市需要具备足够的韧性，面对各种不确定的灾害风险，具有较强的防御能力，且在灾害发生后具有快速恢复能力。因此，城市综合防灾规划不仅需要规划建设一个抵御灾害能力强的城市，而且需要构建一个快速应对的应急响应体系。

二、城市综合防灾规划的组成

由于我国城市安全与应急管理聚焦于城市运行过程中的灾害预防和应对，特别是现有的城市规划没有将应急管理体系作为城市复杂系统的整体进行系统规划，城市综合防灾规划体系在一定程度上与城市应急管理体系脱离。

一方面，由于快速城市化导致城市快速扩张，城市规划在空间布局或功能分区上不合理，或因为建设费用不足或对城市灾害风险认识不足，城市防灾设施建设标准低，没有考虑到城市扩张和进入下一个发展阶段后可能会面临新的风险，这样就导致一些城市在规划、建设阶段积累或产生了新风险，留下了隐患。与此同时，随着城市发展进入新的阶段，前一阶段的城市基础设施、房屋建筑等都不可避免地老化，其在防灾性能方面比较脆弱。例如，城市排水系统带来的脆弱性一方面来自城市扩张后，原本的农村地区进一步城镇化，而原本适应于农村的排水设施无法承担城镇化之后土地硬化、人口增加带来的负荷。另一方面，排水设施的老化和淤塞也使其无法达到初始时的排水能力，在进行城市综合防灾规划设计时，都应该预先考虑这双重脆弱性。

毫无疑问，前期已经遗留和积累的硬件问题就需要在城市管理阶段加以解决，否则可能造成灾害事故防不胜防，应急管理被动应对现象。不过这样不仅使城市应急管理成本巨大，而且应对效果有限。

因此，如何将应急管理内容前移到城市规划阶段，将安全管理融入城市规划、建设与发展的全系统和全过程，是当今城市规划、建设与城市管理需要考虑的问题。基于此，本书认为，需要从提高城市工程防御能力和社会应对能力战略视角进行城市综合防灾系统规划，将城市综合防灾系统纳入城市社会发展总体规划，并加以系统建设，强化源头治理，从城市规划、建设、发展的全过程构建城市应急管理体系，努力建设既能有效防御和减轻灾害事故的发生，又能在突发事件发生时及时应对，灾害发生后快速恢复的强韧性城市（滕五晓等，2017）。

三、城市综合防灾规划的目标

根据《城市综合防灾规划标准》（GB/T 5137—2018），城市综合防灾规划是为建立健全城市防灾体系、开展综合防灾部署所编制的城市规划中的防灾规划和城市综合防灾专项规划。编制城市综合防灾规划的目的是通过对城市灾害风险和脆弱性进行分析，基于韧性城市和风险管理理论，用城市规划方法对城市防灾体系进行科学规划，建设一个安全舒适的城市。

由于城市是一个复杂系统，不仅受自然环境和社会环境因素的影响，面临复杂的外部安全环境；城市内部复杂系统之间也会相互影响，任何一个微小的变化都有可能引发系统反应而导致安全问题。因此，城市安全是一个复杂的安全系统，规划建设安全城市，不仅需要考虑城市静态安全，更需要考虑城市在复杂的开放环境中的动态安全。

城市综合防灾规划涉及城市防灾体系各个方面的内容，每个方面的内容都具有明确的目标。但安全城市最终表现为具有较强的抗逆力和快速的恢复能力，因此，建设具有强韧性的安全城市——韧性城市，是城市综合防灾规划的总目标。

根据风险管理理论，韧性城市的规划目标可以分解成 4 个具体目标：一是减轻城市灾害风险的危险性，确保城市不发生或少发生灾害事故；二是降低城市灾害的易损性（降低城市脆弱性），确保城市在灾害事故发生时不易遭到破坏；三是提高城市在灾害发生时的自适性，能较好地适应城市外部环境和内部系统的变化；四是提高城市的可恢复性，确保城市在遭受灾害事故时，其物理系统和社会系统不因脆性破坏而瘫痪，能快速恢复，确保城市功能的基本运行。

四、城市综合防灾规划的内容

韧性城市规划的总目标和具体目标最终通过城市防御能力和应对能力建设得以实现。因此，提高工程防御能力建设和提升社会应对能力建设转化为韧性城市规划的任务。完善的基础设施和硬件建设是建设韧性城市的基础，但安全意识和应对能力全面提升才能真正提高城市的安全水平。所以，建设具有韧性的安全城市不仅需要加强城市基础设施规划，而且需要从全方位规划社会应对体系。城市化发展带来了社会系统的复杂多元、城市人口增长及老龄化，城市社会适应自然环境的能力受到影响，增强社会应对灾害的能力成了城市综合防灾规划的重要目标任务。

城市和城市化的阶段性发展在城市安全与防灾规划方面具有特殊的意义。不同阶段具有其特定的风险，而每一个发展阶段对其后的安全发展又具有深远影响，城市空间布局、基础设施建设标准，甚至城市产业经济规划发展都对城市未来的安全发展有重要影响。如前文所述，城市安全规划体系是以风险管理为起点，以信息技术为依托，通过城市空间布局和城市安全治理体系建设，加强城市综合防御体系和社会应对体系。在这个体系中，安全规划既强调人的作用，也强调系统建设；既体现空间布局，也体现安全治理；既注重硬件建设，也注重软件建设。

随着科学技术的快速发展，智慧城市正逐渐成为城市规划与发展的目标。因此，韧性城市规划建设需要智慧技术的支撑，灾害预防与应急管理更需要智慧系统的辅助。智慧系统是城市安全与综合防灾系统的一环，既是韧性城市规划的目标，也是安全城市建设的技术支撑。因此，在城市安全与综合防灾系统规划中，首先需要构建一套完善的城市安全与综合防灾智慧系统。

城市综合防灾规划思路如图 4-1 所示。

城市综合防灾能力表现为对灾害事故的防御能力和对突发事件的应对能力，城市安全与综合防灾能力建设聚焦综合防御体系建设和社会应对体系建设。具体表现在以下 8 个方面。

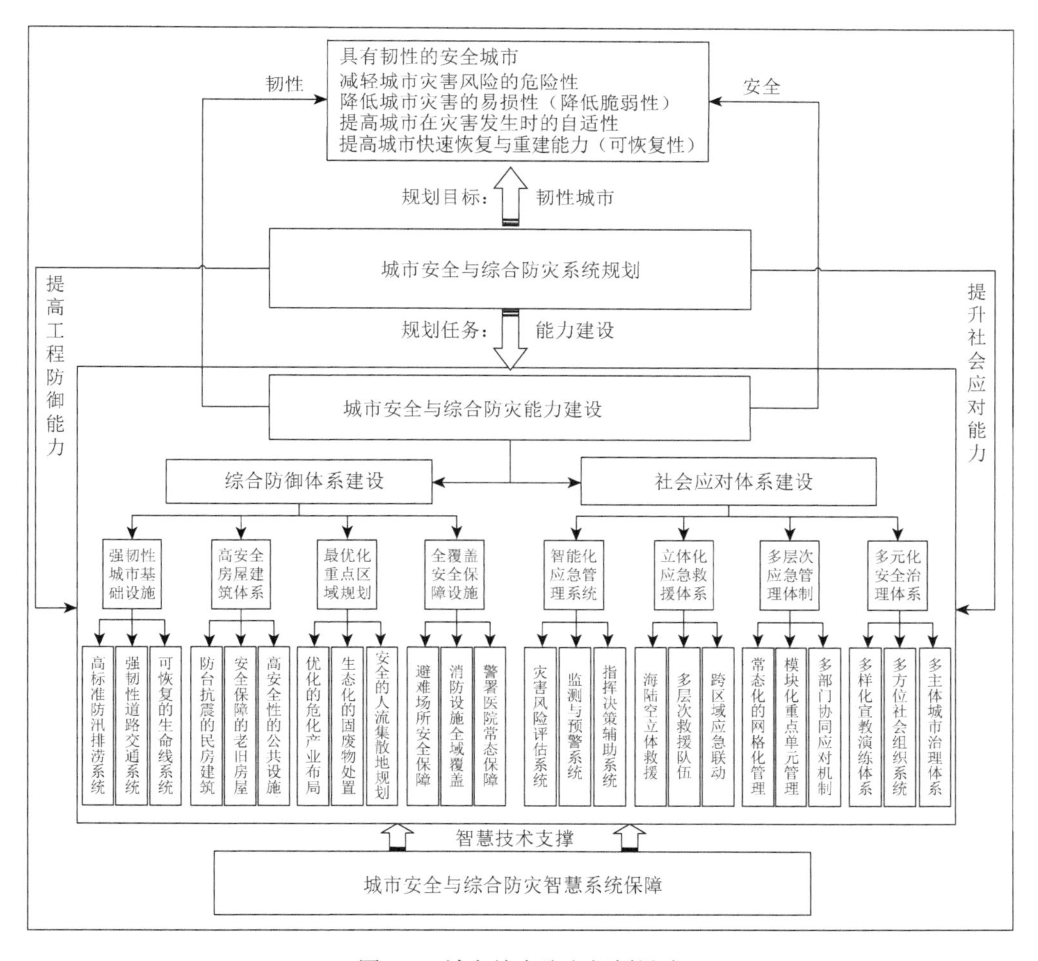

图 4-1　城市综合防灾规划思路

强韧性城市基础设施——确保城市基本功能安全运行；
高安全房屋建筑体系——确保房屋建筑不易遭受灾害损毁；
最优化重点区域规划——有效减少事故灾害发生及降低其危害性；
全覆盖安全保障设施——确保发生特大灾害时安全避灾、快速救助；
智能化应急管理系统——智能化风险评估、监测预警和应急指挥与决策；
立体化应急救援体系——实施快速、有效的救援和应急处置；
多层次应急管理体制——多层次网络化管理，确保管理责任全覆盖；
多元化安全治理体系——建立多元参与、社会协同治理的长效机制。

第二节　综合防御体系建设

城市在发展演化过程中，不可避免地会遭受地震、洪涝、滑坡、泥石流等自然灾害的袭击，同时，城市运行过程中，因自然或社会因素，会突发火灾、爆炸等事故灾难。城市处于不同的自然环境将面临不同的灾害风险。一方面，自然与人为致灾因素众多，灾种多元，灾情关联度大，城市灾害风险具有多样性、综合性、群发性特征；另一方面，城市的高速发展导致城市系统更加复杂，灾害事故极易形成叠加、放大效应，使城市脆弱性增强。城市能否有效预防灾害，或能否不因遭受超过一定水平的灾害或突发事件而瘫痪或脆性破坏且承担足够的破坏后果，具备较强的自我恢复和修复功能，是衡量城市安全与否的基本判断标准。因此，城市安全的建设目标，首先要确保城市具备足够的防御能力，能够系统性防御城市灾害风险。具体表现在强韧性城市基础设施、高安全房屋建筑体系、最优化重点区域规划、全覆盖安全保障设施。

一、强韧性城市基础设施

道路交通系统、给排水系统、供电供气系统、通信系统等城市基础设施构成了城市基本框架，是城市运行的大动脉。强韧性的基础设施不仅能够不受或少受灾害破坏，而且能在灾害应对和灾后重建中发挥重要的支撑作用，是城市灾后快速恢复的重要保障。所以，首先需要从强韧性的基础设施入手规划城市综合防灾系统，确保城市基本框架和主要功能具有防灾抗灾和快速恢复能力。例如，日本东京 1889 年开始实施的“市区改正规划”，强化城市生命线工程和基础设施建设，其主要内容包括各类公共建筑的优化布局；道路、河流、桥梁、煤气管道等基础设施的规划。该城市改造项目起始时间为 1889～1918 年，历时 30 年，以供水管道建设项目开始，以有轨电车铺设道路项目结束。该项目的实施对东京城市的发展有重要作用，奠定了东京作为日本最大都市圈的城市基础，提升了城市防御灾害能力，增强了东京城市的韧性。

（一）强韧性道路交通系统

城市道路交通系统是城市的大动脉，是城市有序发展的基础；在紧急状态下，道路交通又是城市的生命大通道，承载着救灾抢险、紧急疏散转移的支撑作用。但是，地震灾害、地质灾害可能破坏城市交通；台风、暴雨、低温冰冻雨雪、大雾等气象灾害会对城市交通造成影响，严重的可能导致交通瘫痪；各种事故灾难也可能对道路交通造成破坏，城市道路交通系统会呈现一定的脆弱性。例如，2016年5月23日凌晨一辆装载水泥管的卡车违规行驶至上海市中环线时发生单车侧翻事故，车上水泥管翻落导致高架桥主路面翘起损坏，致使该路段因紧急抢修中断车辆通行一个月，对上海北部地区道路交通造成重大影响。

因此，建设强韧性的道路交通系统是城市安全和综合防灾系统的重要组成部分。强韧性的道路交通系统具有以下特征：一是城市道路交通系统建设具有较高质量，不易被台风、暴雨、地震、爆炸事故等损毁，具有较强的恢复能力；二是道路交通体系具有智能化、科学化的设计，能有效预防和规避重特大交通事故的发生，同时，具有良好的分离系统，能确保危险化学品、有毒物质、易燃易爆等物品运输有相对独立的安全运输道路，即使突发交通事故，也不会对城市产生重大影响；三是构建以救援主通道、疏散主通道、疏散次通道和一般疏散通道为主体的救援疏散通道体系，在城市发生重特大灾害事故时，道路交通能发挥快速疏散人群的作用。

（二）可恢复的生命线系统

城市水、电、煤、通信等生命线工程是城市社会生产、生活的基础，一旦受灾将对城市经济社会造成重大影响，并使受灾程度加剧。2008年南方发生低温冰冻雨雪灾害，致使南方地区大量输电系统受到破坏，很多城市大面积停电，不仅对城市民众生活造成困难，也影响城市防灾救灾的开展。而且，救灾抢险和灾后重建工作离不开水、电、煤、通信等生命线系统的支撑。所以，建设不易受损且在突发事件后可快速恢复的生命线系统，是韧性城市建设的重要目标之一。

水、电、煤、通信等设施具有点多、线长、面广的特征，易遭受灾害损坏。城市综合防灾规划需要开展生命线系统安全评估，根据城市可能发生的地震、台风、暴雨、低温冰冻雨雪等灾害的特征，分析现有生命线工程的易损程度，规划设计具有强抗风险能力的供水、供电、供气、通信系统，确保供水、供电、通信等生命线工程不受灾害事故的损毁。同时，在生命线工程规划建设中，还应该系统性地分析不同生命线工程的互相影响，通过情景模拟评估灾害对城市运行的影响。在建设中，需要充分考虑冗余量，特别需要注意对节点的冗余备份，使整个生命线系统具有多源、多通道、通道可靠的传输系统。另外，需要规划建设灾害、突发事件情景模式下的救灾抢险、急救、应急处置等急需应急救援设施场所的生命线保障系统，建立供水、供电、通信等生命线工程的备份系统，确保灾害模式下城市功能的基本运行。

（三）高标准防汛排涝系统

尽管城市因所处地理环境不同而面临不同的气候条件，但都不同程度地面临洪涝灾害风险。例如，不仅南方沿江沿海城市面临台风、暴雨和防洪防涝风险，北方城市或内陆城市也可能面临融雪洪灾或短时强降雨的洪涝灾害风险。特别是在全球气候变化背景下，雨水分布严重失衡，城市暴雨洪涝的脆弱性也越来越突出，即使是降雨量较少的城市，也因城市排水承载能力有限，一旦突降暴雨，就会造成山洪、内涝或泥石流灾害。例如，2010 年 8 月 8 日甘肃省舟曲暴雨导致的特大泥石流灾害、2005 年黑龙江省宁安市沙兰镇暴雨引发的泥石流灾害，都造成了重大人员伤亡和财产损失。

我国城市排水标准相对偏低，防汛排涝能力滞后于城市发展的速度，与巴黎、东京等全球城市的防汛防洪能力相比还有很大差距，无法满足现有城市的排涝需要，城市遇到暴雨时经常出现内涝。因此，需要提高城市防汛防洪能力，建设高标准的防汛排涝系统。

建设有韧性、高标准的城市防汛排涝系统是一项系统性的工程，需要确立核心建设目标，并进行系统规划及确定合适的建设标准。建立现代化的防汛排涝系统，通过海绵城市建设，充分、合理利用水资源，保障城市水安全；提高防汛排涝设施建设标准，科学规划防汛排涝设施布局，缓解极端气候条件下的城市内涝问题，确保重要区域、重要设施的防汛排涝安全。

在城市综合防灾规划中，为有效缓解城市内涝，并在设计中融入绿色发展理念，需要把河道水网恢复、海绵城市建设、雨水管网设计、地下大型蓄水设施建设结合起来，形成针对不同降雨量的排水体系，从日常雨水利用系统，到单一的城市排水管道排水系统，再到包含雨水管渠、蓄水设施、流域调蓄等综合应对系统的城市排涝分级应对体系。

二、高安全房屋建筑体系

房屋是人类居住的场所，安全的房屋是城市安全的基本保障。无论是民用建筑，还是公共房屋设施，只有不受或少受灾害损毁，才能最大限度地减少人员伤亡和财产损失。因此，在城市综合防灾规划中，需要针对城市灾害风险特征，建立房屋安全规划体系，规划建设具有高安全性能的房屋建筑，确保城市房屋能有效防御灾害风险，确保房屋中人员的生命和财产安全。

（一）防台抗震的民房建筑

台风、暴雨、暴雪、雷电、地震等灾害都可能对房屋建筑造成极大的损害。例如，很多地区的农村房屋没有避雷装置，易引发雷电事故，造成人员伤亡和财产损失。城市中很多老旧房屋建筑没有按照抗震设防标准建设，相对脆弱易损，一旦发生地震灾害，有可能造成重大人员伤亡和财产损失。因此，需要有计划地推动城市民房建筑防台抗震建设和改造，同时应该对农村房屋制定相应的设防标准，引导农村建设具有抗击灾害的安全房屋。例如，新疆维吾尔自治区住房和城乡建设厅规划设计了可供选择的满足抗震要求的民居模型。另外，北方地区还可能出现积雪压垮房屋等灾害，因此，北方地区需要规划设计出抗雪灾的房屋。

（二）安全保障的老旧房屋

大多城市经历了漫长的发展历程，城市房屋建筑由不同年代建设的房屋构成，其中包含大量年久失修的老旧房屋，即使是深圳这样的由小渔村快速发展起来的新型城市，也经历了超过40年的发展时间，不仅分布着城中村类型的脆弱房屋，也存在已有30～40年房龄的老旧建筑。而上海分布有大量的砖木结构房屋或砖混结构的老旧房屋，这类房屋包括公寓、花园住宅、职工公寓（三类）、新式里弄、旧式里弄（一类、二类）、简屋，有的还是棚户简屋。老旧房屋在中心城区分布较多，如上海黄浦区等中心城区老旧房屋占比超过20%。老旧房屋都有较强的脆弱性。这种脆弱性在不确定的城市风险隐患因素的作用下，将不可避免地转化为各种城市安全问题（滕五晓等，2011）。具体来说，这些老旧房屋的风险包括：一是无抗震设防措施，易受损倒塌；二是易受台风、暴雨损害；三是电线、设施老化，易突发火灾事故；四是老旧房屋多为老年人等弱势人群居住，其安全意识和应对能力较低，灾害脆弱性较高。因此，需要在系统评估老旧房屋的基础上，对老旧房屋改造进行规划，通过旧城改造、房屋加固补强、输电线路改造等措施，逐步降低老旧房屋的脆弱性，提高老旧房屋抵御灾害事故的能力，使老旧房屋具有足够的安全保障。

（三）高安全性的公共设施

公共建筑是民众学习、工作、娱乐、休闲的场所，一旦遭受重大灾害而损毁，将不可避免地对公众的生命财产构成威胁。毫无疑问，公共建筑应该是城市中最坚固的建筑，也应成为灾害发生后，民众可以信赖的安全场所。例如，日本的学校、公民馆等公共建筑都是社区的避难所，其安全性能高于普通建筑。在制定城市综合防灾规划时，对于重要公共建筑，如学校、医院、政府机关、大型商场等，需要提高其安全标准，达不到标准的，应该进行加固。日本东京都在编制的《东京都防灾规划——创建世界第一的安全·安心城市》中，制定了针对特别重要建筑防止灾害时倒塌的加固计划（图 4-2），分别对消防署、警察署、公立学校、私立学校、社会福祉等机构的重要设施进行抗震加固，并制定了至 2020 年必须全部加固完成的建设目标①；对于一些城市中的超高层建筑，需要加强消防安全和避灾层、逃生空间建设，并对高层建筑楼顶停机坪进行规划建设，确保城市具有安全性能最高的公共房屋设施。

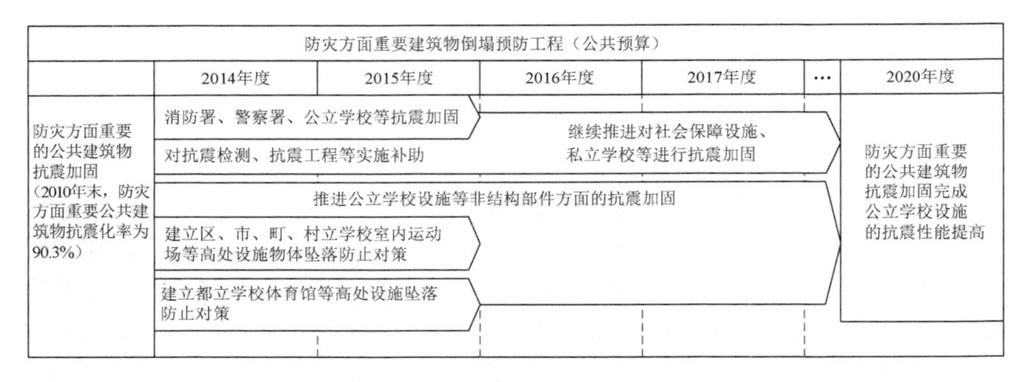

图 4-2　《东京都防灾规划——创建世界第一的安全·安心城市》建筑加固计划表

三、最优化重点区域规划

无论是新型城市还是历史老城，一般都具有鲜明的功能分区特征，特别是超大城市，大多是由工业和危险品区、物流和贸易区、人流集聚区等多个特殊功能区域构成的复杂城市系统，不同的功能区域可能带来的安全挑战也各不相同。城市规划需要在充分评估各功能区的风险特征、面临的安全问题基础上，进行城市

① 资源来源：東京都. 2014. 東京の防災プラン～世界一安全安心な都市を目指して～、東京都総務局総合防災部防災管理課編集.

功能优化布局，将危险物品生产储存与人流集聚区分离，将人流与物流有效分离，减少城市社会的风险暴露，降低城市社会的脆弱性，这样才能有效减少灾害事故的发生及其对城市社会的危害。日本东京都于1918年完成的“市政改正计划”中，不仅有防火和开发控制内容，还加强了滨海地区填海造地，用于大型仓储和港口建设，对工厂、市场的布局和开发进行控制和科学规划，确保居住社区、商业办公、厂矿企业、物流等有效分离。《城市综合防灾规划标准》（GB/T 51327—2018）对城市用地安全布局、防灾分区和设施安全布局等提出了相应的规划标准，这为城市综合防灾规划进行最优化重点区域布局规划提供了参考标准。

（一）优化的危化产业布局

无论是沿海城市还是内陆城市，无论是工业城市还是文化旅游城市，都不可避免地成为危化品生产、储存、运输、使用的地区，即使鲜有化工企业的旅游观光城市，城市运行也离不开危险化学品的存储、运输和使用。一旦发生危化品泄漏或爆炸事故，将不可避免地造成重大人员伤亡和财产损失。危化品生产基地、仓储等是城市运行面临的重大安全威胁，是重要的危险源。例如，2015年8月12日天津瑞海国际危化品爆炸事故、2019年3月21日江苏省响水生态化工园区的天嘉宜化工有限公司爆炸事故等特别重大事故，都造成了巨大的人员伤亡和财产损失。一个重要原因就是危化品企业规划布局不科学，导致风险暴露度增加，民众暴露于高风险之中。

城市综合防灾规划需要对危化产业（生产加工、仓储、销售、运输和使用等企事业单位）进行合理规划布局，有效管理，严格遵守安全距离的限制要求，以减少危化品对周边人群的影响；在规划布局中，还应避开低洼地区和易受海潮、江潮、内涝影响的地区，以免危险物品受气象海洋灾害的影响而发生次生灾害；在有条件的危化品园区，需开辟专用运输道路、时段，加强对运输车辆和运营人员的资质审核和监管，确保运输安全。

（二）生态化的固废物处置

生活垃圾和固废物是城市建设发展的产物。任何城市都需要建设足够的固废物填埋场、垃圾填埋场、垃圾焚烧场、再生能源利用中心等。但是垃圾和固废物的填埋可能因渗漏对土壤和水体造成污染，垃圾焚烧不充分则可能会对大气造成污染，最终影响城市居民的健康和安全。在城市综合防灾规划中，需要对垃圾和固废物的填埋或焚烧场所进行科学规划，要确保垃圾填埋和焚烧不会对城市安全和民众健康造成影响，同时还要确保填埋或焚烧场地不受其他灾害风险的影响发生次生灾害而对城市安全造成间接影响。为了减少垃圾对城市的影响，应该规划建设生态化的垃圾处理场地，严格制定垃圾分类标准，采取轻量化、资源化和固态化等处理技术，对垃圾和固废物进行生态处理和利用，通过生态化垃圾处理的规划建设，发展环保、低碳、绿色的综合利用模式，减少垃圾和固废物对周边环境的影响。

（三）安全的人流集散地规划

城市是由人组成的，城市化首先是人口的城市化，人流密集是城市的重要特征之一。城市中的人口除了集聚在住宅区域以外，还集聚在公共场所、交通枢纽、文化娱乐和旅游观光场所，这些地方人流集中，并具有一定的潮汐式特征。为了确保城市民众安全、便捷地生产、生活、休闲娱乐，在城市综合防灾规划中，需要对城市人流集散地进行系统规划，合理布局，有效引导人流集散。具体规划原则：一是人群密集场所需要规划建设在远离危险源的安全区域，如大型游乐场所、交通枢纽、旅游观光景点等需要规划建设在安全区域，或确保其周边没有重大危险源；二是需要在人群密集场所配套建设必要的紧急避难场所；三是需要在城市人群密集场所规划建设专用的应急疏散和急救通道，确保发生特大灾害事故时能及时疏散人群和进行快速救援。

四、全覆盖安全保障设施

城市的各种安全设施是灾害发生时公众的避风港，是城市安全的重要保障，是防灾系统的基本组成。安全城市的建设，一方面需要通过城市规划建设和管理努力使灾害事故不发生或少发生；另一方面，城市需要规划建设足够的避难场所、消防设施、警署和医院等安全场所和救护设施并将其作为基本保障，确保一旦灾害发生，能为受灾民众快速提供安全便捷的场所和救护。因此，城市综合防灾规划，需要科学地规划城市医院、消防站点、警署等安全保障设施及避难设施，确保城市民众安全保障全覆盖。

（一）避难场所安全保障

城市因不同的自然环境和经济社会环境而可能面临台风、暴雨、地震、火灾、爆炸、有毒有害物质泄漏等不同灾害风险，不同的灾害类型需要有相对应类型的安全避难场所，才能确保灾害发生时民众能快速安全地疏散与避难。

避难疏散是由应急避难场所、疏散通道、疏散分区构成的点-线-面复杂系统

（邹亮等，2016）。因此，编制城市综合防灾规划时，首先需要对城市可能遭受的灾害事故进行风险评估，在此基础上通过情景模拟，分析需要疏散转移或避难的人数及其空间分布，再科学规划避难场所，合理布局，同时确保兼顾场地型避难场所和场所型避难场所。

避难场所的规划设计应遵循三大原则：一是安全性原则，需要远离易燃易爆、有毒有害的危险化学品的生产、存储、运输等区域，避开低洼易积水、洪涝区域；二是可通达性原则，也就是避难人群安全可达、医疗急救物资可达；三是就近避难原则，因为台风、暴雨、地震灾害等会对道路交通系统产生一定程度的破坏，远距离的避难会有很大困难。基于这三条原则，城市需要规划设计更加合理的三级避难系统，便于统一疏散转移安置，并且要结合公园、绿地、广场、体育场、学校操场等设置不同等级的避难场所，推动防灾型公园建设，将日常休闲娱乐与避灾相结合。

（二）消防设施全域覆盖

火灾是城市常见的灾害之一。伦敦大火、芝加哥大火等城市火灾给城市带来了巨大灾难。伦敦大火之后，伦敦市推动了火灾保险和消防队伍体系建设，同时，也推动了城市现代化规划建设。现代城市中，在高层火灾和人员密集地区，做好城市消防是重点和难点。城市消防体系建设，一是注重平时的防火，二是突出灾时的救援。合理布局、重点突出是消防体系建设和消防设施规划的重点。

在进行消防规划时，应全面评估城市消防现状及城市发展的动态，充分考虑城市火灾脆弱性叠加影响，科学设点，确保消防灭火和应急救援全域覆盖。对于城市中的高层建筑，除了消防点密集布控以外，还需要加强高楼消防设施的配备。另外，也需要关注农村地区，因为消防布点较为稀疏，不仅在平时的消防宣传和培训方面难以点对点、全覆盖，而且在发生火情时，消防救援抵达时间较长，可能延误救援抢险。建议农村地区以消防署和社区消防站（微型消防站）作为消防支队的补充，确保城乡结合地区及农村地区的消防安全。此外，消防设施的安全性也是规划需要考虑的重要内容，需要高标准规划，高质量建设，确保消防设施自身不受或少受突发事件的损毁，在消防宣传教育和应急处置中发挥积极作用。

（三）警署医院常态保障

警署（派出所、警务站）、医院等应该为城市的应急管理提供常态化保障。应急管理不仅包括应对突发事件，还要在日常管理和城市运行中减少风险累积和降低风险等级。警署在日常治安管理及突发事件后的应急处置、救援等方面发挥着巨大的作用；而医院则在日常救治和医疗急救中发挥重要作用。城市综合防灾规划需要根据城市发展状况进一步加强警署的布点，增强应对突发事件所需的警力配备；进一步完善医疗设施和医院的布点，建立突发事件应急处置的定点医院和急救设施。

第三节 社会应对体系建设

灾害是社会和自然系统相互作用产生的（Balica et al.，2012）。完善的基础设施是建设韧性城市的基础，但安全意识和应对能力的全面提升才是城市安全的保障。社会应对体系建设强调城市防灾软实力的构建，以智能化的大数据应急管理系统建设为基础，实现科学智能的安全管理；通过建立立体化的应急救援体系，实施快速专业化的救援抢险；通过构建多层次的应急管理机制，确保不同部门、不同管理主体能有效地开展应急管理工作；建立多元化的安全治理体系，促进社会、企业、保险、资本运作，打造城市各主体协同参与的多元治理体系，增强社会系统的韧性，使城市社会能有效预防和应对灾害风险。

一、智能化应急管理系统

智能化应急管理系统是城市综合防灾的重要基础，是突发事件监测预警智能化、指挥决策科学化的手段。城市安全不仅与灾害频率有关，还与突发事件对城市经济社会的破坏程度有关。危险情况、灾害损失和影响的数据缺乏标准化，增大了理解和管理风险的难度，也给提升城市灾害韧性带来了挑战（美国增强国家抵御危险和灾害能力委员会和美国科学、工程和公共政策委员会，2018）。在进行城市防灾规划时或在推动应急管理过程中，需要全面掌握和分析城市数据。由于城市面临的突发事件具有高度的不确定性特征，灾害预防和突发事件应急管理需要通过现代化信息采集和快速分析评估，并以此为基础进行决策指挥和应急处置。智能化应急管理系统就是进行信息采集汇总、分析评估、决策模拟、指挥决策等应急管理工作的一个重要载体，主要由风险评估系统、监测预警系统、辅助决策系统等组成。随着通信技术和人工智能的快速发展，智能化应急管理系统也可以叠加更多的专业系统。

（一）灾害风险评估系统

理解、管理和减少灾害风险为增强城市韧性奠定了基础。风险是指危险性事件对城市民众的生活、健康、经济运行、社会、环境、文化资产、基础设施及由机构与社会提供的预期服务造成不利影响的潜在的可能性（美国增强国家抵御危险和灾害能力委员会和美国科学、工程和公共政策委员会，2018）。城市灾害风险评估系统是城市综合防灾系统的重要组成部分，是社会应对体系的核心内容之一。

随着城市发展与演化，城市风险不断集聚，既有自然灾害风险，也有城市发展过程中积累和产生的新风险；不仅有突发性的巨灾风险，也有广泛分布于城市生产生活中的广布型风险。风险管理是一个连续的过程，包括识别城市面临的危险，评估这些危险带来的风险，制定和实施风险策略，重新评估和审查这些风险，重新制定和调整风险政策等闭合流程。

有效识别和评估城市灾害风险，将灾害风险和承受灾害区域的社会、基础设施、经济、环境情况相对应，再进行情景模拟和分析，在此基础上，采取相应的规划与管理措施，提前预防、规避和转移风险，降低风险水平，减少灾害发生。灾害发生过程中，风险评估系统根据情景分析模型，能对灾害受损情况、影响程度等进行快速评估，即应急评估，为应急响应提供决策参考。

（二）监测与预警系统

监测预警系统能对城市的安全状态进行全天候、全方位的观测、监视，并及时将危险状态向城市管理者、利益相关者和公众发出警报，为预防和及时响应提供决策支持。因此，城市综合防灾规划中需要对城市灾害风险监测预警系统进行规划建设，提升城市对灾害风险的监测水平和预警能力。

监测是针对可能引发突发事件的风险因素和对象，通过相应的测量手段和方法进行观测、测量和分析，全面了解和掌握其变化的状况，为预报预警提供数据支撑。监测体系的建立是突发事件预报预警的前提和基础，是应急管理的重要内容之一。突发事件应急管理监测体系包括从对自然灾害的监测（如地震监测网络体系，气象监测网络体系，水环境、大气环境监测网络体系等）到对社会安全事件的监测的各个方面。

预警体系则是对灾害信息和灾情信息的警报体系。其建设管理的目标在于及时、清晰、准确地将预警信息传递给相应的人员。预警发布主要包括发布内容和发布方式两个核心问题，两者都和接受对象有关，不同的接受对象对预警信息内容的接受程度和对发布方式的选择都是不同的，应根据实际情况选择合适的预警发布方式，并加以区分。

（三）指挥决策辅助系统

智能化应急管理系统在于能对城市基础信息、灾害分析信息、监测预警信息进行分析融合，为应急处置提供指挥决策支撑，保障相关人员科学、快速地决策。应急指挥系统根据不同的数学模型和相应的资料判断危险扩散的方向、速度及范围。例如，借助于地理信息系统可得到事故地点信息、工厂厂房和设备信息、周围居民分布信息、道路交通信息、避难所的空间分布信息、人员伤亡情况和附近的潜在危机信息。在复杂的高维地理信息和多维的环境信息条件下，如何快速、准确地划分应急响应区域，确定警戒范围，迅速调配有限的应急资源，是应急指挥系统迫切需要解决的重要问题，是提高应急能力的关键。智能化应急管理系统应该包括指挥决策辅助系统的专业模块，通过模拟、分析和评估，为突发事件应急管理决策提供支撑。

二、立体化应急救援体系

突发事件应急救援抢险是城市安全的最后一道防线，一旦突发灾害事故，提供快速处置与救援是减少伤亡、降低损失的有效措施。然而，城市是由很多个系统构成的超复杂系统，在灾害情景下，各系统间相互影响，牵一发而动全身，应急救援复杂而多变，单一形式的救援体系难以满足城市复杂空间的应急救援抢险实际需求。因此，需要规划建设立体化应急救援体系，应对城市复杂的空间系统和社会环境，提升城市快速处置和救援抢险的能力。

（一）海陆空立体救援

现代城市交通道路纵横交错、高楼林立，各种设施密布，应急救援抢险面临复杂的城市系统。现代城市复杂系统对应急救援队伍体系、装备能力有了更高的要求。虽然我国城市应急救援体系不断完善，应急救援和处置能力不断增强，但与纽约、东京等国际大都市的救援体系相比有很大差距，尤其是空中救援和水上救援能力相对薄弱，难以满足现代城市立体化发展的需求。因此，需要立足新型城市发展战略高度，从城市未来高层建筑与复杂区域不断增多的实际出发，构建集水上救援、陆地救援、空中救援于一体的城市海（水上）-陆-空立体化救援体系，完善陆地综合救援体系，进一步加强水上救援和空中救援体系建设，逐步向互相支援、协同作战方向发展，能应对复杂灾害和特殊事故的海-陆-空立体化城市救援体系。

（二）多层次救援队伍

完善的多层次应急救援队伍体系由以消防救援队伍为主的综合性救援队伍、

以生命线工程救灾抢险为主的专业救援队伍和以志愿者、社会力量为主的基层综合应急救援队伍构成。除了以消防救援队伍为主体的地方综合应急救援队伍，还应根据城市应急救援的需要，加强整合如危化品泄漏或爆炸等化学救援、矿山应急救援、桥梁抢险救援等专业救援队伍，形成职业化综合应急救援体系。而基层综合应急救援队伍，在先期处置、人员疏散、转移安置等方面能发挥重要作用。

因此，城市综合防灾规划应加强应急救援队伍体系规划建设，根据城市突发事件救援抢险和应急处置的需要，统筹规划，全面发展，构建符合城市发展水平的多层次应急救援队伍体系。在进一步壮大综合应急救援队伍和专业应急救援队伍的同时，努力培养基层应急救援队伍和民间应急救援队伍，发动社会力量参与应急救援和防灾减灾救灾。

（三）跨区域应急联动

受地理环境和地质条件等影响，我国的一些重大自然灾害和公共危机事件大多呈现出了明显的跨区域特征，单独的行政区域难以有效地预防和应对重特大危机事件。究其原因，或者是危机事件特别严重，超出该行政区域自身的应对能力；或者是事件本身跨越了多个行政区域，需要区域内政府共同应对（滕五晓等，2010）。建立区域应急联动运行机制的目的是有效地利用区域现有资源和公共管理合作平台，充分发挥地区内城市的整体优势，提高区域整体预防能力、对突发事件的快速反应和救援能力、灾后快速恢复与重建能力，最终减少区域灾害损失。

跨区域应急联动的关键是“快速反应、资源互补”。因此，在进行城市综合防灾规划时，应根据城市区域自然条件和社会条件，努力与周边城市或地区协作，构建“沟通、协调、支援”跨区域应急联动机制，其中沟通体现在应急信息情报的互联互通上；协调强调的是应急资源的共享和调配，即通过资源共享，利用最少的公共管理资源，达到最大化的区域应急管理效果；而支援体现在应急救援的相互支持和援助上，通过相互支援，确保城市灾害救助的及时性和高效性。例如，江、浙、沪、皖三省一市可以根据该区域灾害风险特征和经济社会发展状况，构建长江三角洲区域应急联动机制，为长江三角洲区域一体化发展保驾护航。

三、多层次应急管理体制

（一）常态化的网格化管理

基层社区是社会管理的末梢，也是综合管理的落脚点和着力点。随着应急管理部的组建，我国城市基层社区也将建立相应的应急管理机构，实施基层应急管理。城市管理网格化，就是以信息化为手段，综合集成各种管理服务资源，在特定的社区网格内，及时发现并综合解决城市建设和市政管理的各类问题。而以网格化管理为基础的基层城市管理，通过多队联动，在隐患发现与排查、先期处置（快速）、综合治理（联动）方面都可以发挥积极作用。因此，通过协同基层网格化管理机构，以网格化管理为基础，实施常态化、全覆盖的应急管理，确保日常运行的安全。城市综合防灾规划应该构建网格化日常管理与城市应急管理相融合的一体化应急管理体系。

（二）模块化重点单元管理

城市是由不同功能单元、特殊区域构成的复杂体，各功能区域具有相对独立的运行和管理体制。与此相对应，各功能区域有各自的风险隐患和安全问题。因此，在进行城市综合防灾规划中的社会应对体系规划时，需要针对重点部位、重要区域进行规划管理。在进行城市应急管理体系规划建设时应充分分析各个功能区域的安全特征，将一些特殊功能区域或重点地区作为单元模块，构建应急单元式、网格化、重点突出的“突出重点、全面覆盖”城市安全管理系统，构建分布式、模块化、全覆盖的重点单元管理体系。

（三）多部门协同应对机制

突发事件对城市的影响是全方位的，我国的城市应急管理体系以条线管理为主，这种体系无法适应现代城市迅速发展、灾害影响日益复杂的现状。在国务院机构改革后，各地组建了应急管理局统领自然灾害和安全生产的应急管理，但主要还是实施综合协调和监督管理，地方应急管理局作为职能部门不能包揽城市安全管理所涉及的各项工作。例如，仅自然灾害管理部门就涉及气象、海洋、地质、农业、防汛、地震等政府管理部门，而一旦突发灾害事故，受灾害影响范围就更广，涉及教育、卫生、城市建设、交通运输等几乎城市中的所有领域。所以，在常态情况下，各责任主体应该按照相应职责做好各自的预防和准备工作，降低灾害事故的发生；在紧急情况下，各主体在发挥各自优势的基础上，协同其他部门，共同应对。

因此，需要构建多部门协同应对机制。城市综合防灾规划针对城市特征，抓住重点区域、重点行业和重点部位，建立市级单元、区级单元、重点区域、街镇、功能区域等多层次、网络化应急管理体系。从具体管理机制而言，则需要突破条线，管理体制上的区-街镇-功能区域-重要设施-重要部门的多层次管理，确保安全管理横向到边，纵向到底，突出重点，兼顾全域。

四、多元化安全治理体系

（一）多方位社会组织系统

在城市防灾减灾救灾工作中，作为政府力量的有效补充，社会力量可以发挥重要作用。汶川地震后，我国防灾减灾和应急管理领域的社会组织和志愿者得到长足发展，在防灾减灾救灾中发挥着不可替代的作用。十九大报告提出，“打造共建共治共享的社会治理格局[①]”“树立安全发展理念，弘扬生命至上、安全第一的思想，健全公共安全体系，完善安全生产责任制，坚决遏制重特大安全事故，提升防灾减灾救灾能力。[②]”更加明确了社会力量在城市安全治理中的地位和作用。

首先，城市运行面临着巨大风险，只有全社会共同承担各自的职责，才可能有效地分担风险；其次，政府和社会力量在防灾减灾救灾方面也各有擅长，政府的政策引导扶持和动员能力极强，而社会力量则能够在不同的环节，诸如应急救援、恢复重建等方面做细做实；再次，社会力量主体多元，在调动社会资源、关注灾害脆弱性群体等方面，都能发挥更大的作用；最后，鼓励社会力量参与也是社会安全意识教育的重要组成部分，可以唤起更多普通民众对灾害风险的重视。

社会组织参与能有效地替代政府，推动城市安全的实施。社会组织可以全方位地参与安全治理，提供专业服务，无论是灾害事故后的救援抢险，还是灾前的预防准备工作，应急志愿组织可以参与应急管理阶段的各个环节。1995 年阪神大地震时，日本大量的社会组织和志愿者奔赴灾区参加救灾抢险和灾后重建工作，1995 年被称为日本的“志愿者元年”。此后，为了进一步规范社会力量的参与，日本于 1998 年通过了《特定非营利活动促进法》，并建立了一套灾害救助中国家与社会协作机制（范文婧，2014）。随着我国社会组织参与公共管理事务的深入，社会组织在应急管理中发挥着越来越重要的作用。城市综合防灾系统规划应该根据城市的经济社会环境，规划建立多方位的社会组织参与城市安全治理系统。

① 资料来源：http://cpc.people.com.cn/n1/2017/1028/c64094-29613660.html.

② 资料来源：http://cpc.people.com.cn/n1/2017/1028/c64094-29613660.html.

（二）多样化宣教演练体系

民众的意识和技能是城市安全的重要组成部分。构建宣教演练体系的目标是提升公众的风险意识和应对能力，这是韧性城市建设的重要目标之一。由于我国防灾减灾教育尚未形成正规、合理的体系，民众对防灾减灾教育重视程度不够，防灾减灾教育手段单一（邹亮等，2016），现阶段民众的安全意识和灾害应对技能普遍较低。因此，城市综合防灾规划需要构建多样化宣传教育和应急演练体系，综合应急管理部门统领本区域的整体风险治理工作，而引导普通民众了解风险知识、提高安全意识、增强灾害应对能力、共同参与风险治理，是工作重要的组成部分。

城市安全与综合防灾系统应规划多样化的宣传教育和应急演练体系，通过学校、社区、工作场所等，提供全方位全覆盖的安全教育与应急演练，而且应该特别关注老年人、外来人口、女性和语言不通的外籍人士等灾害脆弱性人群，加强对他们的宣教演练，提升城市社会应对灾害的能力。

（三）多主体城市治理体系

城市复杂系统包括复杂的城市经济社会系统，是由多元主体组成的城市共治社会体系。仅仅依靠公共管理部门进行城市安全管理已经越来越不适应现代化城市发展的需要。为抵御和恢复自然与人为造成的灾害，公民和社区都有必要共同努力，预测威胁，限制其影响，并在危机过后迅速恢复功能。在公民社会崛起的背景下，社会组织、商业组织将民众的力量汇合，使民众成了不容小觑的参与主体，这是民众参与城市安全管理的基础。正在增加的证据表明，公私部门间的合作能够有效提高社区灾害预防、响应和灾害恢复的能力（美国国家科学院国家研究委员会等，2018）。因此，在城市综合防灾规划中，需要构建多元化社会治理体系，将政府、社会、企业等不同主体纳入城市安全管理体系中，并综合运用财政、保险、资本运作等手段，全方位、多主体实现城市安全治理，确保城市长治久安。

参考文献

范文婧.2014.日本防灾体制中政府与NPO协作机制研究——以制度分析框架为视角.重庆：西南政法大学硕士学位论文.

美国国家科学院国家研究委员会，增强社区韧弹性公私部门合作委员会，地理科学委员会，等.2018.社区灾害韧弹性建设：公私合作模式.刘红帅等译.北京：地震出版社.

美国增强国家抵御危险和灾害能力委员会，美国科学、工程和公共政策委员会.2018.灾害韧弹性：国家的迫切需求.高孟潭等译.北京：地震出版社.

滕五晓，万蓓蕾，夏剑霺.2011.城市老旧房屋安全问题及其破解方略.城市问题，(10)：74-79.

滕五晓，王昊，万蓓蕾.2017.基于防灾规划的城市应急管理体系构建.应急管理学报，1(1)：50-61.

滕五晓，王清，夏剑霺.2010.危机应对的区域应急联动模式研究.社会科学，(7)：63-68.

邹亮，陈志芬，谢映霞，等.2016.城市综合防灾规划.北京：中国建筑工业出版社.

Balica S F，Wright N G，van der Meulen F.2012.A flood vulnerability index for coastal cities and its use in assessing climate change impacts，Nat Hazar.Natural Hazards，64(1)：73-105.

第五章　城市综合防灾智慧系统：智能之集成

现代社会，科学技术已经融入城市的各个层面、各个领域，渗透到城市的每个组织系统，是城市重要组成部分。而且，科技技术是现代城市管理的重要手段和载体。城市系统的复杂性、关联性对城市公共安全管理提出了很高的要求，城市安全管理离不开现代化的科学技术手段与方法。城市综合防灾系统需要智慧系统的支撑，这既是城市防灾规划的基础，更是城市安全管理的支撑。城市综合防灾智慧系统以专业数据和信息的互联互通为基础，大量的城市基础数据、专业实测数据、实时动态数据对实施城市灾害预防、监测预警和应急响应起到了很大的支撑作用，城市运行过程中生成的各类大数据能对指挥决策发挥积极作用。城市综合防灾智慧系统不仅是集成各专业系统的物理载体，还是一个能综合分析处理的智能系统，是城市管理的中枢系统。通过智能化的模拟分析、快速评估、科学决策，将常态下的城市运行管理与紧急状态下的城市应急管理相融合，实现科学化、精细化和智能化的城市安全管理。

第一节　智慧系统与城市综合防灾规划

一、智慧系统及其应用

2008 年 IBM 首次提出了“智慧地球”的新概念：“以一种更智慧的方法，通过利用新一代信息技术来改变政府、企业和人们相互交互的方式，以提高交互的明确性、效率、灵活性和响应速度。将信息基础架构与高度整合的基础设施完美结合，使得政府、企业和市民可以做出更明智的决策。智慧的方法具体来说以三个方面为特征，即更透彻的感知、更广泛的互联互通、更深入的智能化。”其中深入的智能化具体表现为“深度整合、协同运作、智能服务”等功能（李爱国和李战宝，2010）。美国联邦政府于 2015 年发布的《美国创新战略》中对智慧城市发展的愿景、面临的挑战和要采取的路线图进行了描述，提出美国城市更加“智能”的重点是解决城市所面临的最受市民关注的紧迫挑战，如交通拥堵、犯罪、可持续发展，以及提供重要的城市服务（李灿强，2016）。

智慧系统在全球范围内有了广泛的应用，从专业领域到区域管理，从城市到社区。我国各地也加强了智慧城市、智慧社区、智慧公安、智慧民防等建设，在公共管理中发挥着越来越重要的作用。

城市安全涉及城市运行的各个方面和不同层次，各系统之间有着千丝万缕的联系，相互影响，构成复杂系统。在实施城市防灾规划和安全管理时，需要在对城市复杂系统进行全面分析把控的基础上，研究评估城市的灾害风险及其脆弱性，制定科学预防规划和应急处置方案。而突发事件的发生又具有高度的不确定性，一旦灾害事故发生，就需要在极短的时间内进行快速决策和处置，各种相关数据和有效信息将成为科学决策的重要依据。城市综合防灾智慧系统一方面涉及多层次多领域的数据信息，既包括传统的各类基础统计信息和灾害管理信息，也包括日常生活中被动生成、自动化收集、可持续分析的各种即时数据，也就是当下数据革命中所说的“大数据”[①]，因此需要构建城市安全的大数据系统，确保在进行城市规划与安全管理时能获取各种所需的数据。国务院《促进大数据发展行动纲要》中，也提出“将大数据作为提升政府治理能力的重要手段，通过高效采集、有效整合、深化应用政府数据和社会数据，提升政府决策和风险防范水平，提高社会治理的精准性和有效性”。另一方面，也需要实现对数据信息的智慧处理，通过智能化手段，确保在安全管理过程中，政府、社会和市民能做出更加明智的、快速有效的决策和行动。美国地质勘探局（United States Geological Survey，USGS）应用微博分析系统提取位置信息，来证实地震、定位震中并量化级别；哈佛大学和麻省理工学院的研究人员则挖掘微博和在线新闻进行高精确度的传染病疫情扩散分析[②]。根据经过正确分析的数据能够在早期发现异常，做出预警，实时反馈现状，以便做出必要的调整。因此，建立适合未来城市发展需要的城市综合防灾智慧系统，通过大数据分析手段，全面把握和掌控城市系统脉络，以此进行科学规划、快速决策指挥和应急处置，能够为城市安全运行管理提供决策支持。

城市综合防灾智慧系统是以移动互联网、物联网、大数据为核心的信息技术为支撑，创新业务流程和管理手段，发展应急管理新模式的现代管理系统。城市综合防灾智慧系统主要由网络、基础支撑、云数据中心、应用支撑和综合应用系统等多个层次组成，形成综合应急管理解决方案，为防灾减灾、应急响应和灾害重建提供支持。开发互联网端及移动终端的应急管理综合应用系统，实现突发事件处置过程中综合协调、临时监控、信息报告、综合研判、调度指挥等的网络化、信息化。同时，依托系统开发的移动终端APP，向社会发布城市安全知识宣传信息、预警信息、突发事件信息等，提升信息化辅助的及时性、

① UN Global Pulse. 2012. Big Data for Development：Challenges and Opportunities.

② UN Global Pulse. 2012. Big Data for Development：Challenges and Opportunities.

便捷性和实用性。此外，还可以依托系统开发建立防灾减灾网上模拟体验馆，在虚拟世界中体验灾害的发生与防范，增强公民的防灾意识、提升应对突发事件的能力。

二、美国、日本安全管理智慧系统

（一）美国应急管理智慧系统

1. 美国突发事件管理系统（NIMS）

为了有效进行突发事件应急管理，美国国土安全部于 2004 年推出了美国突发事件管理系统（National Incident Management System，NIMS），该系统提供了一个全国统一的模板，使联邦、州、地方和地区政府及私人企业和非政府组织一起工作，对国内发生的无论何种原因、规模或复杂性的突发事件，包括灾难性的恐怖主义活动，实施快速、高效的准备、预防、应对和恢复措施（夏保成，2006）。

NIMS 不只是一个操作性的应急管理预案、一个资源分配预案、一个单独的反恐专项预案，或者只适用于大规模的突发事件，还拥有自己的核心理念、概念、原则、术语和组织化过程[①]，是一个综合性、全国性的突发事件管理方式，适用于不同的管理权限层级和不同的部门，可以让所有的应急响应组织灵活地在一起工作，也可以标准化地提高整体的响应能力和协同工作能力。

作为一种制度，它在强调灵活性（Flexibility）和标准化（Standardization）特色的同时，试图追求两者之间的平衡。灵活性体现在 NIMS 提供了一个可靠、灵活和可调节的全国性框架，各个级别的政府和私营企业可以在这一框架内共同工作，处理国内突发事件，不管这些事件的起因、规模、发生地点或复杂性如何。这种灵活性适用于突发事件管理的各个阶段（预防、准备、应对、恢复和减除）。标准化体现在 NIMS 提供了一套标准化的组织，诸如突发事件指挥系统、多部门协调系统和公共信息系统；也提供了用来改进不同部门和地区之间协同工作的方法、程序和系统，包括培训、资源管理、人员资格审查与认证、装备认证、通信与信息管理、技术支持和不断的系统改进（夏保成，2006）。

NIMS 产生的效应远超过仅应用突发事件指挥系统或者一个组织框图，主要包括五大功能（FEMA，2009）（图 5-1）。

① FEMA. 2009. IS-700. A：National Incident Management System，An Introduction.

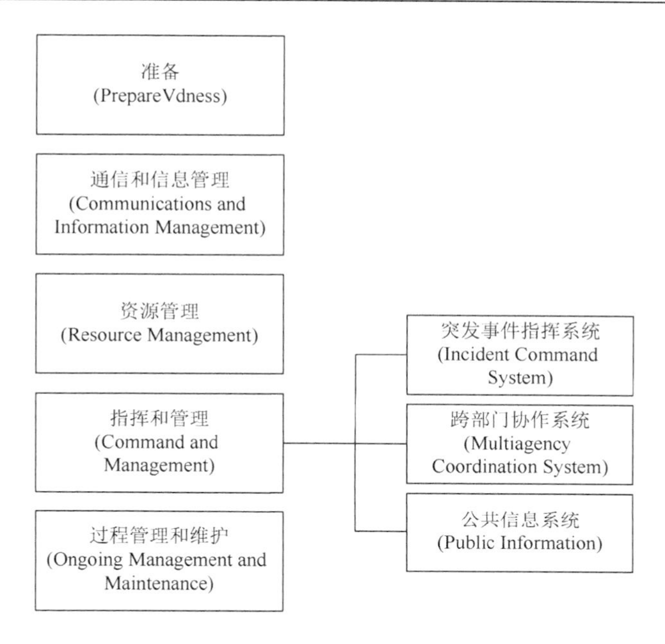

图 5-1　NIMS 的主要功能构成

1）准备。有效的突发事件管理和突发事件应对，必须在可能发生的突发事件发生前，就要做好持续的准备。准备包括预案、处置程序和协议、培训和演练、人员的资质和认证，以及设备的认证。

2）通信和信息管理。应急管理和突发事件的响应都依赖于通信和信息系统，它向所有的指挥和配合组织机构提供了一个共同的操作画面（Common Operation Picture）。NIMS 认为需要一个标准化通信框架，并且强调了一个共同的操作画面的必要性。通信和信息管理系统应能够互相协同工作，具有可靠性、可扩展性、可移植性等。

3）资源管理。资源包括人力资源、设备或者供给，在突发事件中起着关键的支持作用。资源必须要具有可流动性，以适应突发事件。NIMS 规定了标准化的资源管理机制和流程，以实现确认需求、提出需求、资源流动、追踪和报告、恢复和复原、报销及盘点库存的功能。

4）指挥和管理。指挥和管理的目的在于通过提供灵活的、标准化的突发事件管理结构，实现有效和高效的突发事件管理和协调。主要包括 3 个关键的组织系统：突发事件指挥系统、跨部门协作系统和公共信息系统。

5）过程管理和维护。美国国土安全部和 FEMA 负责 NIMS 的开发和维护，包括发展 NIMS 的程序、进程，以及 NIMS 文件的更新等。

2. 纽约基于大数据的城市防灾规划

第三章第三节已经比较详细地介绍了大数据对于纽约城市防灾规划的作用。正是基于庞大的数据支撑，在纽约防灾规划中能用大量的图表数据来评估灾害暴露度，识别脆弱性人群，对老年人、学龄前儿童、贫困人口、不同国籍的外国人（外国人因语言障碍，对防灾教育、防灾设施、预警信息等理解困难）人数、分布特征及其动态变化（人口变迁）等数据进行全面掌握，依此制定出有针对性的防灾规划和应对措施；通过对房屋结构、房屋建筑年代的数据进行分析，评估不同灾害风险下，房屋建筑的脆弱性；计算历史灾情的发生频率和绘制基础设施地图，将此作为减灾规划的依据。由此可见，纽约依托城市大数据基础，为城市安全把脉，精准化编制防灾规划，精细化地制定城市安全管理的政策。

（二）日本依托大数据的防灾智慧系统

1. 日本国家灾害情报系统

日本是灾害多发的国家，为了能科学决策、快速处置，在国家危机管理中心建立了由通信卫星、直升机画面传输、地面灾情收集的移动信息组成的灾害信息收集分析与传输系统。该系统连接各地区应急平台，利用通过现代化手段采集的灾情实时数据及灾害分析评估模型系统，快速评估灾情、科学决策指挥。

为了确保第一时间全面掌握灾情、快速进行决策，日本内阁府建立了各部门间防灾情报共享的“综合防灾情报系统”，支撑综合防灾情报系统的是中央防灾无线网络系统。同时，为了确保信息系统能有效支撑灾害应对工作，还在立川市建立了防灾系统备份系统（图 5-2），一旦原有系统发生故障，备份系统可以立即启动，发挥作用。

2. 东京都基于大数据的防灾规划

（1）基础数据完备

东京都基于庞大的城市基础数据和信息情报体系对防灾规划进行了科学全面的分析，制定了城市防灾规划。首先，关于历史灾害事故的完整数据是东京城市灾害风险分析和预测的基础；其次，齐备的城市房屋、人口、自然地理、基础设施等数据，是情景模拟和防灾规划的基础。例如，东京事故预防专业规划中，对东京都全域各种危化品（如油库、加油设施、高压煤气设施、火药类设施等）、有害物质（毒物、剧毒物设施及放射性物质使用设施等）的种类、分布、储存数量、危害性等全部掌握。

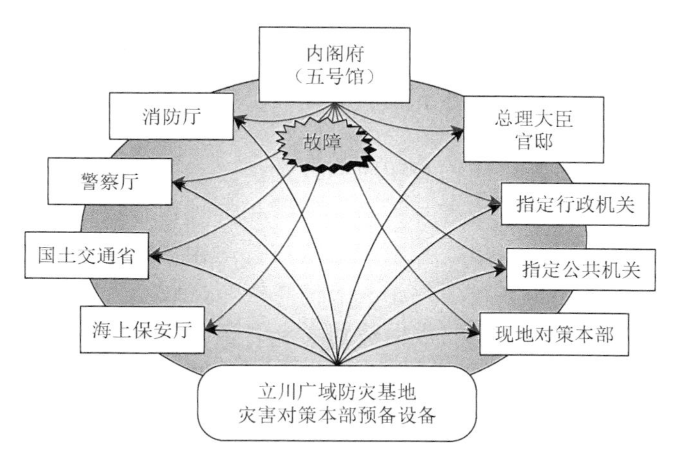

图 5-2　日本防灾系统备份系统

（2）基于大数据进行分析评估

地震灾害是东京都面临的最大威胁。为了全面分析东京不同基层社区地震灾害的危险程度，依据东京都震灾对策条例，东京都每 5 年进行一次地震灾害综合危险度的调查评估，依据东京都房屋（房屋结构、年代、用途）、道路交通、地质条件、防火设施等全方位的信息数据，对建筑物倒塌危险度、地震火灾危险度及灾害时救援活动困难度等进行评估，然后可以在东京都城市开发局网站上查询各地的危险度等级（按照危险性强弱，综合危险度分为 5 个等级）。

（3）基于情景模拟的防灾规划

《东京都国土强韧化地域规划》中，基于基础数据和灾害情景构建，通过危害性分析和情景模拟，分析评估可能发生的灾害、受灾程度、预防与应对能力，依此提出需要规划建设的内容和目标。

第二节　城市综合防灾智慧系统的数据基础

大数据已逐步应用于经济发展和社会管理各方面，并且以其全面快速收集、分析、决策的反应机理，形成了技术与组织制度的全景式建构，以此为基础，能够搭建更有预见性和更高准确度的运行机制。而大数据在城市综合减灾方面，则能优化风险联动评估效度，强化灾情智能评估力度，深化灾损准确评估信度，使得灾害准备评估、应急评估、灾后评估和综合评估跨越式提升，进一步发挥灾害评估的预测、跟踪、决策、监督等职能，开拓防灾减灾救灾的新道路（段华明和何阳，2016）。

然而，现代社会进入了数字化时代，不仅有庞大的基础数据，而且还能在瞬息万变的过程中生成海量数据。城市规划与安全管理究竟需要哪些大数据、如何有效利用这些大数据进行城市安全智能化管理，是城市综合防灾智慧系统构建首先需要解决的问题。

城市灾害预防准备、监测预警和应急处置是建立在对城市复杂系统分析评估基础上的，这需要全面掌握城市各类基础数据和实时动态数据。智慧应急信息资源主要包括城市终端采集、接处警系统、城市管理相关数据库等所形成的城市管理信息资源、互联网中与突发事件相关的信息资源，以及人际传播的信息资源，它们是支撑快速响应情报体系的数据基础（李纲和李阳，2015）。

城市综合防灾智慧系统涉及的各类数据主要由城市基础数据、专业部门日常监测预报的专业数据、突发事件发生时的实时数据、分析评估获得的各类计算数据及由此形成的指挥决策和信息发布的决策数据等构成（图 5-3）。

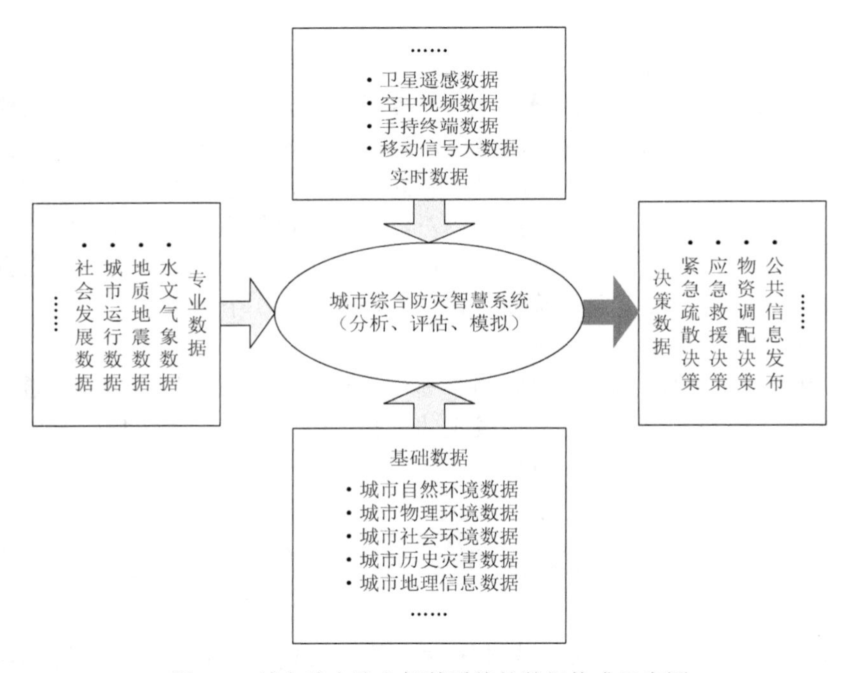

图 5-3　城市综合防灾智慧系统的数据构成示意图

一、基础数据是城市规划与安全管理的基础

城市基础数据构成了城市的基本形态，是城市规划与安全管理的重要数据。基础数据包括城市自然环境数据、城市物理环境数据、城市社会环境数据、城市历史灾害数据和城市地理信息数据等。

1）城市自然环境数据，是指构成城市自然要素的各类数据。包括地形地理数据（地形、高程、山地、丘陵、海岸线等）、水文地理数据（江河、湖泊、水利等）、气候气象数据（气温、雨量等）等自然系统数据。自然环境构成了城市自然状态，反映了城市可能面临的自然灾害的类型和特征。

2）城市物理环境数据，是指构成城市物质基础的各类数据，包括城市道路交通、能源、通信等各种设施及管线数据，房屋数据，各种基础设施组成的城市空间系统数据。物理环境反映了城市的社会形态特征。城市物理环境的好坏直接反映了城市灾害风险的脆弱性程度和暴露性程度。城市物理环境系统越完善、越强韧，越不易受到破坏，其不仅能有效地防御灾害，而且能在遭受灾害袭击后快速恢复。反之，则越易受到破坏，严重时可能出现城市瘫痪的情况。

3）城市社会环境数据，是指城市经济社会系统的各种数据，包括城市产业类型、经济贸易等各类经济活动数据，城市人口、文化娱乐、教育科技等各种社会活动数据。城市社会环境数据能较好地反映城市社会脆弱性的强弱，是制定城市安全管理政策的重要依据。

4）城市历史灾害数据，是指城市历史上曾经发生过的各种灾害事故数据（如台风、暴雨频次、强度及受灾程度等）、案例数据（城市发生过的，或同类型城市发生过的灾害事故案例及其分析数据）。案例数据有助于对城市未来可能遭受的灾害事故进行风险评估及情景模拟，制定预防和应对措施。

5）城市地理信息数据，是以城市空间数据为基础，包括城市各种自然数据和基础数据的地理空间分布数据（如城市道路图层、城市水系图层、城市公园绿地图层等）、城市社会信息的地理空间分布数据（医院、学校、消防等空间分布数据）。相关部门能根据城市地理信息数据直观地分析城市空间结构并规划城市设施，城市地理信息数据也对分析评估城市防灾设施布局是否合理具有很好的支撑作用。在突发事件发生时的应急指挥中，相关部门能根据城市地理信息数据进行辅助决策。

二、专业数据把脉城市安全状态

专业数据是指各专业职能部门所掌握的业务范围内的各种数据，包括专业统计数据、实测（监测）评估数据等。专业数据涉及各职能部门业务数据，如气象监测数据、海洋水务的潮水位监测数据、地铁运营公司的客流量数据、城市景区或交通枢纽的大客流数据、道路交通运输数据、社会经济发展数据等。专业数据能很好地反映城市运行的安全状况，是城市运行的晴雨表，根据专业数据能有效把脉城市安全状态。

1）水文气象数据，是指各类气象数据和江川河流及其各种设施的数据及其空间分布。其中气象数据包括雨量数据（过程雨量和小时雨量）、风力数据（风向、风力大小等）、气温数据（高温、低温等），水文数据指各水文监测点的内河水位、潮水位数据及海塘、防汛墙、水闸和泵站等防汛防洪设施数据及其空间分布。

2）地质地震数据，主要是指各类地质环境数据（如地层数据、地下水数据、地质体数据等）及地震动监测数据。因此，地面沉降监测数据、重要设施及场所的地震动监测数据，能较好地反映城市地面沉降变化和可能的地震影响，能及时、有效地预测预警地质灾害和地震动。

3）城市运行数据，是指构成城市运行的各类交通运输、供水供电等基本数据。水电燃气等供给数据包括城市供水、供气、供电等数据，直接反映出城市生产经营和生活休闲活动的基本状况。而水、电、气、通信等是城市生活的基本保障，尤其表现在夏季和冬季用电用气高峰期，监测数据能有效把握城市供给系统的基本运行情况，及时掌握和调节供给量。在紧急状态下，可以通过应急供给确保城市基本运行。

4）社会发展数据，是指城市社会发展各种实时变化数据，人口移动、社会活动、教育水平、就业状况、经济运行等各种数据。社会发展数据反映了城市中“人”的活动情况，而人是城市的核心，也是灾害的直接承受者，对人口、经济等数据的掌握可以评价城市的社会脆弱性水平，分析灾害的可能影响。

三、实时数据掌控城市运行动态

实时数据是指灾害事故发生过程中或城市运行过程中，通过卫星、航空摄影摄像、现场调查评估、手机信号数据、手持终端等方式采集的各种灾害（或风险隐患）实时信息和数据。智慧城市已经构建了全覆盖、全天候的监测网络系统，能很好地监测城市运行状况。根据灾害实时数据能对受灾状况进行快速评估，对突发事件的预警和应急处置决策具有很好的辅助作用。

1）卫星遥感数据，发生区域性特大灾害（如地震台风等）时，人工进入灾区现场调查困难，也难以获取区域性的受灾状况的资料，根据卫星图片，尤其是突发事件前后的卫星图片，能有效把握灾害事故的全貌，便于对比分析受灾状况。

2）空中视频数据，可以通过直升机或无人机观测灾害事故现场并进行拍摄，第一时间将受灾状况传送到管理决策机构，尤其是能通过视频画面实时传送灾情实况及其演化和发展趋势，有助于快速了解和掌握灾情。

3）手持终端数据，灾害调查人员、信息员、网格化管理人员及公众在灾害现场获取的灾害信息（图片、视频、文字、声音等信息数据），通过手持终端通信设备，能被快速传送到智慧系统中，为指挥决策提供第一手数据信息。

4）移动信号大数据，随着信息技术的高速发展，根据手机信号、车载GPS信号等信息自动生成的大数据，能实时掌握变化的客流量、车流量及潮汐式的数据，并通过对这些数据进行分析，快速了解交通高峰、人流动态变化（分布状态、去向）等，评估人流、车流密度，从而可以进行大客流预测预警，采取限流管制措施；或通过手机信号判断被困或受灾人员的位置、人数，实施应急救援和抢险措施。

5）智能视频数据，随着人脸识别技术的推广应用，智能视频已经广泛用于智慧城市建设。通过视频监测和抓拍，能有效地进行行为踪迹分析，对紧急情况下的人员救援、人流疏散转移等发挥重要作用。

四、决策数据辅助应急指挥

分析评估数据是在上述海量数据的基础上，依据相应的分析评估模型，对城市的安全状态进行分析评估而获得的各种数据。

通过对基础数据、专业实测数据及实时数据的分析模拟，对大数据的挖掘等，获得一系列城市防灾的专业成果数据和信息，如灾害风险、危害性预测、预警信息、应急资源配送、安全设施分布等，用于防灾规划、各专业部门信息共享及对外发布等。例如，应急保障数据（应急避难场所、医院、警署分布等信息），城市危险源的分布及其危害性特征（如危化品的位置、影响范围等）等信息数据，可以以成果形式输出，有助于各专业管理部门及公众更好地了解和掌握城市安全状况。而决策数据的积累也能进一步形成应急管理的案例数据和基础数据。尤其是通过对不同专业数据和基础数据的综合利用分析，可以形成灾情快速模拟或评估信息，对灾害的危害性、受灾程度进行评估，对救援处置、救灾物资调度等情况进行分析，辅助应急指挥决策。例如，根据台风、暴雨预测（或实测）强度，结合对象区域的自然地形、基础设施、人口特征等数据，可以分析模拟出对象区域的受灾人群、财产损失程度等；根据人口数据和不同灾害对人群的影响，可以分析评估出不同灾害风险下的人口脆弱性等级；根据人口密度、建筑物特征、设施分布特征等，分析评估避难场所的合理布置、消防站点的设置和服务半径等。分析评估数据为防灾规划、灾害预防与预警、应急处置与救援等科学决策提供了专业支撑。

第三节　城市综合防灾智慧系统的构建

城市安全取决于城市自然系统、城市物理系统、城市社会系统（经济、社会活动）的特性，以及这些系统共同组成的复杂系统的运作情况。城市综合防灾智慧系统与城市复杂系统密不可分，一是灾害数量的多少取决于自然环境的安全状况；二是受灾程度的大小与城市物理及社会系统脆弱程度及暴露程度相关，即与城市社会抵御灾害能力的强弱有关。而城市综合防灾智慧系统在城市风险分析、城市防灾规划与灾害防范体系建设、监测预警的准确性和有效性、快速处置和应急救援能力、事后恢复与重建水平等方面都有极大的作用。因此，城市综合防灾不仅需要各部门各系统的数据支撑，更需要有一个智能化的系统或平台，将城市综合防灾各方面的内容集成，形成一个完整的系统，通过智能化手段进行模拟分析、快速评估、科学决策。构建城市综合防灾智慧系统是城市综合防灾的基础，而大数据和智慧平台是防灾系统的核心。

一、智慧系统：共享数据信息的载体

城市安全管理与综合防灾规划需要以大量的数据信息为基础，城市是一个复杂的大系统，各系统相互关联、相互影响，任何一个系统发生灾害事故，都会"牵一发而动全身"，影响城市大系统。

随着城市智能化管理水平的提升，城市各相关职能部门在一定程度上掌握了城市安全的数据，进行着专业化的管理和运行，有的已经建立了较好的专业数据平台，如防汛部门建立了完好的防汛防涝系统，对各种防汛设施、水位、隧道涵洞等进行实时监测、预警，精确到点、线、面；气象部门有气象预测预警信息平台；安监部门建立了对危化品运输车辆的监测平台；应急办有专业的值班室，负责城市的"值守应急、信息汇总、综合协调、督查指导"。但各专业数据都分散在不同的业务系统中，部门间、区域间的数据资源缺乏有效的整合，没有实现共享，"信息孤岛"现象十分严重（安达等，2016），即使专业成熟的部门有完善的数据基础和分析系统，如气象部门建立了专业的分析暴雨预报预警和应急联动响应系统，可以根据暴雨分布特征数据，分析研究居民家中的进水情况，结合雨量监测数据、房屋数据、人口数据特征，决策指挥需要救灾抢险、转移安置的民众等，但是该系统因缺乏基础数据或缺少其他部门的专业数据，难以生成有效且全面的决策指挥系统。核心原因是这些系统或平台尚未有效整合，形成城市统一的智慧系统。而借助物联网、云计算、大数据等信息、智能技术，融合政府、社会、市场中相对分离的应急组织和应急资源，通过资源共享、互动协作、综合集成和智能服务，使政府、社会等公共安全治理主体对城市安全具有全面透彻的感知、系统整体的掌控和快捷精确的响应，能够对多样化的公共安全需求进行实时反馈，形成一体化的公共安全治理和服务体系，从而有助于解决公共安全治理中纵向专业分工与横向需求整合的矛盾，即条块分割、部门局限、信息壁垒、协调不力等问题；有助于增强应急资源动态适应性，解决资源分割、闭锁、凝滞等造成的供给不足、分布失衡、数据孤岛等问题，显著提升城市公共安全治理效能（夏一雪等，2016）。构建城市综合防灾智慧系统是城市安全智能化管理的基础。

二、城市综合防灾智慧系统构成

城市综合防灾智慧系统是整个应急管理体系的中枢神经系统，是各类应急管理信息汇总、分析研判的中心，通过信息化手段实现信息处理、分析评估和决策支撑功能。借助城市综合防灾智慧系统，能将散落在各个条线管理中的应急相关数据信息进行整合，实现一体化应急管理的目标。城市综合防灾智慧系统是政府管理信息化建设的重要内容，是运用智能化手段对应急管理信息进行收集、处理、分析的应急管理系统。智能化的信息系统是应急管理信息共享、应急联动和指挥协调的重要工具和基础。

（一）城市综合防灾智慧系统的作用

城市综合防灾智慧系统是应急管理的重要基础，是对突发事件实施智能化、科学化管理的载体。由于突发事件具有高度不确定性特征，突发事件应急管理需要通过现代化信息采集和快速分析评估的方法，进行决策指挥和应急处置。城市综合防灾智慧系统就是为信息采集汇总、分析评估、决策模拟、指挥决策等应急管理工作服务的重要平台，是一个集应急管理各项功能于一体的集成系统，同时也是以情报信息技术为支撑的突发公共事件应急保障技术系统。城市综合防灾智慧系统具备日常管理、突发事件动态管理与应急处置等决策辅助功能。

（二）城市综合防灾智慧系统的构成

城市综合防灾智慧系统除了是集成各专业系统的物理载体以外，还是一个能进行综合分析处理的智能系统，是城市安全运行管理的中枢系统。系统构成包括基础支撑系统、数据信息系统、综合应用系统、应急指挥系统和信息交互系统（图 5-4）。

1）基础支撑系统，城市综合防灾智慧系统需要依赖信息网络，将内外部各种信息进行链接、传送等，基础支撑系统以计算机网络和应急通信为主，包括图像

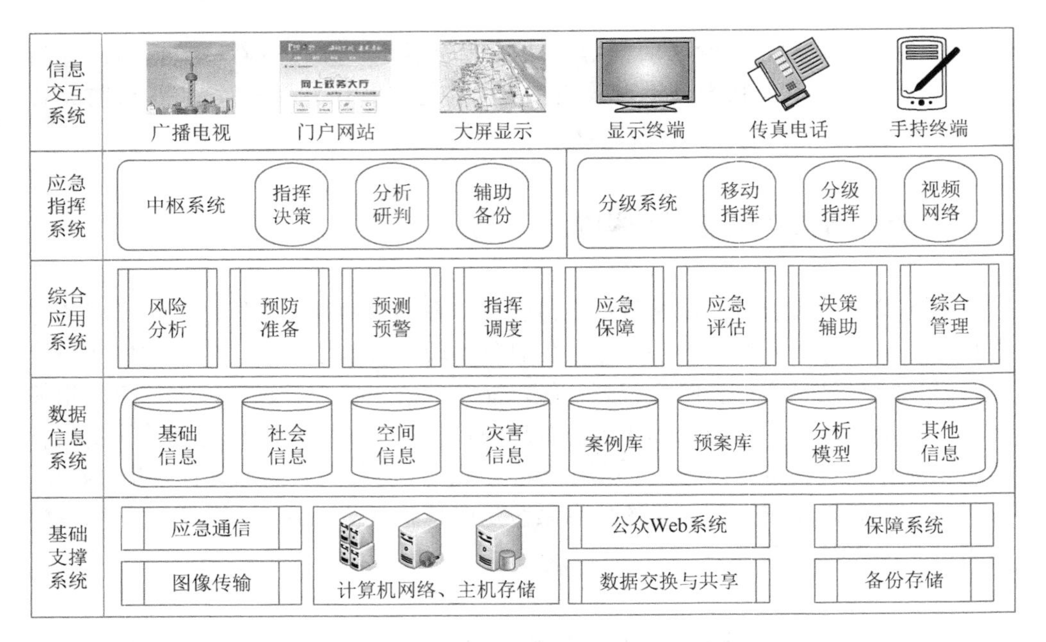

图 5-4　城市综合防灾智慧系统构成示意图

传输、应急通信、计算机网络、主机存储、数据交换与共享、公众 Web 系统、保障系统及备份存储。

2）数据信息系统，城市综合防灾智慧系统是以大数据为基础，各种数据系统构成的应急平台数据库系统。数据信息系统主要包括基础信息、社会信息、空间信息、灾害信息、案例库、各种预案组成的预案库、各种分析模型及其他信息。

3）综合应用系统，是智能化应急平台的核心系统。依托综合应用系统，城市综合防灾智慧系统能发挥分析模拟、指挥调度等作用。综合应用系统主要由风险分析、预防准备、预测预警、指挥调度、应急保障、应急评估、决策辅助、综合管理等专业系统构成。

4）应急指挥系统，应急指挥系统是城市综合防灾智慧系统的中枢系统，是各种信息集成、分析汇总、指挥决策的场所，由中枢系统（包括指挥决策、分析研判和辅助备份系统）和分级系统（包括移动指挥、分级指挥和视频网络系统）组成。

5）信息交互系统，是通过城市综合防灾智慧系统进行对外信息发布、传输等应急管理工作的专用系统。该系统连接广播电视、门户网站、各地方各部门大屏显示、显示终端、传真电话、手持终端等，将突发事件应急管理的各种信息发送给专业部门、公众，并实现应急信息的实时交互。

第四节 城市综合防灾智慧系统的主要功能

城市安全关系到城市经济社会平稳运行和社会公众的生活、工作、发展的各个方面，是构建和谐社会、推动经济发展的必要保障。城市综合防灾智慧系统集政府应急管理、社区及社会组织治理、企业社会服务的“智能化”于一体，是各个主体之间围绕信息获知、业务联动、管理服务等方面形成的城市安全与应急管理的全方位系统。因此，城市综合防灾智慧系统不只是链接各方资源和系统的应急管理载体，其更重要的功能是智能化综合防灾。

城市，尤其是特大城市，是集人流、物流、信息流于一体的超复杂社会系统，简单的经验式安全管理或专业部门的单一式应急管理都无法适应城市高速发展的需要，需要构建基于大数据的集情报信息、分析评估、监测预警、应急指挥、快速处置于一体的智能化城市综合防灾系统，以实现常态化的城市安全管理与紧急状态下的智能化应急管理的统一。

一、日常管理功能

城市综合防灾智慧系统是政府应急管理建设的重要组成部分，其基本功能在于使不同管理部门和管理人员能在同一个平台上一致有效地开展应急管理工作。城市综合防灾智慧系统不仅能规范本级应急联动单位的应急预案，制定操作性强的区域性、综合性应急演习方案，构建信息共享、资源共享机制，确立应急决策模式和指挥模式；而且能有效规定突发公共事件处置后的评估内容与程序，规范政府应急管理工作，并能考核评估各责任主体的应急管理成效。

城市综合防灾智慧系统的日常管理系统主要由下列几个日常管理功能构成。

1. 对接上下级智慧系统

城市综合防灾智慧系统首先依赖于同一个物理平台，与上下级政府智慧系统对接，确保应急信息的上通下达，及时从下级系统中获得信息，并将相关应急情报信息上报至上级系统；接收上级系统的信息，并对其进行综合分析，做好相关应对工作，再将信息传递到各相关单位，必要时组织各单位开展预防、预警、应急救援等工作。规范、标准化的智慧系统能确保上下级平台及同一平台内各部门在同一技术标准和应急管理术语下一起有效工作。

2. 应急情报信息共享、汇总

城市安全管理最重要的是数据信息共享。城市综合防灾智慧系统以卫星传输、视频、广播、网络文本、电话传真、无线对讲、内通电话和专业报警等为载体，通过情报信息的快速报送和传递，实现专业部门、政府与社会间的数据信息共享，确保城市安全信息与应急情报的上通下达、内外共享。

3. 应急资源共享、动态管理

统筹行政范围内各级应急资源，建立应急资源管理系统，利用电子平台登记应急物资储备和应急装备的储存数量、地点（所属单位）、联系方式等，实现动态化管理，保证数据自动更新，确保应急物资、装备落实到位。发生突发公共事件时，将所需应急物资、装备及距离、位置等关键字输入应急资源管理系统中，即可快速搜索到符合要求的物资或装备的储存数量、地点（所属单位）及联系方式，同时协调各单位实现资源共享，为快速、有效处理突发公共事件提供有力保障。

4. 预案管理与检索

随着我国应急管理体系建设的不断深化，城市预案体系已逐步健全，自上而下各部门各行业都有各自的应急预案。由于突发事件应急处置涉及多个层级的不同部门，所以现有的预案难以有效衔接，无法对其实施智能化的管理。因此，城市综合防灾智慧系统应实现各级预案电子化管理，建立应急预案管理系统，利用电子平台汇总各级应急预案，分类梳理，以便根据突发公共事件的要素特点，可以进行日常检索和分析，在突发事件发生时能快速地调出所需预案。

5. 考核评估与监督管理

考核评估能有效监督、管理、考核各责任主体日常应急管理工作的完成情况，推动城市安全管理科学、规范、高效地运行。在城市综合防灾智慧系统中建立全方位的考核评估模型，通过应急管理专家的第三方打分评定与各单位机构互评相结合，对各责任主体的应急预案、应急人力和装备配置、应急专用物资储备、情报信息汇总上报共享、值班备勤、相关人员培训工作、风险评估与预测、应急演习、应急响应等工作进行系统、有效的智能化评估，有效监督各责任主体的应急管理工作。同时，科学的考核评估体系能更好地引导各职能部门规范、系统地实施应急管理工作。

二、情报信息功能

情报信息是突发事件应急指挥决策的基础，完善的情报信息网络系统是城市综合防灾智慧系统的重要支撑。重特大事件常常对城市社会各层面造成影响和破坏，因此，在应急处置过程中，不仅需要获取基础信息，还需要获取实时信息。但是，分散在各部门的信息往往难以共享。建立集情报收集、传输和分析于一体的应急管理情报体系，可以将现有的分散于地震、民防、气象、防汛、疾控中心、应急联动中心等各专业部门的突发事件应急情报信息整合成统一的全灾害情报信息，并转变成有效的应急指挥、决策情报信息。城市综合防灾智慧系统中的情报信息功能发挥信息收集、信息传输和信息发布的作用。

1. 信息收集

智慧城市最重要的功能之一是透彻的感知，只有在充分的情报信息基础上，政府、社会、民众才能更好地决策及采取科学的应对响应方法。公共信息的智能化管理能为政府、社会和民众提供有效的公共信息。

2. 信息传输

“更广泛的互联互通”是智慧城市的另一个重要功能。传统的信息系统难以满足应急管理信息联通的要求，尤其在一些重特大灾害事故发生时，普通的情报信息系统容易遭受灾害的损坏，无法发挥应急情报信息传输的作用，所以需要建设灾害专用情报信息系统。例如，日本构筑了立体化的灾害信息系统，通过中央防灾无线网络系统，将专业部门、地方政府、应急指挥中心等进行了有效的互联互通（滕五晓等，2003）；北京市构建了链接卫星传输的应急指挥通信系统。因此，城市综合防灾智慧系统需要建立专用的情报信息网络系统，确保突发事件发生时能快速、准确地采集和传输实时信息。

3. 信息发布

信息发布主要有两种形式。一类是对民众的信息发布，即公共信息发布，包括在突发事件发生之前，也就是将处于“风险状态”的潜在危害告知民众，以及在突发事件发生之后，将相关的信息公布。另一类是对机构组织信息的发布，即专业信息发布。城市综合防灾智慧系统及时、有效的信息发布，能最大限度地动员各方将资源投入到突发事件的预防处置与应对中，避免因信息缺失造成灾害损失扩大化。

三、监测预警功能

监测预警功能需要依托现代信息化技术手段对风险进行识别—监测—分析—判断的全面整合，是一体化应急管理模式的核心，是应急管理预防与应对的前提与基础，成功的监测预警可以规避事故的发生，或最大限度地减轻灾害可能造成的人员伤亡和财产损失。

城市综合防灾智慧系统中的监测预警系统是一个复杂的系统，不仅包括针对致灾因子进行的全方位动态监测，还包括如何将监测到的信息转化为预警信息，以及如何将这些预警信息快速、有效地传输，并对外发布。所以，应急管理中的监测预警功能由监测体系、预警体系、公共信息发布与管理体系共同实现，但它们都是以应急平台为依托，为应急指挥提供决策辅助。

监测预警体系需要能预测预警到可能受影响的范围、受影响的人群、受影响的物体等，并以此作为应急指挥决策的依据。因此，需要将各种专业监测预警功能加载到应急平台，能通过应急平台强大的情报信息系统向管理系统和社会及时、准确地发布监测预警信息。应急平台的预测预警体系依托平台的数据库系统、动态实时监测系统、信息采集与传输系统等获取的信息和数据，通过其核心的风险评估与危害性分析预测子系统、预测预报分析处理子系统快速生成预警信息，由预警信息发布子系统，根据应急响应程序和规程，通过政务系统、公众系统向应急管理部门和社会发布及时、准确的预警信息。

城市综合防灾智慧系统中的预测预警系统构成如图 5-5 所示。

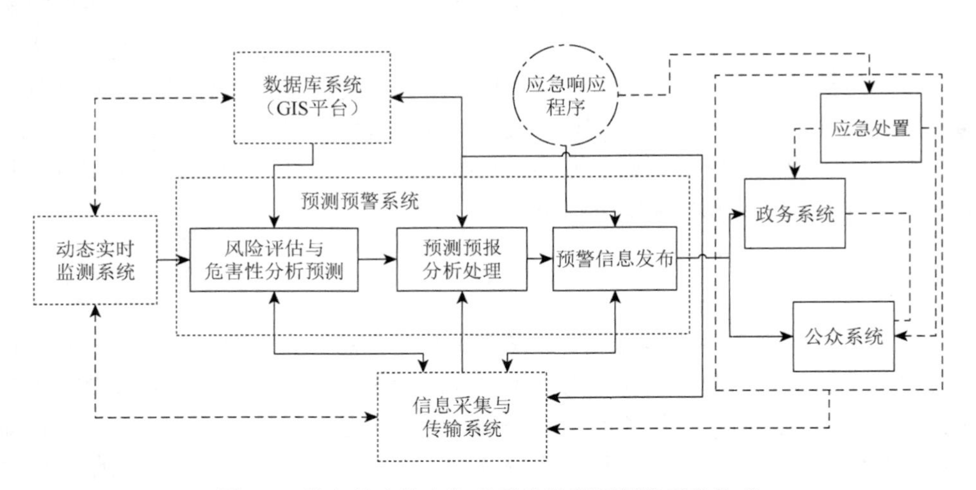

图 5-5　城市综合防灾智慧系统的预测预警系统构成

（一）监测体系

突发事件的演化具有极强的时效性和不确定性，监测系统的建设目标在于及时发现潜在的风险征兆，识别、分析出某些特定的信号，对可能发生的事件早发现、早处理，尽可能避免风险事故的发生或最大限度地减少事件带来的损失。

城市安全管理的监测是针对可能引发突发事件的风险因素和对象，通过相应的测量手段和方法进行观察、测量和分析，全面了解和掌握其变化的状况，为预报预警提供数据支撑。监测体系的建立是突发事件预报预警的前提和基础，是应急管理的重要内容之一。

监测体系是针对某一类型的风险因素和隐患对象，通过多角度、多时点、多种方式的专业监测网络形成的全方位、全天候的监测体系。例如，气象灾害监测体系是通过气象卫星、雷达、地面气象监测站点、移动监测站点等对大气云团的变化、气温、空气湿度等变化进行全方位、全天候的监测，依此进行台风、暴雨等灾害性天气预报。

城市综合防灾智慧系统的监测体系包括从对自然灾害的监测（如地震监测网络体系、气象监测网络体系及水环境、大气环境监测网络体系等）到对社会安全事件的监测的各个方面，既包括静态检验，也包括动态监测的各种方法。

监测网络体系是科学预警的前提，而怎样的监测体系才是有效的呢？有些突发事件的前兆十分明显，凭人眼观察就能发现和识别，但更多情况下则需要仪器乃至非常先进的设备经过长期的检测才能发现，甚至有些突发事件的发生发展趋势和危害性很难通过常识判别，需要建立专业预测预警模型进行分析和推演。科学技术支撑对监测体系的建立非常关键。

一是运用有针对性的监测手段。突发事件监测工作必须依赖现代科学技术的发展。现代管理者对突发事件的监测需要实时的准确数据，人工采样、实验室送检的传统检测方式无法满足对于目标特点不间断地获取信息、处理数据的需求。不同突发事件因其类别和特征不同，也需要有不同的监测手段。例如，对于自然灾害而言，其监测主要通过观测仪器、装备和技术获取有关灾害的资料和数据，来满足事件的分析、评估、统计、科研和其他应急管理工作的需要。而对于社会安全事件的监测，就需要通过对各种社会领域、社会现象和社会问题进行监测。例如，现代社会中，通过对网络舆情的监测，对各类网络信息进行汇集、分类、整合、筛选等技术处理，获取网络热点问题的动态社情民意，通过言语分析、智能研判等方式完成对舆情的深度加工和日常监管，可以较好地预警社会安全事件。

二是设定有效的监测范围。在设计水环境或大气监测系统时，因为它们都是复杂系统，就涉及监测哪些指标的问题，关注特殊物质是不切实际而且低效的，因为潜在污染物与可能的污染威胁十分广泛，期望监测技术能够独立监测每一种污染物或污染威胁是不可能的，现存的及潜在污染物的无边界无疑会增加监测系统的资源占用与成本负担。因此，有必要运用一套监测技术来侦察一组污染物，而不是运用单独的一项技术去监测每一种污染物（张凯，2011）。可以通过对已知污染物的分组研究，确定它们的物理化学特性、来源、对人类健康的影响、破坏环境系统的可能性等特征，这些分组特征能够用于确定监测技术的类型、配置及成本。同时，可以针对一些可能产生污染的企业单位或在一些重要的区域地段进行有目标的监测。一旦有污染排放，就能锁定排放目标，第一时间对其加以控制，减少危害。

三是建立监测的分析研判模型。突发事件监测网络体系不应该是一个单一的信息收集分析系统，而应该是一个运用统计数据、数学模型和计算机模拟等诸多自然和社会变量，对自然和社会问题，尤其是对全球监测、区域监测及国内外社会热点进行监测，通过大量的分析预测研判，提出对策建议的综合体系。监测体系通过对各种突发事件及其次生事件信息的采集、融合和整理工作，最终实现对事件的有效预警和预测功能，其背后有一整套分析研判模型作为支撑。这样的监测网络体系必然是一个综合性的节点，如对自然灾害的监测不仅要将气象、地震、水利、森林防火等专业部门的监测机构上报的信息和各种社会信息汇总起来，还要结合灾害发生的历史规律，对历史灾情综合地进行危害性分析、研判，成为科学发布预警和决策指挥的坚实基础。

（二）预警体系

人类社会的发展历史就是与灾害事故不断斗争的历史。随着科学技术的高速发展，以及人类对自然规律认识的不断加深，人类对灾害和事故发生规律有了较好的认识，并能通过一定的方法对规律性的灾害现象成功预测预报。例如，通过气象雷达可以对台风的路径、强度等进行预测预报；对暴雨、干旱、雪灾进行预测预报；通过定位系统对滑坡、泥石流活动进行预测预报；通过对瓦斯浓度的监测，可以对瓦斯爆炸进行预警；也可以通过一定的监测设备，对地震活动规律、火山等进行预测预报。这样的预测预报为人类社会发展、有效防灾减灾发挥了重要作用。

“预警”是对危机与危险状态的一种预前信息警报或警告，是围绕一特定目标展开的一整套监测和评价的理论和方法体系，通过相关有效的科学标准，对某事件未来的演化趋势进行预期性评价，以提前发现特定事件未来可能出现的问题及其成因，并提出相应预控措施的方法。预警体系事先对各种自然、人为灾害或突发事件发生规律设定一定的警戒，通过对一个特定环境的每个细小的不良变化进行监测和评价，当事态发展达到或可能会超过警戒、有可能危及公共安全时，系统可向管理人员或民众发出警报，提醒人们做好各种防范准备。有效的预警必须建立在坚实的事实依据及全方位动态监测基础上，这样才可能做出及时、准确的预警。

四、分析模拟与快速评估功能

（一）分析模拟功能

分析评估系统是城市综合防灾智慧系统的重要组成部分，链接数据系统、应急指挥系统、辅助决策系统等，能依托特定分析评估模型，利用数据系统的各种大数据，分析突发事件的发生演化及模拟分析其危害性，为决策指挥提供依据。依托加载于地理信息系统（Geographic Information System，GIS）平台上的自然地理系统、物理设施系统、社会系统数据系统，链接专业评估系统（地震灾害分析系统、台风灾害评估系统等），城市综合防灾智慧系统能开展城市风险评估、危害性分析，或进行情景模拟演示，通过对城市各种数据和资料进行综合分析与处理，形成突发事件风险分析与评估报告，并通过平台的情报信息系统，实时通报各相关职能部门和应急管理部门，为预测、预警、处置提供数据支撑，依此展开相应的预防和准备工作，能有效降低突发公共事件发生的频率和减轻突发事件可能造成的危害。例如，纽约市通过对房屋结构、房屋建筑年代的分析，评估不同灾害风险下房屋建筑的脆弱程度；通过计算历史灾情的发生频率和绘制基础设施地图制定《纽约市防灾规划》①。

（二）灾情快速评估功能

突发事件发生后的应急指挥与救援中，最重要的就是决策指挥的科学性。而正确的决策指挥取决于决策者对灾害情况的把握和了解。突发事件发生初期信息真空和突发事件演化的不确定性是突发事件的特征之一。所以，突发事件发生后，快速进行灾害情报信息收集、对灾情进行应急评估，是决策指挥的重要依据，是应急指挥与救援的基础。例如，1994 年 1 月 17 日 4 时 31 分美国洛杉矶市发生的里氏 6.8 级地震，对洛杉矶市造成了重大损失。地震发生 2 分钟后，正在执行巡视任务的 3 架直升机根据警察局的指示，立即执行了空中灾害评价手续（Air-borne Damage Assessment Procedures），在短短的 20 分钟内，按事先制定好的优先顺序，完成了对全市 100 多个重要设施（如桥梁、油罐、学校、政府机关等）受灾状况的调查，为之后展开的救灾抢险提供了非常重要的灾情信息（小川和久，1995）。

灾情快速评估是在突发事件发生后各种灾害情报信息难以获取的情况下，通

① 资料来源：City of New York. 2014. 2014 New York City Hazard Mitigation Plan.

过快速评估手段，对灾区人员、重要场所、设施的安全性进行初步的快速评估。灾情评估结果为应急指挥、资源调配等提供了依据。建立灾情快速评估系统，需要事先针对各种灾害事故及其形成的复杂系统，进行灾害预测评估和情景模拟分析，了解和掌握可能受到威胁和破坏的区域、破坏程度等，通过快速、有效的方法对灾害事故的性质、规模、影响范围、主要受灾人群和设施、可能的演化趋势等进行快速的分析和评估，为应急指挥提供决策支持。一旦灾害发生，将重要的指标系数输入评估系统中，就能快速模拟评估出可能的受灾程度和影响范围，从而可以快速、有效地启动事先根据模拟制定的处置方案。

灾情快速评估主要涉及如下内容。

1. 快速收集灾害事故的情报信息

快速评估的前提是快速了解和掌握灾害事故的情报信息。突发事件发生后，应该根据事先制定好的方案，通过各种有效的情报信息系统，收集突发事件的情报，为进一步分析突发事件性质、规模提供全方位、多层次的信息。

2. 分析判断灾害事故的性质

突发事件发生后，首先需要根据掌握的情报信息，快速分析和判断突发事件的性质，尤其是事故类灾害，必须先明确事故性质，才能采取有效的处置措施。例如，对于危化品的泄漏或爆炸事故，第一步必须了解什么类型的化学物品发生了泄漏或爆炸事故，针对不同性质的事件，需要采取不同的处置手段。如果在没有应急评估的情况下盲目处置，不仅难以有效应对事故，严重的甚至会危害到应急处置人员，导致突发事件升级。

3. 初步确定灾害事故受灾特征

快速评估最重要的是快速分析处于事故灾害中的人群及重要设施的基本情况，评估受灾及受灾物体的数量及受灾程度，尤其需要对被困人员、灾害中暴露的人群、遭受破坏的重要设施设备、可利用的资源等进行快速分析评估，快速掌握事故灾害的基本特征，以便采取有效措施进行应急处置。

4. 分析评估灾害事故演化趋势

突发事件的发生是一个动态过程，常常伴有连锁反应和次生灾害的出现。因此，快速分析评估事故演化趋势，并分析可能出现的次生灾害，判断事故的发展动态，不仅便于提前准备和应对，还能避免意想不到的次生灾害事故导致的应急救灾人员的伤亡。

五、应急指挥与辅助决策功能

（一）应急指挥功能

应急指挥是指突发事件发生后，通过一定的标准化处置程序和救援计划，降低事故的影响范围和程度，减少事故造成的人员和财产损失。应急指挥与救援体系是对应急管理前两个环节——预防与应急准备、监测与预警工作成效的检验，也是突发事件发生后整个应急系统快速发挥作用的保障。

应急指挥的重要作用主要表现在指挥的科学性和指挥的高效性上。城市综合防灾智慧系统“更深入的智能化”功能，能够深入分析收集到的数据，以更加新颖、系统且全面的洞察力来解决特定问题。城市综合防灾智慧系统可以通过使用先进技术来处理复杂的数据分析、汇总和计算，以便整合和分析跨地域、跨行业和职能部门的海量数据和信息，并将特定的知识应用到特定行业、特定场景和特定的解决方案中，更好地支持决策和行动。大数据基础上的决策支持系统将成为强大的信息管理系统，能够做到实时报告，而且操作简易，能够同时集合多项关键指标的高效指挥决策辅助系统（马奔和毛庆铎，2015）。应急指挥辅助决策功能依据城市综合防灾智慧系统中大量的数据信息及各种专业分析模型，快速、有效地模拟事件的性质、规模和影响程度等，为快速处置与应急救援提供决策支持。

应急指挥的核心在于，一旦发生突发事件，政府及相应的应急管理机构应迅速做出反应，指定专人成立应急指挥机构负责处理突发事件，并协调相关专业队伍和力量提供支持。根据突发事件的规模确定公共事件的等级，启动不同级别的应急预案，协调指挥各单位和各级组织展开应急行动。对于涉及多部门或区域性的突发事件，在应急行动展开后，需要迅速启动联合指挥机构，现场应急指挥机构率救援队伍和相关保障力量及资源进入事故现场（黄炼，2012）。

我国目前尚未发布有关应急指挥组织结构设置与职能划分的通用、综合性规范，仅对消防、森林防火、核和海事溢油等特定职能部门有初步规定。实际应急处置过程中，参与单位往往根据各自情况设立应急指挥组织，最终形成互不相同的组织结构。例如，在安全生产事故的应急处置中，一些地方和行业领域仍存在应急主体责任不落实、救援指挥不科学、救援现场管理混乱等突出问题。为此，国务院安全生产委员会于2013年11月15日就进一步加强生产安全事故应急处置工作发了专门的通知，通知强化了事故现场应急指挥部的权威性，提出了规范化应急指挥、事故现场管理等要求。

城市应急指挥系统可以借鉴美国国家突发事件应急指挥系统（ICS）的标准化应急指挥系统。ICS的标准化应急指挥系统，实现了不同部门基于同一智慧系统的科学与高效的应急响应，也为跨区域应急联动和指挥提供了辅助决策（夏保成，2006）。ICS 还设立了一套共同术语，使得所有不同的突发事件管理和支持机构能够超越种类繁杂的突发事件管理职责和危险场面，在不会发生概念歧义的情况下一同工作。因此，城市应急指挥系统规划首先需要设立统一的应急管理概念、术语，使得应急指挥机构（或指挥官）能根据突发事件的规模和性质，在不同部门之间、上下级之间按照模块化的应急管理体系规范、高效地实施应急指挥和管理。

参照 ICS，我国政府应急管理可以通过指挥系统的各模块，将应急处置的各大功能进行联合，使其有效工作。建立标准化、模块化的应急指挥体系不仅是科学与高效指挥的前提与基础，更是有利于跨区域应急联动和指挥的条件。突发事件发生后，救援抢险、医疗急救、应急通信、救灾物资保障、信息发布等应急管理工作将在紧急状态下同时进行。为了能有效地开展应急处置工作，需要有一个高效、权威的组织机构来统筹协调并指挥突发事件的应对工作，模块化的应急指挥体系能较好地适应突发事件的复杂性和不确定性特征要求，使得应急指挥更加规范和高效。

突发事件应急指挥体系可以分为辅助决策、应急指挥、应急处置、后勤保障和信息管理五大模块，其中，应急指挥是指挥系统的核心。

1）辅助决策模块，是应急指挥的重要基础和依据。辅助决策模块主要包括突发事件的信息采集汇总和分析评估两大功能，负责突发事件的情报收集工作，并提供应急指挥决策的技术支持。

2）应急指挥模块，制定应急管理的目标和优先级别，指挥决策突发事件处置工作，对于要处置的突发事件负主要责任或负大部分责任。

3）应急处置模块，通过快速救援抢险和医疗急救等处置行动，完成应急指挥的指令或行动计划。

4）后勤保障模块，根据指挥，为各项应急行动提供物质保障和技术保障，并提供应急指挥所需的其他服务。

5）信息管理模块，承担应急指挥和处置过程中的各种信息发布与管理工作。

（二）辅助决策功能

城市综合防灾智慧系统最重要的功能之一就是突发事件应急指挥的决策辅助功能。城市综合防灾智慧系统主要通过情报信息系统和应急管理辅助系统使各部门应急平台、上下级政府平台、网格化信息员等获得基础信息，通过平台的基本功能和专业功能系统，实现信息共享、灾害预防、领导决策辅助等功能。根据采集的数据信息，通过互联互通系统进行会商决策（图 5-6）。

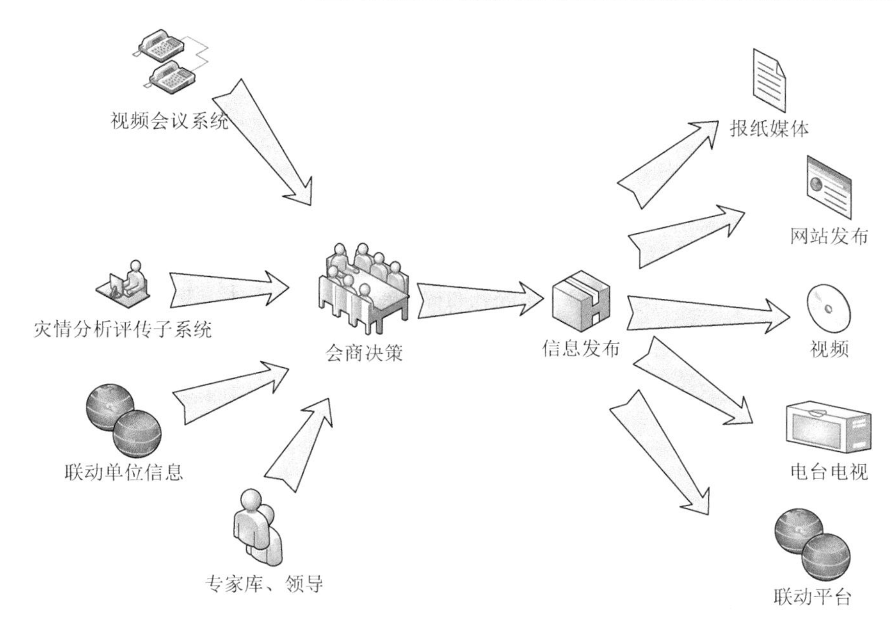

图 5-6　会商决策系统（示意图）

通过建立应急处置方案管理系统，为应急处置提供指挥决策支撑，保障应急指挥科学、快速决策。依托应急平台，汇总已有的各类典型突发公共事件处置流程，整合修改后，形成各类突发公共事件应急处置方案。平台中的 GIS 可给出事故地点、工厂厂房和设备、周围居民分布、道路交通、避难所的空间分布、人员伤亡情况和附近的潜在危机等下垫面信息。在复杂的高维地理信息和多维的环境信息的条件下，如何快速、准确地划分应急响应区域，确定警戒范围，迅速调配有限的应急资源，是应急指挥系统迫切需要解决的重要问题，是提高应急能力的关键。突发公共事件发生后，以及在管理系统中输入该事件的性质、特征等要素后，系统自动生成应急处置建议方案，对其进行适当的修改后，将其作为应急处置的操作方案，图 5-7 为国务院应急平台自动生成事件处置方案的

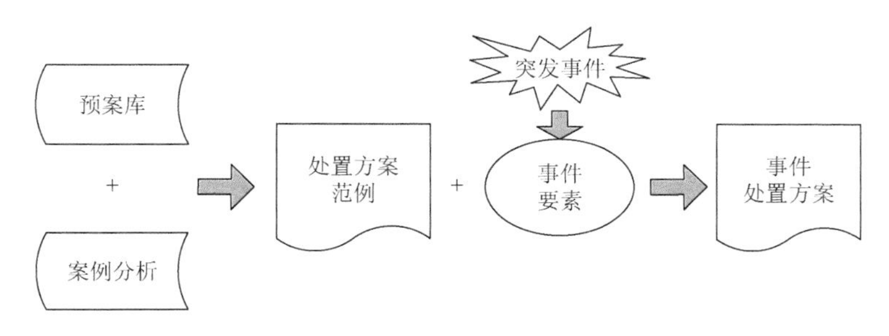

图 5-7　国务院应急平台自动生成事件处置方案

示意图。应急指挥系统根据不同的数学模型和相应的资料判断危险扩散的方向、速度及范围。

城市安全涉及城市的各个系统，它们构成了相互影响、相互依赖的复杂系统，安全管理需要多部门、多层次联动，而传统的科层式管理一定程度上导致了部门之间的信息隔离。城市综合防灾智慧系统正是在常态管理机制的基础上构建的集数据信息共享、分析研判支撑于一体的智能化管理系统，其建立专业部门间的深度整合、政府社会更广泛的互联互通机制，通过智能化的模拟分析、快速评估、科学决策手段，将常态下的城市运行管理与紧急状态下的城市应急管理相统一，实现城市安全的科学化、精细化和智能化管理。

参考文献

安达，梁智昊，许守任. 2016. 基于大数据的智慧城市安全建设研究. 中国电子科学研究院学报，(6)：229-232.
段华明，何阳. 2016. 大数据对于灾害评估的建构性提升. 灾害学，(1)：188-192.
黄炼. 2012. 突发公共事件应急指挥问题研究. 长沙：湖南大学硕士学位论文.
李爱国，李战宝. 2010. “智慧地球”的战略影响与安全问题. 计算机安全，(11)：85-88.
李灿强. 2016. 美国智慧城市政策述评. 电子政务，(7)：101-112.
李纲，李阳. 2015. 关于智慧城市与城市应急决策情报体系. 图书情报工作，(2)：76-82.
马奔，毛庆铎. 2015. 大数据在应急管理中的应用. 中国行政管理，(3)：136-141.
滕五晓，加藤孝明，小出治. 2003. 日本灾害对策体制. 北京：中国建筑工业出版社.
夏保成. 2006. 美国公共安全管理导论. 北京：当代中国出版社.
夏一雪，韦凡，郭其云. 2016. 面向智慧城市的公共安全治理模式研究. 中国安全生产科学技术，(4)：100-105.
小川和久. 1995. ロサンゼルス（LA）危機管理マニュアル. 东京：株式会社集英社.
张凯. 2011. 水污染公共安全事件预警信息管理系统构建研究. 武汉：华中科技大学博士学位论文.

下篇：浦东新区综合防灾规划探索
——以建设全球城市为目标

“韧性城市”不只是理论指导或者模板，更是一种理念和方法，是实战经验。每个城市结合各自的自然地理特征和社会发展情况，在综合风险评估的基础上，结合城市发展现状和面临的风险特征，分析评估各自不同的规划和发展的侧重点，形成自身的防灾规划特色。虽然浦东新区只是一个城区，但其本身面积较大，滨江达海，城市功能分区复杂，不同区域处于不同的发展阶段，在进行综合防灾规划时，需要更突出系统性和前瞻性。对于浦东新区而言，调整城市空间结构布局以应对复杂的城市发展阶段和功能区交错分布，是综合防御体系的核心；而建立与全球城市核心城区相匹配的满足日常管理和应急管理需求、多元参与的城市防灾管理体系，是社会应对体系的关键。以此为切入点，将浦东新区建设成为既能有效防御和减轻灾害事故发生，又能在突发事件发生时及时应对、灾害发生后快速恢复的强韧性的“安全浦东”。

第六章　浦东新区城市综合防灾规划思路——目标引领

城市综合防灾规划的基础是对城市基本自然地理、社会环境的理解，并结合城市未来发展规划，在风险管理理论、韧性城市理念等指导下，对城市硬件方面的规划布局及城市软件方面的安全治理体系架构进行整体考量。

浦东新区滨江达海，其不同区域处于不同的发展阶段，而且城区功能分区复杂，人口分布不均衡，潮汐式特征显著，具有较高的暴露性和脆弱性，城市运行处于高风险状态。通过系统分析浦东新区经济社会发展状况、空间布局特征、城市治理水平、浦东新区所面临的风险隐患特征，结合浦东新区“开放、创新、高品质的卓越浦东”未来发展的远景目标，研究制定适合浦东新区特征的城市综合防灾规划战略思路，指导浦东新区综合防灾规划的实践。

第一节　浦东新区的自然社会特征

截至 2016 年底，浦东新区区域面积为 1210km^2，辖 12 个街道、24 个镇。南汇区于 2009 年被划入浦东新区，但是原浦东新区和原南汇区在社会特征上存在一定的差异。这也是在进行城市综合防灾规划时，需要特别关注的。

一、自然环境

（一）地理地质特征

上海地处我国海岸线中部，地势平坦，为滨海冲积平原，浦东新区又是黄浦江之东，东濒东海，南临杭州湾，区内海岸线长 105.93km，黄浦江岸线长 43.5km。全区地势东高西低，南高北低，平均地面高程 3.9m 左右（吴淞零点）。中心城区面积水准监测表明，浦东花木—北蔡—航头一带为沉降漏斗区，主要受周边地区工程建设活动和抽取浅部含水层地下水等综合因素的影响，从而地面沉降加剧。

受到全球气候变暖的影响，沿海地区首先要面对的就是海平面上升。根据国家海洋局发布的《2017 年中国海平面公报》，1980～2017 年中国沿海海平面上升速率为 3.3mm/a，高于同期全球平均水平[①]。上海海平面变化波动较大，国家海洋局 2018 年预测，预计未来 30 年，上海沿海海平面将上升 70～150mm。

海平面的上升有可能带来洪水泛滥次数增多，侵蚀现象日益加重，河床水位不断提高，海水入侵次数增多，风暴潮增多及台风日益频繁（Balica et al.，2012）。这些致灾因子与人口快速增长的叠加导致了沿海地区面临高风险。

（二）气候气象特征

浦东新区处于中纬度大陆东部沿海地带，冷暖空气交替明显，天气情况复杂，自然灾害以灾害性天气为主，主要发生在 7～9 月，每年汛期都要不同程度遭受台风、暴雨、海潮的袭击，有时还受到龙卷风、冰雹的袭击，其中影响最大的灾害是台风。

根据浦东新区 2003～2012 年的统计资料，浦东新区行政区域内平均每年暴雨次数为 2.9 次，平均降水量为 102.6mm，暴雨的最大降水量为 164mm。此外，浦东新区近十年来平均每年会受到 2 个台风外围环流的影响，最大风级 12 级，平均风级 10 级。

（三）水文特征

浦东新区水系发育、河流众多，区内共有河道 12 365 条（段），水面率约占 9.8%，其中赵家沟、浦东运河、川杨河、大治河等市级骨干河道纵横贯穿。河流受潮汐影响，昼夜潮涨潮落，水位变化很大。区域内河流在汇入黄浦江、长江、东海等入江、海处均已建有水闸，以防御潮汐和黄浦江涨潮时的高水位潮水对内河的倒灌侵入，调控内河水位和排洪。

区内沿海一线海塘总长 117.812km，其中 75.602km 已达到防御 200 年一遇高潮位叠加 12 级风标准，占全部海塘岸线的 64.17%。沿黄浦江防汛河共 65.307km，按防御千年一遇潮位标准加高加固的有 64.227km，达标率为 98.35%。

二、基础物理条件

（一）房屋建筑特征

地面建筑物是城区重要的基础物理条件，房屋建筑是人类生产生活的主要载

① http：//env.people.com.cn/n1/2018/0321/c1010-29879765.html.

体之一，也是获得安全庇护的重要场所。随着浦东新区的快速发展，房屋建筑无论是在数量上，还是在类型层次方面都有了长足发展。但对于城市安全而言，浦东新区房屋建筑具有两大特征：一是高层建筑林立，特别是超高层建筑多；二是老旧房屋及农村自建房屋规模较大，需要关注，特别是老旧房屋和农村自建房屋易受台风、暴雨及地震灾害损毁，具有较强的脆弱性，而超高层建筑面临人员疏散、紧急救援等困难。

（二）生命线工程

1. 供水设施

浦东新区共有15家大型供水厂，其中原浦东新区6家，总供水能力185万m^3/d；原南汇区9家，总供水能力44.1万m^3/d。

从供水管网情况看，目前原浦东新区供水管网系统比较完善，而原南汇区供水网络比较脆弱，供水可靠性较差。

2. 供电系统

原浦东新区用电主要来源于外高桥电厂，目前外高桥发电基地总装机容量已达500万kW；另外，临港新城北部和老港地区已分别有2处风力发电厂，装机容量分别为1.65万kW和2万kW。随着电力设施建设的不断推进，浦东新区将成为上海市主要的集发、配电于一体的重要基地，区域总体供电基本能满足经济发展的需求。

3. 排水设施

浦东新区排水系统相对比较完善，整个浦东新区分为四大区域，分属4个现状污水处理厂的服务范围：北部的竹园污水处理厂，中部的白龙港污水处理厂、南汇污水处理厂，以及南部的临港污水处理厂。

根据规划，这4个污水处理厂将基本实现浦东新区污水收集的全覆盖。但是目前尚有部分地区管网尚未涉及，规划应进一步调整污水收集服务范围，提高污水收集率及处理率，提高环境品质。

4. 燃气管网

目前全市骨干天然气供气管网已基本形成，原浦东新区也已基本建立起比较完善的天然气供气网络，原南汇区惠南镇和临港地区等也基本使用天然气，其他地区还是以使用罐装液化气为主。

（三）交通设施

浦东新区交通基础设施不断完善，道路和轨道交通发展迅速，随着“十三五”城区交通规划的实施，交通体系不断优化升级。跨越黄浦江的交通设施有南浦、卢浦、杨浦、徐浦4座大桥，上中路、龙耀路、打浦路、西藏南路、复兴东路、人民路、新建路、延安东路、大连路、军工路、翔殷路、外环线12条车辆隧道和1条黄浦江人行观光隧道。区内主要交通干道有内环线、中环线、外环线、郊环线、华夏高架路和轨道交通2号线、4号线、6号线、7号线、8号线、9号线、12号线、11号线、16号线及磁浮列车线。

对外交通方面，跨海交通设施有通往崇明的长江大桥（隧道）和通往洋山港区的东海大桥。对外交通运输枢纽主要有浦东国际机场、外高桥港区、洋山深水港区、上海汽车长途客运总站（东站）、川沙汽车长途客运站、南汇汽车长途客运站。

交通运输服务能力持续提升。以外高桥港和洋山港为主的上海港保持全球第一大港地位，浦东国际机场货邮吞吐量保持全球前三位，洋山港水水中转和国际中转箱量占比预计分别达50%左右和10%左右。

三、社会人口特征

（一）人口分布特征

根据《上海浦东新区统计年鉴2018》[①]，截至2017年底，浦东新区常住人口552.84万人，其中户籍人口298.96万人，外来人口253.88万人，占比45.92%。截至2017年底，浦东新区共有939个居委会、365个村委会，街（镇）和居（村）委会数量约占上海的1/5。

地区人口密度分布情况基本呈现出“黄浦江沿岸密度高，向外围地区逐次递减”的特征，其中原南汇区惠南镇作为原南汇区的行政文化中心，人口密度较高。从图6-1中可以直观地看到浦东新区各街镇的人口密度。

（二）人口老龄化趋势

截至2017年底，浦东新区户籍人口中，60岁以上的老年人口有91.39万人，占户籍人口的30.57%，其中，80岁以上老年人口有14.70万人，占户籍人口的4.92%。

①资料来源：http://www.pudong.gov.cn

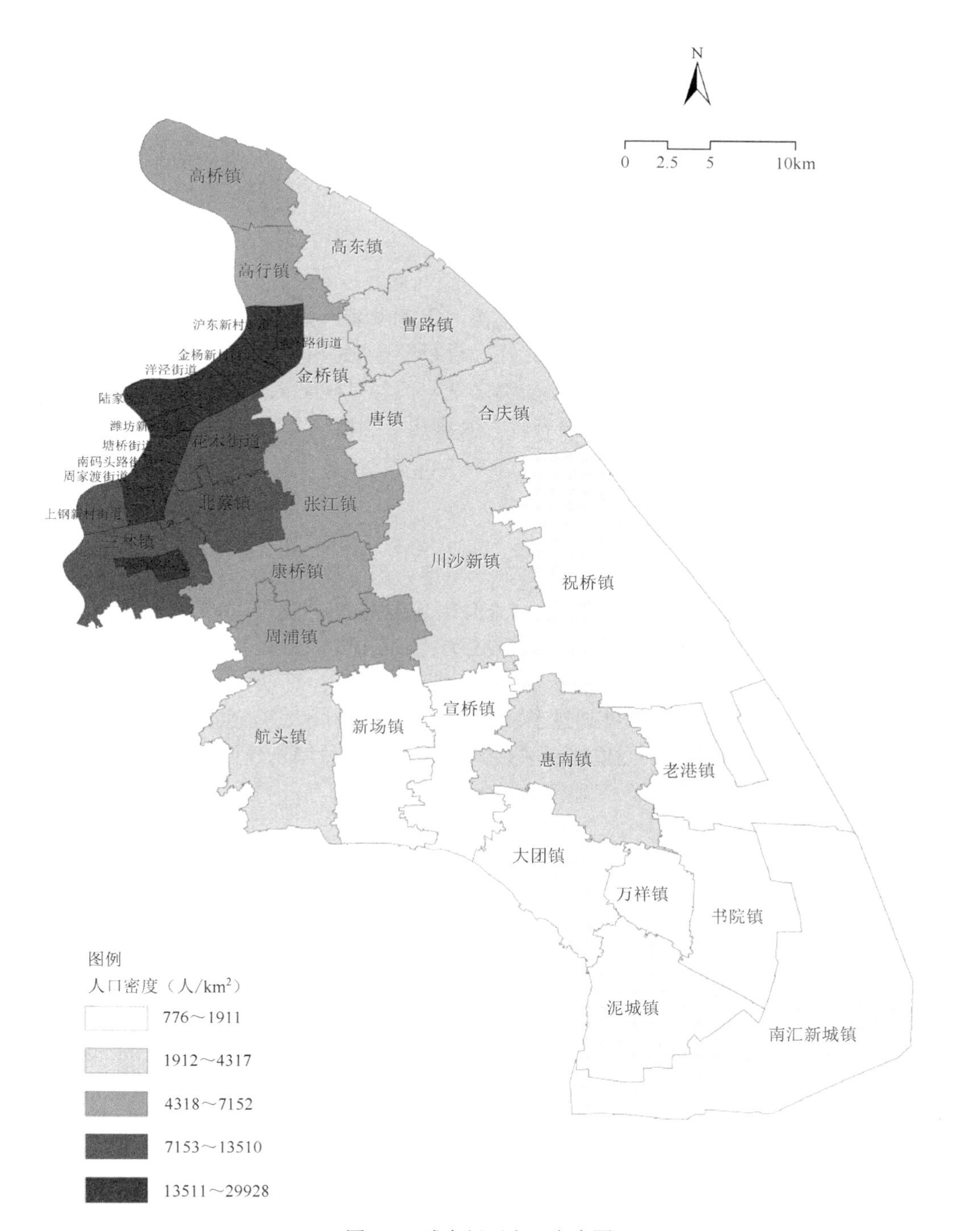

图 6-1 浦东新区人口密度图

上海市统计局（2018年）预测，至2030年，上海常住老年人口（65岁以上）规模将达到历史峰值，约为480万人，常住人口老龄化率为19.2%。由此可推论，未来浦东新区老年人口也将进一步增加。

（三）潮汐式人口集聚特征

1. 日常通勤

因为上海产业分布具有一定的聚集性，因此上海人口通勤整体呈现向某些区域集中的趋势。浦东新区陆家嘴、张江、金桥等金融区和产业区是浦东新区人流汇聚的重点区域，是日间人口密度较高之地，但却是晚上人口密度较低之地（柴俊勇，2015）。这表明，不同时段有较大人流在这些地区之间发生大规模的移动，一定程度上增加了道路交通压力。

2. 旅游通勤

除了日常客流的潮汐变化，上海迪士尼度假区（简称迪士尼）在川沙的落户也使得人口通勤和大客流压力激增。《上海国际旅游度假区结构规划》预测，上海国际旅游度假区核心区一期日客流量为7.2万人，完全建成后日客流量为17.1万人，整个度假区对外日客流吸引总量近期为17.1万人次/天；远期为33.7万人次/天。迪士尼乐园第一年游客数量就超过了1000万人次，单日最大客流量超过10万人次。大的客流量不仅将给迪士尼乐园园区带来挑战，也将对浦东新区交通运输、休闲娱乐、人流密集场所的安全管理带来较大的挑战。

四、功能分区

浦东新区肩负着国家战略使命，依托一批功能各异、特色鲜明的国家级开发区及一批功能性强、重量级的大项目，不断优化、完善生产力布局，积极促进城市功能的转型和提升，有力地推动了上海“四个中心”建设。针对陆家嘴、金桥、张江、保税区等成熟区域，强化主导功能、完善配套功能，增加公共空间、提升文化内涵。

陆家嘴金融贸易区：作为全国唯一一个以“金融贸易”命名的国家级开发区，目前有持牌类金融机构734家，国家级和市级要素市场十多家，努力打造成为上海国际金融中心的主要承载区、上海国际航运中心的高端服务区、上海国际贸易中心的总部集聚区。

金桥经济技术开发区：聚集了汽车、新能源、新一代信息技术等领域的一批重量级企业，先进制造业和生产性服务业相互融合促进，目标是建设全国智造业（特殊词语）升级示范引领区、生产性服务业新兴业态培育区及生态文明持续创新示范区。

张江高科技园区：已形成以集成电路、生物医药、软件与文化创意等为主导的产业集群，云集上万家创新创业企业，是上海加快建设具有全球影响力的科创中心的核心基地，将其打造成为国际领先的科技城。

保税区（含外高桥、空港、洋山）："三港三区"联动发展，国际贸易、国际航运、保税物流、外贸口岸等功能优势不断显现，重点打造国际贸易、金融服务、航运服务、专业服务和高端制造等重点产业发展的集聚区和对外投资的集聚区。

对于国际旅游度假区、临港地区、世博前滩地区、航空城等新兴区域，加快其功能培育，加强其对周边区域的辐射带动。

国际旅游度假区：推进迪士尼乐园高品质运营，促进与川沙等周边区域联动发展，打造环境优越、功能齐全的国际旅游度假区和功能清晰、区域协调的现代化旅游城。

临港地区：以建设高品质的未来滨海城市为目标，聚焦国际智能制造中心建设，全面推动产城融合发展，加快城市功能完善和优质服务资源配置。

世博前滩地区：推进一批功能性项目、公共配套和生态景观工程建设，集聚一批央企、民企和跨国企业总部，打造具有世界级水准的中央公共活动区。

航空城：充分发挥国际国内客运、货运和飞机制造集中的优势，促进全球航空资源的集聚，形成覆盖航空服务和航空研发制造的全产业链，带动祝桥、川沙、惠南等周边区域联动发展。

第二节　浦东新区城市灾害风险特征

一、浦东新区面临的主要灾害风险

浦东新区沿江滨海，区域面积大，土地利用类型复杂，人口分布不均，产业功能布局集中。通过对浦东新区自然环境和城市发展状况进行全面的分析，可知浦东新区主要面临气象灾害（台风、暴雨、低温冰冻雨雪灾害、雾霾、风暴潮）、地质灾害（地面沉降、塌陷）、地震灾害、火灾、危化品事故、交通事故、环境污染事故、传染性疾病、恐怖袭击事件、群体性事件等灾害风险，将可能导致浦东新区城市积水、洪涝、交通瘫痪、大面积停电、房屋受损、通信中断、人员疏散和救援困难、大面积感染、社会秩序混乱、人员伤亡等安全问题，极端灾害将可能导致重大人员伤亡，对浦东新区城市安全运行造成严重的影响（表6-1）。

表 6-1　浦东新区主要灾害风险及其影响

灾害风险类别	具体灾害	主要影响（或潜在威胁）
气象灾害	台风、暴雨	城市积水、洪涝 交通影响（道路、交通、航运、航空） 电力中断、大面积停电 房屋受损、倒塌；通信中断
	低温冰冻雨雪灾害	交通影响（道路、高架、地铁、航空） 电力中断；农作物歉收 居民生活受困
	雾霾	交通影响（道路、交通、航运、航空） 居民健康
	风暴潮	海水入侵、供水安全、城市内涝
地质灾害	地面塌陷	建筑倒塌、道路中断、人员伤亡
	大面积沉降	形成低洼漏斗区域
	不均匀沉降	房屋开裂、倾斜
地震灾害	地震灾害	老旧房屋、农村房屋倒塌、受损 道路损坏、交通瘫痪 电力中断、通信中断 重大人员伤亡
火灾	高层火灾	高空救援困难、人员伤亡
	人员密集场所火灾	人员疏散困难、踩踏、人员伤亡
危化品事故	火灾、爆炸	人员伤亡、环境污染
	泄漏	人员中毒、伤亡；环境污染
交通事故	道路交通事故	交通影响；人员伤亡
	航空事故	机场影响；人员伤亡
	轨道交通事故	疏散、救援困难、人员伤亡
	水上交通事故	救援困难、人员伤亡
环境污染事件	水源污染	有毒有害物质渗入水源，饮用水受污染
	空气污染	有毒有害物质空气，人员受灾
传染性疾病	传染病暴发	大规模人员感染；社会恐慌
	输入性病毒侵入	出入境口岸受影响 病毒扩散、蔓延
恐怖袭击事件	个人极端暴力事件	弱势人群受害；社会恐慌
	恐怖袭击事件	公共场所遭袭；人员伤亡
群体性事件	环境维权事件	社会秩序破坏，升级为打砸抢
	土地维权事件	社会秩序破坏，升级为打砸抢

二、风险放大效应

城市灾害风险大小取决于灾害事故强度、城市灾害脆弱性及城市社会暴露于风险之中的程度，即暴露度大小。而气候变化进一步导致了自然灾害风险不断增大，而贫困和环境退化使得其原本的脆弱性也不断增强，缺乏科学的城市规划和过度开发则增大了城市社会的暴露度，从而共同导致城市灾害风险进一步放大（图 6-2）。

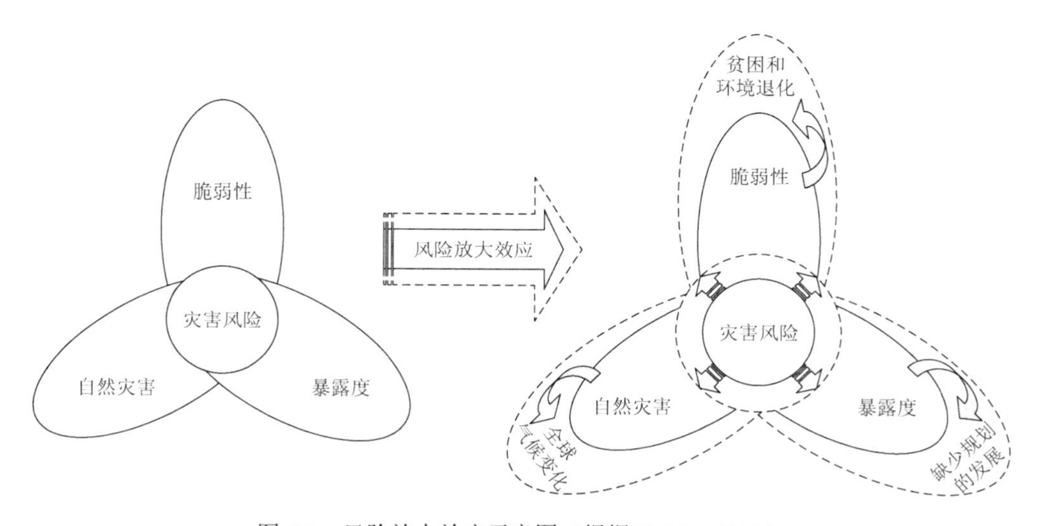

图 6-2　风险放大效应示意图（根据 IPCC，2012）

气候变化、环境退化及低质的城市规划与开发将不可避免地导致城市灾害风险的放大。英国利兹大学教授 Balica 等（2012）进行了一项沿海城市防洪脆弱指数（Coastal City Flood Vulnerability Index）研究，对加尔各答、卡萨布兰卡、达卡、马尼拉、布宜诺斯艾利斯、大阪、马赛、上海和鹿特丹 9 个位于河流三角洲的沿海大城市进行评估（图 6-3）。关于该指数，除了考虑一个城市在自然水文地理上面临的严重的洪灾风险以外，还纳入社会、经济、政治和行政因素。研究认为，一方面，上海的脆弱性指数最高，海岸线较长、风暴潮、海平面上升、河流径流量大及严重的地面沉降（导致沿海防洪设施标准低，以及提升了台风、暴雨及洪水等自然灾害的风险）导致水文地理脆弱性较高；另一方面，上海有大批人口居住在易被洪水淹没的沿海地区，并且缺乏避难所，导致社会脆弱性较高。即使生活同在一个地方，不同的人的抗灾能力也不同。例如，65 岁以上和 18 岁以下的人群比成年人更脆弱，因为他们不能采取必要的措施进行自保或及时撤离。而同一个评估中，大阪、鹿特丹等城市的脆弱性较低，因为它们在抗洪设施上投入较多且经济发达，经济恢复会很快；另外，它们的排水设施也最发达。

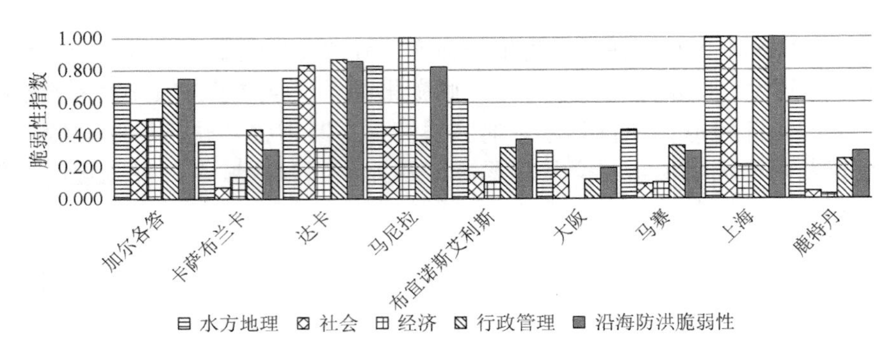

图 6-3　河流三角洲沿海城市洪涝灾害脆弱性指数

三、气候变化影响不容小觑

气候变化并非遥不可及的隐患，而是活生生的现实。全球气温创下了史无前例的最大增幅纪录。季节的长短和更替日期正在发生变化。洪水和风暴的频度和破坏力日增，海平面也在不断上升。简言之，气候变化已然向 21 世纪政策制定者、产业界和社会团体发出了挑战，这是一个影响全局，涉及发展、投资、经济和社会的严峻问题[①]。

不断变化的气候可导致极端气象事件在频率、强度、空间范围、持续时间和发生时间上的变化，并能够导致前所未有的极端天气和气候事件。极端事件的变化可能与平均值、变率或概率分布形态的变化或所有这些变化有关。某些气候极端事件（如干旱）可能是单独发生时并不极端的一系列天气或气候事件累积的结果。许多极端天气和气候事件依然是自然气候变率的结果。除了人为气候变化的影响之外，自然变率将是导致未来极端事件的一个重要因素。

同样在英国利兹大学教授 Balica 等（2012）的研究中，其对 2100 年海平面上升、地面沉降、暴风雨事件增加后的 9 个沿海大城市的脆弱性进行了评估，上海还是脆弱性最高的城市。研究者认为，一场“百年一遇”的洪灾可能对上海造成大范围损害，给该市、中国乃至全世界带来严重后果。

有证据表明，由于人为影响，包括大气温室气体浓度的增大，一些极端事件已经发生变化。人为影响可能已经导致全球极端日最低和最高温度升高。具有中等信度的是，人为影响已导致全球极端降水加强。由于平均海平面上升，人类活

① 世界银行. 2009. 气候变化适应型城市入门指南.

动可能已对沿海极端高水位事件的增加产生了影响。由于热带气旋的历史记录具有不确定性，对与热带气旋度量和气候变化相关联的各种物理机制缺乏完整认识，并考虑到热带气旋的变异程度，将可检测到的热带气旋活动变化归因于人类活动影响仅具有低信度。还无法将单一的极端事件完全归因于人为气候变化[①]。极端气候变化对城区可能造成的影响见表 6-2。

表 6-2　极端气候变化对城区可能造成的影响

极端气候现象的预期变化和可能性	气候变化的影响
寒季天数减少，冷天不冷；热天更多，温度也更高（基本成定局）	□热岛效应 □制冷需求增加 □城市空气质量下降 □冬季旅游受到影响 □取暖能源需求减少（短期的好处，但似乎不明显） □冰雪造成的交通阻断期缩短（短期的好处，但似乎不明显）
温暖期/热浪期的频度在多数陆地增大（很有可能）	□水需求增加 □水质问题加重 □由炎热造成的死亡人数增加，尤其是年长、久病、新生和与世隔绝的人群 □炎热地带居住条件不足人群的生活质量下降
高强度降水天气在多数地区变得频繁（很有可能）	□地表水和地下水质量恶化 □水源污染 □死亡、受伤及感染传染性疾病、呼吸道疾病和皮肤疾病的风险增大 □由洪水造成的安居、商业、交通和社会运作的暂时中断 □受灾民众的大量转移 □城乡基础设施经受压力 □财产损失 □水紧缺问题得到缓解（短期益处）
热带气旋活动加剧（可能）	□电力供应中断 □受灾民众移往城市 □公用水供应中断 □死亡、受伤及感染等由水和食物造成的疾病的风险增加；灾后秩序恢复 □由洪水和大风造成的交通阻滞 □灾害危险区域个人投保者获取的理赔增加 □对人口迁徙的潜在影响 □财产损失
海平面上升至极端水平的可能性增大（海啸除外）（可能）	□由于海水入侵，淡水资源减少 □由落水及移居卫生状况引起的死亡和受伤风险增加 □财产和生命损失 □海水彻底侵蚀和陆地淹没 □由土地使用的再配置成本造成的海岸保护费用提高 □人口和基础设施迁移的潜在可能性

① 资料来源：政府间气候变化专门委员会. 2007. 综合报告——政策制定者的总结；政府间气候变化专门委员会. 2012. 管理极端事件和灾害风险推进气候变化适应特别报告（决策者摘要）.

四、浦东新区风险特征分析

（一）自然灾害因子和承载体脆弱性叠加

浦东新区作为沿海区域，自然环境对其发出的最大挑战在于极端天气增加、全球气候变化、海平面上升等带来的诸如海水入侵、风暴潮、台风、暴雨造成的影响。自然灾害的高频率发生背景往往增加了次生灾害的发生概率和频度，因此自然灾害产生的次生灾害或加剧自然灾害影响的人为活动将对浦东新区的安全构成更大的威胁。

随着城镇化速度的加快，承载体的脆弱性加剧，部分燃气、自来水地下管道、供电和通信线路老化，加之使用不当及偷盗、人为破坏等，造成燃气泄漏爆燃和大口径水管爆裂，供电、通信线路中断等事故时有发生，新的致灾隐患还可能不断出现，这些都为城市综合防灾工作带来了极大的挑战。城市基础设施老化，市政建设跟不上社会经济发展需求，防汛墙、排水泵等抗灾设施达不到要求，由此可能产生一系列人为事故。这些人为灾害事故所占比例较大，发生频率高、伤亡多、危害大。

（二）功能分区与风险暴露

浦东新区功能分区特征明显，不同的功能区域可能带来的安全挑战也各不相同。浦东的功能区域可以分为三类。第一类区域是工业和危险品区，如金桥区域、高桥区域、老港区域等；第二类区域是物流和贸易区，如综合保税区、机场区域等；第三类区域是人流集聚区，如国际旅游度假区、浦东国际机场、陆家嘴区域等。

不同类型的区域有其固有的灾害风险特征。工业和危险品区面临着自身生产安全的巨大风险的同时，生产经营活动也可能会对周边环境造成影响，灾害发生时对周边环境可能的危害扩散增加了城市社会的风险暴露度。物流和贸易区则是物流交汇地，其运输、存储过程都可能引发危害。而人流集聚区则会面临大人流带来的挑战。

当然，不同区域不是只具有单一的功能，而是具有多种功能，不同的特征再与固有的物理和社会特征叠加，就更可能放大其危险性。

（三）基础设施管理

传统城市规划和管理都是以单一系统为单位考虑城市安全，如《上海市城市总体规划（2017—2035）》对排水、电力、燃气、通信、邮政等市政基础设施系统规划都提出了专项防灾要求。系统防御的优点在于每个系统各个条线的运营链条、技术标准、责任部门都非常清晰，缺点是对于灾害的认知过于单一，忽视了灾害（尤其是重大灾害）爆发时的综合破坏力（石婷婷，2016）。

城市的规模化效应使得城市内部复杂的基础设施之间的依赖性越来越强，导致灾害的发生易出现连锁放大效应，即城市中某一子系统的破坏很容易造成其他相关系统的连锁破坏，使得灾害的损失呈非线性递增的趋势。当今世界，关键性基础设施一旦发生大规模崩溃将会带来前所未有的损失。为了提高效率、降低成本，各种系统之间早已形成了一种相互过度依赖的关系。一个薄弱环节发生故障，不管是自然灾难或人为错误导致的，还是其他因素导致的，势必会在多个系统和广阔的地理范围内引起连锁反应。例如，大规模电力故障。许多国家对基础设施维护的力度不够，其无法经受足以引发类似层叠效应的各种灾害。这一方面是因为拖延，另一方面是因为人们普遍认为这项风险小到不值得考虑或被其他优先事项排挤且预防性投资无法产生立竿见影的效果①。

随着浦东新区城市规模的不断扩大，系统之间的相互关联性和依赖性越来越强，系统越来越庞大，系统风险增加，脆弱性也在增加。因此，在建设安全浦东的过程中，必须要考虑系统性风险带来的影响和挑战，从综合性角度进行城市安全防御，从灾害对城市所造成的影响范围及特征出发，结合上海总体城市安全目标和管理路径，提出浦东新区系统化安全的城市综合防灾规划策略和方法，以弥补各系统各自为营、单一作战可能带来的问题。

（四）风险类型、脆弱性特征的汇总分析

综上所述，不同的灾害风险和浦东新区本身固有的自然条件、物理环境、社会环境相叠加，可能造成灾害影响的放大。总结浦东新区的风险类型和脆弱性特征，可以看到以下 3 个明显特征。

一是可能发生的台风、暴雨、海平面上升等极端气象灾害及气候变化对浦东新区整体城市运行可能造成的严重影响，特别是对交通、电力、通信等基础设施的大规模影响可能威胁整个城区的安全。

二是特殊类型区域存在高风险，一方面是其本身的功能定位，如垃圾填埋、化工生产等，导致其成为生产事故、环境事件等的危险源，另一方面则是人流密集、高层林立等会造成疏散、救援难度增大，扩大灾害影响。

三是各类人为灾害发生频率增加，城市运行中的风险不断累积，小风险可能

① 资料来源：世界银行. 2014 年世界发展报告.

爆发成大危机。例如，各类社会安全事件的发生都与社会发展中的矛盾累积叠加有关，并且其发生的地点不定，可能会放大风险。

第三节　浦东新区的规划与发展

前文已述，城市综合防灾规划编制和建立的基础一方面是已知的特征和风险，另一方面则是城市未来的发展方向。城市发展有其自身的规律和特定的成长阶段，需要有一定的前瞻性，结合未来的发展，从城市发展战略高度，对城市安全进行系统规划。

一、浦东新区的远景规划

《上海市浦东新区总体规划暨土地利用总体规划（2017—2035）》（草案公示稿）（简称《浦东 2035 规划》）中，提出了按照近期（2020 年）、远期（2035 年）和远景（2050 年）3 个时间节点设置分阶段目标。

2020 年，形成开放、创新、高品质的卓越浦东基本框架。国际经济、金融、贸易、航运核心功能区基本建成，科技创新中心核心功能区形成框架，与高标准投资贸易规则相衔接的营商环境率先构建，社会主义现代化国际大都市城区基本建成。

2035 年，基本建成开放、创新、高品质的卓越浦东。核心功能持续优化，区域带动显著增强，城市品质达到一流，吸引力、创造力、竞争力大幅提升，基本建成具有世界影响力的社会主义现代化国际大都市城区。

2050 年，全面建成开放、创新、高品质的卓越浦东。全球服务形成顶级配置力，科技创新形成前沿驱动力，产业集群形成世界影响力，宜居城区形成家园感召力，吸引力、创造力、竞争力达到全球顶级城市水平，建成具有世界影响力的社会主义现代化国际大都市城区。

从远景规划中，可以看出浦东新区未来的建设有明确的品质要求，要在全球城市的定位下，突出其宜居性，而宜居的基础就是安全。在安全这一基本保障下，城市才可能有更好的发展。

不过，从这个远景目标也可以看出，浦东新区的远景目标和伦敦、纽约、东京等全球城市相比，对于城市面对风险的准备和恢复这方面的要求还是不足的，并没有将韧性、风险应对等作为城市的主要目标。

二、浦东新区的功能分区及其现实影响

浦东新区远景发展目标定位于具有标志性的全球城市核心区。而浦东新区又

具有鲜明的功能分区特征，是由多个特殊功能区域构成的超复杂城市系统。不同功能区域具有各自的风险特征，特别是当人流、物流集聚和危险源叠加时，城市运行风险将可能进一步放大。

浦东新区是上海中心城区跨越黄浦江向东拓展的重要区域，是构筑上海市域空间格局的重要极核。根据《上海市城市总体规划（2017—2035）》，沿黄浦江、延安路—世纪大道两条发展轴引导核心功能集聚，而川沙则是上海的 4 个主城片区之一，共同打造全球城市核心区。在浦东新区的远景规划中，空间规划将会形成“一主、一新、一轴、三廊、四圈”的总体空间结构。

不同的空间布局对不同区域会有不同的风险影响（图 6-4）。

一主：即主城区。是上海建设全球城市的核心功能区，以中心城为主体，强化川沙主城片区的支撑。主城区的发展已经步入成熟阶段，需要关注城市在基础建设、经济发展和社会人口等方面的现状和未来的发展趋势之间的矛盾，风险蕴含其中。

一新：即南汇新城。是上海建设全球城市的战略新空间，沿海综合发展走廊上的综合性节点城市。南汇新城处于城市发展的上升期，需要预估城市未来可能达到的体量，根据城市发展规律，预估可能的风险，并做出长期规划。

一轴：即东西城镇发展轴。是全市延安路—世纪大道发展轴的组成部分，联动陆家嘴金融城、张江科学城、国际旅游度假区、浦东枢纽、南汇新城，集中展现上海城市风貌和全球城市核心功能。这条发展轴则是城市空间中的主动脉，连接重要区域，作为“点-线-面”中的线，需要特别关注其畅通性，也要预防不同重要“点”风险因交通连接而放大。

三廊：即滨江文化商务走廊、南北科技创新走廊和沿海综合发展走廊。同样是“线”空间，但不同的“线”空间有其特征。

滨江文化商务走廊：聚焦全球城市发展能级的集中展示区建设，打造具有全球影响力的世界级滨水区。主要可能存在经济风险和人流量风险。

南北科技创新走廊：落实上海自贸试验区和科创中心建设两大国家战略，南北区域联动，打造开放程度最高、创新能力最强的世界级科技创新走廊。主要可能存在未知科技发展的风险。

沿海综合发展走廊：立足长江三角洲一体化发展新格局，推动重要战略地区转型，打造世界一流的国际海空门户和国家海洋生态文明示范区。主要可能存在连通化工区域和交通枢纽，扩大风险。

四圈：即南汇新城、祝桥—惠南两个综合发展型城镇圈，浦江—周浦—康桥—航头、唐镇—曹路—合庆两个整合提升型城镇圈。也要对这 4 个新型城镇圈分析其可能的风险。

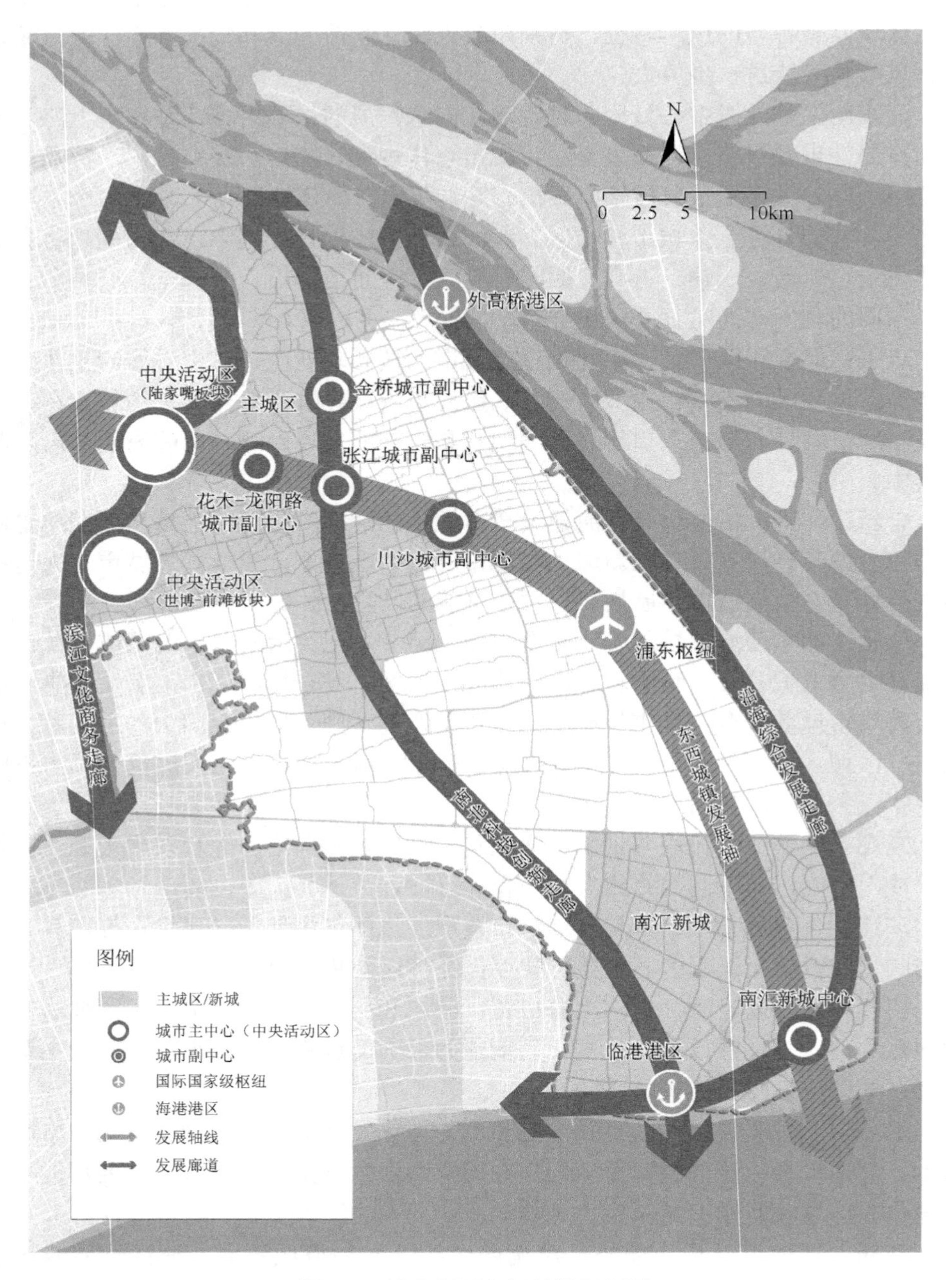

图 6-4　浦东新区空间结构规划图

三、分层级的公共中心体系

韧性城市的规划，除了针对重点区域，也需要考虑其全覆盖性。在浦东新区整体的城市空间规划中，已经考虑了分层级全覆盖的公共中心体系。而由城市主中心、城市副中心、地区中心、社区中心构成的四级公共中心体系在城市灾害防御和应对中，可以起到多中心共同应对灾害的重要作用。

1. 城市主中心

城市主中心，即中央活动区，浦东新区规划形成陆家嘴、世博—前滩两大功能板块，是上海全球城市核心功能的重要承载区。

2. 城市副中心

城市副中心面向所在地区的公共中心，同时承担面向市域或国际的特定职能。规划形成 5 个城市副中心，包括 4 个主城市副中心和一个新城中心：花木—龙阳路城市副中心、金桥城市副中心、张江城市副中心、川沙城市副中心和南汇新城中心。

3. 地区中心

地区中心包括主城区地区中心、新城地区中心及部分新市镇中心，是所在地区的综合服务中心，新市镇中心兼顾产业服务功能。浦东新区规划形成高桥、森兰、申江、金杨、洋泾、塘桥、白莲泾、北蔡、杨思、三林、御桥、广兰路、科南、川沙、祝桥、惠南、周浦、曹路、唐镇、航头、泥城 21 个地区中心。根据地区人口规模与发展要求，主要结合轨道交通站点和枢纽地区进行设置，实现公共服务均衡化布局。

4. 社区中心

结合社区 15 分钟服务圈，按照每 5 万～10 万人配置一处的原则布局社区中心体系，增强生活服务功能，保障市民享有便捷、舒适的公共服务，营造宜居、宜业、宜学、宜游的社区环境。

四级公共中心体系（图 6-5）的布局，一方面可以提供公共服务，另一方面可以成为城市各层级落实灾害应对的完备抓手。在安全治理的理念下，城市管理的职责不是集中于政府，而是多中心、多主体的共同参与。公共中心体系的布局正是契合这样的理念，在后续城市安全场所布局规划中，需要与之相结合。

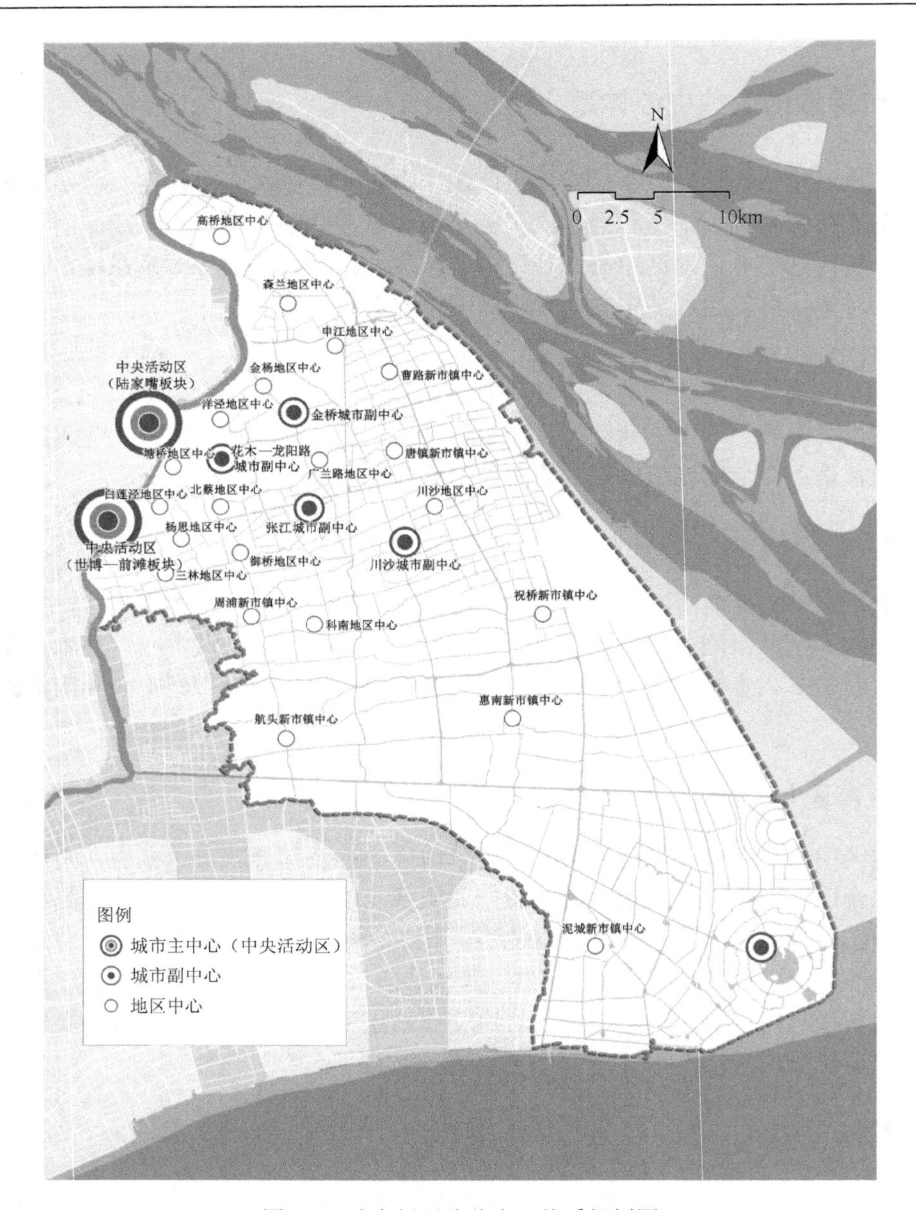

图 6-5　浦东新区公共中心体系规划图

第四节　浦东新区城市综合防灾规划体系和目标

一、浦东新区综合防灾规划的总体目标和框架

根据《上海市城市总体规划（2017—2035）》对上海提出的“应对全球气候变

暖、极端气候频发等趋势，针对当前生态空间被逐步蚕食，城市游憩空间相对匮乏，环境质量下降等问题，上海必须坚持节约优先、保护优先、自然恢复为主的方针，致力于转变生产生活方式，推进绿色低碳发展，建设多层次、成网络、功能复合的生态空间体系，构建政府为主导、企业为主体、社会组织和公众共同参与的环境治理体系。加强基础性、功能型、网络化的城市基础设施体系建设，提高市政基础设施对城市运营的保障能力和服务水平，增加城市应对灾害的能力和韧性”的总体要求，结合浦东新区“一轴四带，4+4 重点开发”新一轮规划的具体实践，借鉴东京、纽约等全球城市的规划目标和韧性城市的建设经验，提出浦东新区城市综合防灾规划建设的总体目标：从提高城市工程防御能力和社会应对能力战略视角进行城市防灾规划与建设，争取到 2035 年将浦东新区建成具有国内领先、世界先进水平的全球安全城区。以打造全球安全城区为总目标，将城市综合防灾系统纳入城市总体规划和建设中，以建设城市综合防御体系和新区社会应对体系为内容，努力将浦东新区建设成为既能有效防御和减轻灾害事故的发生，又能在突发事件发生时及时应对、灾害发生后快速恢复的具有强韧性的“安全浦东”。

“安全、舒适、便捷”是城市发展的目标。安全城市的重要目标任务为，减轻城市灾害风险的危险性、降低城市承灾体的易损性（脆弱性）、提高城市的自适性、提高城市的可恢复性，具体表现为，城市系统能够有效地预防和减少灾害事故的发生，即使在遭受重特大自然灾害或突发事件后，城市不应瘫痪或脆性破坏，部分设施可能受到破坏，但城市能够承担足够的破坏后果，具备较强的自我恢复和修复功能，能快速地从灾难中恢复。因此，在全球气候变化和事故灾害多发的背景下，城市综合防灾系统建设应该以韧性能力建设为主线，通过加强城市抵御灾害能力建设和城市社会应对灾害能力建设，提升城市系统综合预防灾害和应对突发事件的能力（图 6-6）。

二、浦东新区综合防灾规划的内容聚焦

整体城市防灾规划框架的意义和价值在于对城市发展的各个侧面都进行了安全相关的考量，但是，对于不同的地区而言，结合城市发展现状和面临的风险特征，都有各自不同的规划和发展的侧重点，形成了自身的防灾规划特色。例如，对于地震风险较高的区域，高安全房屋建筑体系是重中之重；而若是预期城市高速发展带来物流、人流和灾害风险的叠加，那么城市区域的优化布局则是重点工作。

对于浦东新区而言，调整城市空间结构的布局以应对复杂的城市发展阶段和功能区交错分布，是综合防御体系的核心；而建立起和全球城市核心城区相匹配的满足日常管理和应急管理需求、多元参与的城市防灾管理体系，是社会应对体系的关键。

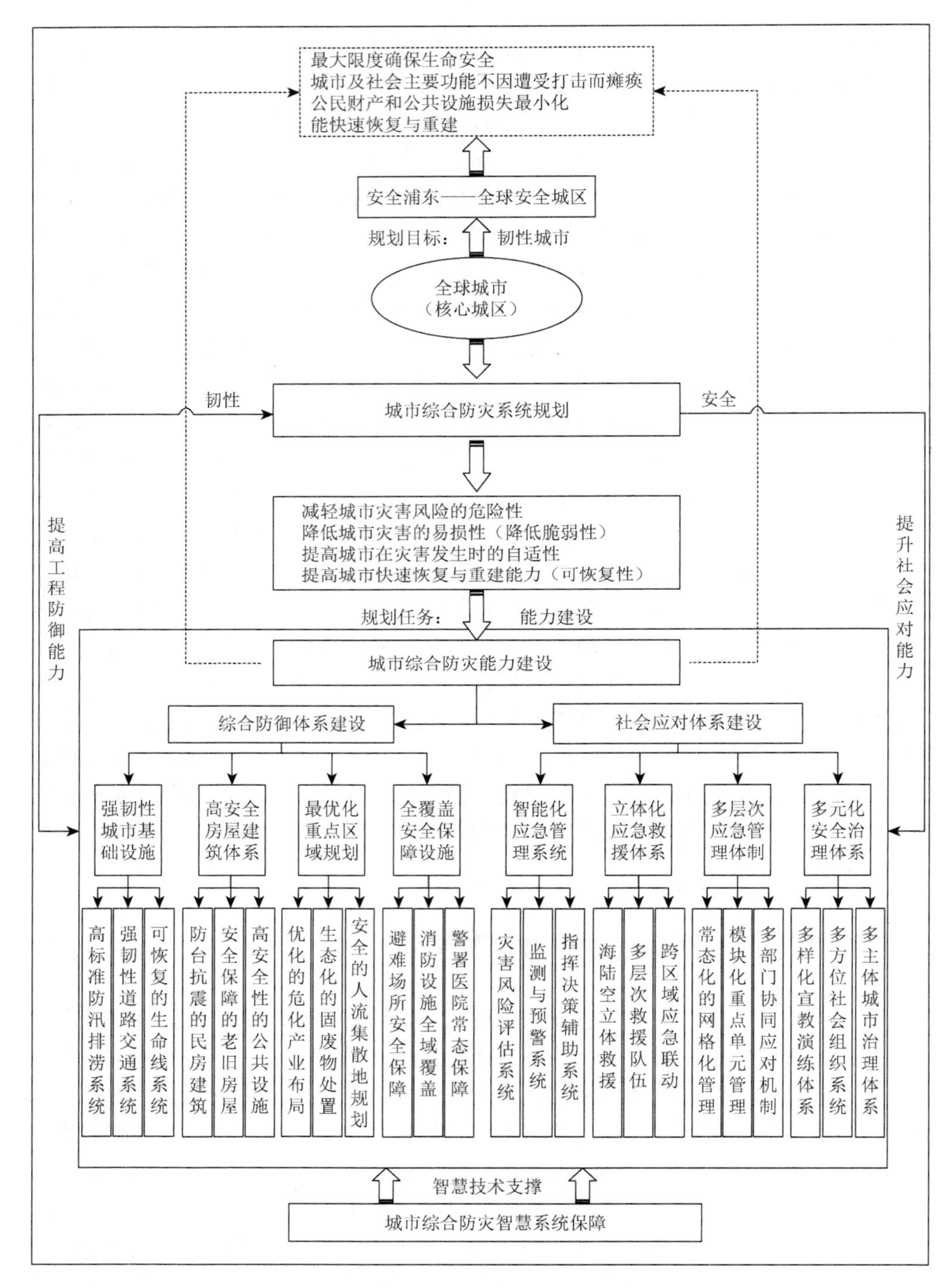

图 6-6 浦东新区城市综合防灾智慧系统目标框架

（一）综合防御体系

综合防御体系建设侧重于硬件方面，不同于城市总体规划或者其他专项规划，综合防灾规划中的综合防御体系是在城市建设和发展的过程中，融入安全的考量，接受城市建设的现状，结合未来的发展做出的整体安排。

1. 空间战略布局规划

本书以优化城市布局、构建安全城市空间为引领，规划研究浦东新区重点地区和重要区域的安全防范策略。浦东新区是集金融、科技、旅游度假、自贸区等多种功能于一体的现代新型城市，不同区域面临不同的灾害风险。

浦东新区空间战略布局需要综合考虑浦东新区的功能分区特征，从“点、线、面”角度对浦东的重要区域进行系统的分析，以重点区域的安全来带动整个区域的安全；关注交通系统、自然条件（如黄浦江和东海海岸）串联起的核心安全地带；重点区域和安全地带的经纬组合构成浦东新区整个“面”。

因此，针对新区重点地区进行相应灾情分析、设施分析、脆弱性分析、危害分析和空间分析研究，提出重点地区安全防范策略。提出了着力打造五条核心安全带和两个重要安全区，即将“五带二区”作为浦东新区防灾规划的重点，在重点建设安全区域的基础上，以点带面，全面辐射，全方位建设安全浦东——全球城市核心区。“五带二区”核心安全区域包括人流密集重要通道安全带、滨江商务文化休闲安全带、新型城镇综合治理安全带、南北创新产业发展安全带、东部沿海物流生态安全带、高桥转型发展安全区、临港物流仓储安全区。对上海国际旅游度假区（上海迪士尼乐园）、高桥转型发展区域、陆家嘴区域、老港区域、临港区域、世博区域等重点区域的发展趋势及安全问题进行分析研究，在此基础上提出将重点区域综合防灾体系融入核心安全带规划思路之中，提出了重点区域防灾规划思路和重点防范策略。

此外，需要对可能会产生危险的设施设备、区域范围，如化工设施、垃圾焚烧设施，进行防灾分区，科学规划布点。对这类危险设施进行布局规划，需要在分析新区危险化学品的储存和运输现状，了解固废物（含危害性废物）的中转、堆埋及处理终端布局的基础上，分析其可能存在的危害及对浦东新区城市发展的影响，从空间布局优化、加强安全管理、规划危化品运输专用道等方面提出建设方案和对策建议。

2. 重大设施布局和安全设施规划

与城市整体空间布局相关的另一类空间布局，则涉及城市具体的建设，可以分为两大类，一类是涉及城市应对灾害的整体硬件建设，如防汛设施、房屋的防火避震；另一类则是应对灾害风险使城市更安全的设施设备，如消防站点、避难场所。

加强浦东新区工程防御能力建设是综合防灾系统建设的重要组成部分。针对浦东新区可能面临的气象灾害、地震灾害、火灾事故、安全生产事故、大客流等主要风险隐患，在危害分析和脆弱性评估的基础上，评估浦东新区防汛防涝、防震减灾、消防、避难场所、物资储备及存在的问题，研究提出适合未来浦东新区发展、能防御和应对突发灾害事故，具有不同层级的重大设施空间布局方案的政策建议。

对于第一类区域整体应对，一是要在全面分析防汛风险现状和未来变化趋势的基础上，把河道水网恢复、海绵城市建设、雨水管网设计、地下大型蓄水设施建设结合起来；通过海绵城市建设，充分合理利用水资源，保障上海城市水安全；提高防汛排洪设施建设标准，科学规划防汛排涝设施布局，减轻极端气候条件下的城市内涝问题，确保重要区域、重要设施的防洪抗涝安全。二是在上海地震趋势分析的基础上，收集目前房屋建筑的抗震级别资料信息，结合浦东新区老旧房屋分布，分析其可能造成的危害。提出对重要公共建筑监理定期维护管理制度，制定农村自建房抗震指导性标准，建立房屋普查信息库等建议。

对于第二类安全设施布局，一是提出要优化浦东消防站布局，特别需要减小高层建筑的分布和高层灭火及高层救援能力的差距，提高消防综合应急救援能力。二是在初步了解浦东新区避难场所现状基础上，对照避难场所建设要求和日本防灾经验，建议浦东避难场所规划应将社区避难场所全覆盖和安全管理单元重点布局相结合，规范避难场所建设。

（二）社会应对体系

韧性城市不仅具有强韧的硬件，也需要有与之相呼应的综合管理能力。社会应对体系是城市综合防灾软实力的体现，以安全治理为核心，城市需要建立起适应于发展的管理体制机制，发展与之配套的能力建设，来应对城市广布式风险和巨灾风险。

1. 浦东防灾体制机制规划

完善的管理体制机制是规划编制实施的保障。综合防灾规划最终需要依靠相应的管理体制机制加以落实。传统的防灾规划无法落实的一个重要原因就是没有将管理方面的内容纳入考虑。城市系统的复杂性要求防灾管理体制机制能够在常态下多部门共治，在应急状态下迅速、高效动员。因此，防灾体制机制也应该是综合防灾规划的核心内容之一，加以系统规划与建设。

对于浦东而言，针对区域面积辽阔、多种功能区相互交错、叠加，单纯的扁平化管理难以有效应对复杂的城市安全问题，提出通过建立立体化组织体系，以构建网络化、全覆盖的城市安全防御系统和快速有效的应对机制。防灾管理体制的建设应在现有的部门和基层应急管理基础上，建立协同联动、多元主体共治的综合应急管理模式。通过建立浦东新区城市运行综合管理系统模式，将多个不同类型、不同层次的部门应急指挥中心和基层应急管理机构组合在一起，按照标准化的应急管理方法，实施集中管理、分工协作、联合指挥、联合行动，实现浦东新区城市运行的精细化、智能化管理。

在机制建设方面，则应该增强应急管理总协调部门的统筹性，强化部门条线和属地管理的联通性，提升社会参与应急管理的协同性。建设“单元全覆盖，条线重整合”的应急空间组织模式，将市、区两级基层应急管理单元、重点区域作为安全管理重点，建立应急单元、街镇、功能区域及专业部门等组成的多层次、网络化应急管理体系；而在同一安全管理单元内，则关注单元之间、单元与专业职能部门之间、专业职能部门之间相互交互、叠加和渗透，构成了复杂立体空间管理组合布局。

2. 浦东防灾能力建设

与城市应对灾害风险能力相关的另一类软实力则是不同主体防灾能力的建设，只有不同主体的防灾能力都得到了有效提升，城市整体应对灾害风险的韧性才可能真正得到保障。

浦东新区综合防灾能力建设的路径可以从 3 个层面入手：首先是建设支撑应急管理的城市运行综合管理平台，并配合以平急融合机制、领导轮值机制、联席指挥机制、多渠道发现机制、分类处置机制、联勤联动机制、分析研判机制、监督考核机制，进一步明确了综合管理的职责、任务和规范化管理流程。其次是建立完善的应急救援网络体系，搭建综合性救援体系、专业救援体系和基层综合应急救援体系相融合、相支持的网络体系。最后是培育良好的社会力量参与的环境，引导企业、社会组织、个人等社会力量共同参与、分担风险；同时，在基层社区强化安全治理理念，构建多元主体参与的社区安全治理模式。

参考文献

柴俊勇. 2015. 城市大人流风险管理. 上海：上海人民出版社.

上海市统计局. 2018. 上海人口老龄化现状和预判. http：//www.stats-sh.gov.cn/html/fxbg/201805/1002033.html[2019-04-23].

石婷婷. 2016. 从综合防灾到韧性城市：新常态下上海城市安全的战略构想. 上海城市规划，126（1）：13-18.

Balica S F，Wright N G，van der Meulen F. 2012. A flood vulnerability index for coastal cities and its use in assessing climate change impacts. Nat Hazard，64：73-105.

IPCC. 2012. Managing the Risks of Extreme Events and Disasters to Advance Climate Change Adaptation. A Special Report of Working Groups I and II of the Intergovernmental Panel on Climate Change. Cambridge：Cambridge University Press.

第七章　城市空间战略规划——安全分区

城市综合防御体系侧重空间布局和硬件建设，浦东新区远景发展目标定位于具有国内领先、世界先进水平的全球城市核心区。新区规划建设具有鲜明的功能分区特征，是由多个特殊功能区域构成的复杂城市系统。由于构成不同功能的自然环境、物理环境和社会环境各不相同，不同功能区域具有各自的风险特征，特别是当人流、物流的集聚和危险源叠加时，一些功能区域的灾害风险可能会进一步放大。因此，针对浦东新区重要功能区域和重点区域，规划建设安全防范体系，确保重要设施、重点区域运行安全，是浦东新区城市安全运行的重要保证，是浦东新区城市综合防灾规划的核心内容之一。

第一节　城市防灾规划中的空间战略布局

特大城市的城市形态、功能定位和普通城市相比，具有更多的人口、更活跃的产业、更大的经济规模。与之伴随的是城市建成区的不断拓展，城市原有的空间结构被打破、被拓展，原本规划在远郊的工业区或具有危险性特征的行业，如化工业、固废物处理、垃圾填埋等，随着城市的变迁而逐渐处在了城市的中心区域，原来由分布于城市周边的化工业形成的“化工围城”现象演变成了“城围化工”的尴尬局面。而新的城乡结合区域成为人口聚集区，但基础设施却相对薄弱。城市自然环境伴随着城市化进程被越来越多的钢筋混凝土取代，城市规模的迅速扩大打破了原有城市功能分区的空间结构，而更多的高层建筑、交通设施、商业中心、工业区甚至化工区域被纳入城市建成区。不合理的城市空间布局将人和重要设施与危险源置于同一空间，大大增加了城市灾害风险的暴露度和脆弱性，推高了城市风险等级，一旦突发事故，将是灾难性的。天津 8·12 爆炸事故、深圳光明新区建筑淤泥堆场滑坡事故等在一定程度上都是城市空间布局的规划不合理造成的。特大城市如何能够通过空间战略布局来规划安全城市，确保城市平稳运行，是城市规划与城市管理者迫切需要面对的问题。

一、空间布局和城市安全

城市空间的区域形态是由若干相互联系的点所形成的面的网络（段进，1999）。

城市可以分成三类常见结构（吕元，2004），而不同结构面临不同的风险。第一类是同心圆扩张式的圈层结构，在这种结构下城市各功能聚集在中心区，中心区防灾难度极大，而边缘区域为人口导入区，管理能力又相对薄弱，潮汐式人流也对交通有极大的压力；第二类是沿河岸、海岸、交通要道的带形结构，这种扁平结构使城市中心区和外围功能拉长，但轴向交通的断裂可能会造成严重影响；第三类是多中心的网络状结构，具有空间单元的可生长性及扩展的弹性，分散布局但网络节点集中有利于防灾管理，但各分中心的基础设施和功能发展也会降低防灾质量。

特大型城市的空间布局是多种基础结构的混合体，对城市防灾主要有 3 个方面的影响。

1）功能区块，城市包含的不同功能会形成不同的分区，而不同功能区块的防灾重点有所差异，工业区和商业区是城市安全保障的重点区域。一方面，工业区本身是危险源，如化工厂、易燃易爆仓库等；另一方面，工业区是城市运行保障基地，如交通枢纽、通信枢纽、电站等。前者的布局应相对集中，尽可能远离居住或商业区，后者的布局则应避开灾害风险区，分散配置。而商业区则是城市经济活动和人员活动的密集区，防灾规划中主要应考虑灾害发生时的疏散需求。

2）交通系统，城市交通网络与城市土地利用、功能密切相关，结合地形特点呈现出不均衡性与复杂性的特点（姜淑珍和柳春光，2005）。交通系统和道路布局对防灾救灾应急避难走廊有重大影响，城市分中心对外联络交通的通畅和优化可以增强城市防灾水平。

3）人员分布，城市的核心是人，灾害除了对城市基础设施造成破坏以外，也会对城市社会功能造成影响。人员在城市空间的时空分布对城市防灾重点区域的确定、防灾策略的选择会造成影响。

应急管理的对象是突发事件，但是突发事件本身具有不确定性，在其发生前是看不见摸不着的，如果单以此为管理对象，那么应急管理工作将无从着手。将风险管理理论应用于应急管理以后，风险，即某种潜在的危险因素就成了应急管理的重要对象。根据《风险管理 原则与实施指南》（GB/T 24353—2009），识别风险就成了风险管理的第一步，通过识别风险源、影响范围、事件及其原因和潜在的后果等，生成一个全面的风险列表。首先要意识到风险的存在才可能去改变和应对。其后进行风险分析，要考虑导致风险的原因、发生的可能性、强度及对于可能发生危害损失的可接受程度。

城市安全管理一般以行政区划为单位开展，城市功能分区和灾害影响并不可能止步于行政区域边界，所以城市建成区的防灾规划在考虑城市空间结构分布的同时，也需要统合整片区域的风险信息，对其进行动态分析，对其中的关键节点进行把控，整合城市功能分区、行政分区和灾害关注重点区域，提升城市整体防灾能力。

二、“点、线、面”相结合的防灾空间结构

城市通过构建立体化的防灾空间来抵御灾害。良好的城市总体防灾空间结构要具有良好的安全性、可达性、网络性和均衡性（戴慎志，2011）。城市防灾空间结构要综合考虑城市的“点、线、面”相结合，而“点、线、面”需要考虑两个方面的因素，一方面是安全因素，另一方面是风险因素。

对于点而言，安全因素主要包括避难场所、防灾据点、防灾公园等，这些安全点为城市防灾提供安全保障；而风险因素则包括重大危险源、重大基础设施等，这些风险点则可能会导致灾害事故发生，甚至会引发次生灾害。

对于线而言，安全因素包括防灾安全轴、避难通道与救灾通道，是城市防灾的生命线，保障城市安全；而风险因素则包括河岸、海岸等线状地区的灾害，也包括城市中因交通而连接的不同重要设施、区域，线状地带对整个区域的灾害防范有一定的作用。

对于面而言，安全因素包括防灾分区、土地防灾利用计划等；而风险因素则是城市特殊的功能区域，不同功能的区域面临不同的风险，如金融区域的金融风险、交通枢纽的人流风险、化工区域的事故灾难风险等。

“点、线、面”三者，以点为基础结点，线为网络连接，面为集成区域。“点、线、面”相结合，构成城市空间网络和安全布局要素。

三、城市空间战略布局的原则

城市空间战略布局通过对城市整体的规划和展望，综合考虑其发展的方向、既有的城市空间布局特征，抽象出城市安全空间特征图景，将安全防范的理念贯穿于城市建设始终。城市空间战略布局为概念图式的城市安全中长期战略规划，和城市综合防灾规划相比，立足点更高，不用具体的图纸限制城市发展的可能性，而是将城市安全发展的理念融入城市建设中，更具有前瞻性。城市空间战略布局规划的核心理念包括以下三点。

1. 区域规划和总体规划的衔接统一

不同层级的管理区划都有各自的不同期限的城市总体规划、专项规划和区域规划。城市安全更是强调属地化管理，但风险特征不会止步于行政管辖边界，防

灾规划需要有区域统筹理念，整体分析评估，全盘联动规划。不同层级的区域规划和总体规划需要衔接统一。

2. 规划理念和建设标准的整体提升

防灾规划要立足城区未来发展，因此规划理念和建设标准都需要和城市长期发展目标相一致，应具有一定的前瞻性。防灾规划不仅是发生突发事件后的应急处置，还贯穿城市建设整个过程，在城市规划发展过程中，应系统规划、高标准建设城市安全和防灾设施，以降低建设中可能产生的系统性风险，使城市以“韧性”为规划理念和建设目标。

3. 区域特征和发展趋势的重点关注

特大城市发展的速度远高于普通城区，快速的扩张和发展也会带来安全管理的盲区。所以，中长期战略规划需要特别关注不同区域的核心特征和其发展的方向，对核心特征可能造成的风险有所预判。在此基础上，关注重点区域，以重点区域的建设带动整体安全水平的提升。

第二节 浦东新区重点区域现状分析

在《浦东 2035 规划》中，浦东新区将形成“一主、一新、一轴、三廊、四圈”的总体空间结构，浦东的产业布局特征和其面临的安全风险特征息息相关。在对浦东发展现状和未来趋势规划进行研究分析，提出浦东城市综合防灾系统总体规划的基础上，需要做好重点区域安全防范，而每个重点区域又有其特殊的安全特征，需要着重对其进行分析和研究。对于浦东而言，需要重点考虑上海国际旅游度假区（上海迪士尼乐园）、高桥转型发展区域、陆家嘴区域、老港区域、临港区域、世博区域这几个特殊“点”，只有对这些重点区域的现状、安全问题及发展规划进行分析，才能有效提出针对这些重点区域的安全防范策略，不仅立足于当下，也能适应未来的发展。

一、上海国际旅游度假区

（一）区域现状

上海国际旅游度假区地处浦东新区中部，是上海新一轮发展的六大重点区域之一。区域范围北至沪高速 S1 公路，东至南六公路，南至周邓公路及周祝公路（沪芦高速S2—唐黄路段），西至沪芦高速S2公路红线以西约1km，总面积约24.7km²，其中核心区7km²，发展功能区17.7km²。

度假区的建设和发展，将在带动浦东中部地区城市化、优化上海城市空间布局、加快上海建设世界级旅游城市、推动上海“创新驱动、转型发展”中发挥引擎和功能平台的作用。

（二）面临的安全问题

1. 大客流问题

大客流是国际旅游度假区面临的最大风险。上海迪士尼乐园开园第一年，就吸引了超过1000万人次的游客。大客流所带来的交通压力、安全压力、资源环境压力等问题将不断涌现，这对国际旅游度假区的管理和服务能力都将是个巨大挑战。

根据迪士尼区域交通规划，游客出入国际旅游度假区的交通方式以轨道交通为主，因此地铁11号线迪士尼站在入园和离园高峰时客流量极大。目前地铁11号线迪士尼站点通过出入口分离（1、3号口进，2、4号口出）、蛇形通道等方式控制进出人流，能较好地消除人流对冲带来的安全隐患，但是迪士尼有别于一般的交通换乘枢纽，人流主要集中在上午入园高峰和傍晚离园高峰期。而离园时人流可能大量集聚于距离园区最近的1号口，这可能会导致离园人流高度集中。

2. 交通问题

目前度假区周边交通设施主要依据2008年的《布宜诺项目及周边地区规划》实施，随着两区合并，张江、临港开发提速，浦东机场扩建和私家车迅猛增长，度假区周边道路的通行能力面临着新的压力，特别是浦东中部缺乏南北向联通的轨道交通，导致地面交通压力较大；同时，度假区周边现状路网密度较低、道路联通性较差，与规划已确定的路网相比，现状道路建成率仅达到60%，且主、次干路、支路长度与快速路相比不匹配，缺乏贯通性较好的高等级道路（特别是南北向道路）；此外，周边支路存在断头路现象，不利于干路交通疏散。在预判现状条件下，开园后常态大客流集聚及潮汐式的特点将给度假区及周边地区交通带来巨大的挑战。

3. 极端天气下的人员疏散问题

迪士尼区域以露天为主，室内空间不足，遇到突降暴雨、高温酷暑、低温寒潮等灾害性天气，地铁站厅是主要的室内避灾场地，特别是突发强降雨，极易引发周边人员快速进入地铁站内避雨，并且由于人们对于降雨时长的判断不同，可能存在人员大量滞留于地铁站非收费区域。大人流滞留可能因人多拥堵而引发混乱，甚至踩踏事件的发生。

（三）发展规划

度假区规划的总体目标是，充分放大迪士尼项目效应，立足构筑上海城市休闲旅游功能核心，将国际旅游度假区塑造成具有示范意义的现代化“旅游城”，当代中国娱乐潮流体验中心，形成旅游产业发达、文化创意活跃、消费低碳环保、环境优美宜居的大都市新地标，最终发展成为人人向往的世界级旅游目的地。

度假区通过近期、中期和远期（至2030年）三大阶段建设，将有序推进九大代表性功能项目，包括迪士尼项目、现代娱乐商业综合体、超级秀场集聚区、横沔古镇、大型主题婚庆基地、旅游创意产业园区、高端总部休闲基地、低碳智慧国际社区、国际旅游和文化艺术学院集聚区。

国际旅游度假区规划的整体思路是充分发挥迪士尼项目的集聚辐射作用，在国际旅游度假区及周边地区形成“一城、多点”的区域开发格局。“一城”是指将国际旅游度假区打造成现代化“旅游城”，形成上海未来服务经济发展的新引擎；“多点”是指依托区域空间放大迪士尼项目带动效应，将周边的上海野生动物园、华夏文化旅游区、新场古镇等在内的重要旅游设施和功能性项目，与国际旅游度假区共同构成区域旅游目的地。联动川沙新镇等周边镇，打造功能优化的、区域协调的、与浦东金融城和科技城相呼应的现代化旅游城。

二、高桥区域

（一）区域现状

高桥区域位于浦东新区最北部，以高桥镇为主体，包括自贸区和临近乡镇，具有中心城和中心城周边区域双重风貌特征，是浦东承接上海市航运中心建设的重要功能承载区，也是浦东新区对接宝山、杨浦、崇明的重要功能风貌区。高桥区域东南片为自贸区（外高桥），是上海市自由贸易试验区的重要组成部分，西临宝山、杨浦，北接崇明，位于四区交界的重要枢纽地。

高桥区域同时承接国际航运中心、自贸区与国际科创中心3个国家战略项目，其中高桥镇还承接传统石化产业重大项目，上海高桥石油化工公司是上海乃至国家的重要石化产业基地。高桥镇有四大主体产业：化工板块（以巴斯夫、高化转制企业为龙头）、现代服务业板块（以世源建材、2345网络、新华传媒、索迪斯等为代表）、物流板块（以德威、华发腾飞等为代表）、房产板块（以新高桥等为代表）。

高桥镇主要分为六大功能组区：镇区、凌桥地区、巴斯夫＋高桥石化滨江片区、高桥产业片区、黄浦江滨江绿地片区、港区＋自贸区。目前各功能组团存在较独立、明确的边界，没有形成连贯、一体的整体格局。

从分区规模现状来看，巴斯夫、高桥石化的产业用地转型仍处于起步阶段，转型会有一个漫长的过程。凌桥片区、高桥石化范围内居住、公共服务设施的建设均未达规划规模，滨江片区及其他各区的规划绿地尚未建设，配套设施的建设需进一步加强。在土地资源有限的情况下，存量企业的转型升级、提高综合配套水平、吸引高科技企业是迫切需要解决的重要问题。

由于高桥区域临近港口，工业用地、仓储用地比例相对较高，仓储物流用地面积为6.728km^2，占城乡建设用地的比例为22.5%，工业用地面积为5.627km^2，占比约为18.8%。

自贸区外高桥片区有良好的产业发展基础，从1990年挂牌成立“外高桥保税区”开始，形成了以国际贸易、现代物流、先进制造业三大功能为主的口岸产业。目前其作为自贸区的核心片区，区域发展有良好的潜力。

（二）面临的安全问题

高桥区域是化工、物流产业集聚区域，高桥镇也是重要的历史老镇，区域发展面临着厂中村、城中村、环境污染、老街保护及外环沿线噪声扰民等诸多发展瓶颈和民生难题。

1. 高桥镇行政管辖权关系复杂

高桥镇行政管辖权关系复杂，辖区范围内包括自贸区、高桥石化、东方储罐、上海炼油厂、巴斯夫，但这些区域都不由高桥镇管辖。自贸区行政级别高于高桥镇，因此日常事务各自管理。而高桥石化和东方储罐都属于央企，管辖权同样不在高桥镇。日常生产安全由企业自行管理，镇政府的管理并不涉及企业的安全生产，主要针对周边地区的市容市貌、治安等开展综合整治，安全防范工作，并定期与上述企业进行沟通。但是，根据安全管理属地化原则，高桥镇镇政府应对这几块区域承担相应的安全责任。

镇政府对土地资源的控制力较弱。高桥镇内开发主体众多，镇政府开发自主权较弱，对镇域范围内的土地资源、岸线资源控制力不强。目前在镇里参与开发的主体包括浦东新区滨江贯通工程指挥部、上海浦东轨道交通开发投资（集团）

有限公司、上海黄浦江东岸开发投资有限公司、上海外高桥集团股份有限公司、上海新高桥开发有限公司、上海浦东发展（集团）有限公司等，这些大公司负责全镇重大工程项目的开发建设，镇政府协调难度较大。

2. 企业安全问题

在经济和产业发展上，产城矛盾、港城矛盾较为突出。高桥区域仍然以第二产业为主，传统化工业比重大，仓储物流业占地面积大、产出低，严重影响了该区域的居住环境和交通状况。尤其是化工业，虽然对高桥的发展具有较大的扶持和带动作用，但是也带来了工业环境污染等问题。虽然目前高桥区域转型发展，但镇所属开发地块的专项规划还是受制于现在的上海高桥石油化工公司和上海东方储罐有限公司，主要是因为该地块项目的规划（包括转型）尚未得到批复，并且即使这些化工用地搬迁，土地仍需要经过生态修复，以避免各种由土壤、地下水污染导致的慢发性灾害风险。

3. 交通运输问题

高桥区域是浦东、浦西的交通节点，地铁 10 号线、长江西路隧道、郊环、铁路等重大基础设施建设给高桥带来了发展机遇，也加剧了交通拥堵状况。综合交通上，外环与郊环重叠，过境交通压力大，对外交通不便；内部路网密度不足，客货混行严重，慢行环境交叉，通勤公交走廊需要加强。

高桥也是大型集装箱运输的集散地，仅高桥镇镇域范围内就有 82 家物流仓储产业及 5000 多辆集装箱卡车，每天有 3 万辆集装箱卡车在镇域内穿梭行驶。由于在港区前期建设中没有为集装箱卡车规划停车区域，所以高桥区域集装箱卡车占道、占绿、乱停现象严重。据统计，乱停车区域达十余处，严重影响公共基础设施配套及高端服务业发展所需的良好外部环境。同时，大量集装箱卡车超负荷运输，对周边道路设施造成了一定程度的破坏。

（三）发展规划

高桥区域位于长江入海口，区位优势突出，是长江经济带、沿海发展带的战略交汇区域，凭江望海，三面环水。在新一轮发展中，聚焦国家“一带一路”倡议和长江经济带发展战略，突出高桥两大政策结合聚集的功能，融入长江三角洲城镇群发展战略中；依托高桥自贸区和港区，发展世界领先的综合转运功能及相配套的服务功能；重点打造服务区域的综合功能，如与江北的综合交通联系，长江口地区的整体生态系统打造等；形成符合门户地区的城市风貌体系，成为进入上海、认识上海的第一站。

综合高桥的发展情况和产业发展现状，高桥镇的产业发展目标定位为，从石化重镇转型到服务强镇。具体来说有以下三点。

1）石化产业转型升级的示范区域，从炼化一体的重化工产业基地到世界级新材料的研发中心、应用展示平台。2012 年巴斯夫亚太创新园成为巴斯夫全球最重要的研发基地之一，成为全球科技创新的示范。

2）航运服务业与自贸区商贸服务业融合发展实践区，外高桥港区产生的高端港口服务业与自贸区扩区衍生出的国际商贸服务业将在高桥镇共生、融合，结合新的服务业态与服务模式，为全镇产业转型升级提供支撑条件。

3）浦东新区“四个融合”发展的代表镇，“四个融合”即创新、智创与应用展示融合，自贸与商贸融合，港城融合，生态、交通、居住与产业融合。

自贸区外高桥片区将利用产业发展优势，联动森兰区域，依托区域先发优势，逐步融入上海市北部地区（尤其是浦东新区北部城区）。外高桥将被打造成以国际贸易服务、金融服务、专业服务功能为主，商业、商务、文化多元功能集成的国际贸易城。

高桥镇工业物流园区是产业结构调整的核心区域，调整之后的土地将成为高桥镇主要转型发展区域。高桥公司占地近 $4km^2$，是全市重点产业结构调整、转型升级的区域，从“十二五”开始已经启动搬迁工作。调整后腾出的土地也将作为高桥镇发展总部经济、商务商办等现代服务业的承接地区。三岔港楔形绿地现状以小仓储物流企业为主，是高桥镇下一步产业结构调整的重点区域，调整完成后将成为高桥镇发展生态旅游经济、滨江产业、绿色产业的主要区域。

全镇制造业企业占比为 8.9%，生产性服务业企业占比为 61.9%，物流仓储企业占比为 29.5%。目前，全镇有物流企业 83 家，多属于低效企业，占地面积大、单位税收强度极低，属于重点调整对象。

高桥区域制定了分期交通发展规划。

近期（2015～2020 年）：通过铁路复合通道建设、轨道交通连通、越江通道打开、道路系统完善等交通设施配套，实现镇域交通格局变革，从客货混杂向客货分流过渡；通过产业用地转型调整、滨江空间逐步开放、滨江森林公园建设等工程，打造绿色出行的环境雏形。

远期（2020～2035 年）：打造兼顾城市发展要求和市民生活需求的城市空间结构，实现客货分区、分流，提供安全有序、舒适便捷的交通出行环境。

三、陆家嘴区域

（一）区域现状

陆家嘴地区面积约 $31km^2$，辖 5 个街道，是上海中央商务区的重要组成部分、上海国际金融中心建设的主要载体。该区域重点强化金融、航运和商务功能。实施金融城管理体制改革，理顺开发机制。同时，加快空间扩容及交通、商业、文化等配套建设，积极推动上海中心、上海船厂地区、世纪大道两侧等区域的建设。

陆家嘴街道地处上海市浦东新区陆家嘴金融贸易区的中心区域，辖区东起源深路，南界张杨路，西、北临黄浦江，面积约 6.89km^2。常住人口约 13.8 万，工作人口约 25 万。陆家嘴是众多跨国银行的大中华区及东亚总部所在地，多家外资金融机构在陆家嘴设立办事处，其中经营人民币业务的外资银行包括汇丰银行、花旗银行、渣打银行、东亚银行等。重点发展产业以金融、航运、贸易为主。

陆家嘴地区城市形态多样、高楼林立、人口多元、业态丰富，城市管理问题错综复杂，呈典型的多主体管理模式。主要的管理主体包括：上海市陆家嘴金融贸易中心区地区综合管理领导小组（简称综合管理领导小组），在上海市浦东新区陆家嘴街道办事处增挂“上海市陆家嘴金融贸易中心区地区综合管理办公室”牌子，综合管理领导小组主要负责经济方面的管理；陆家嘴街道办事处负责民生工作；而由区公安、城管、交通运政、文化执法、工商、食药监等单位派员组成“上海市陆家嘴金融贸易中心区地区综合管理执法大队”①，具体负责中心区地区现场管理和执法。

（二）面临的安全问题

1. 交通拥堵和停车混乱

陆家嘴地区的人流具有潮汐特征，道路交通运输承载着巨大压力。工作日上下班时路口、隧道进出楼宇处车速缓慢，尤其在银城路和浦东南路的路口，如遇下雨天，局部区域堵车多在一小时以上。主要是上下班进车库、出车库交通方面的问题比较严重。

节假日、黄金周人流量较大，大多为旅游观光人群，由于旅游大巴不能进地下车库，而道路停车又没有系统规划，临时停车点位受到交通治理而逐渐被取消，旅游大巴的停车是目前该区域面临的主要问题之一，很容易引起陆家嘴区域交通和市容混乱。

2. 高层建筑面临的安全问题

陆家嘴金融贸易区有 30 层以上房屋的楼有 236 栋，面积约 1500 万 m^2，占比

①资料来源：http://gov.pudong.gov.cn/UpLoadPath/2013-10-22/4922688c33629f-3173-41ef-94c7-7a4860876b15.doc.

超过浦东新区高楼总面积的 68%。陆家嘴区域高层建筑密度大，楼层高，超高层建筑集中。高层建筑面临着灭火困难、救援疏散难度大等问题。而如果突遇地震，高层建筑则可能会放大震感，增加楼内人员的恐慌，而大量人员从楼内向外疏散可能遭遇瓶颈：一是高楼疏散缓慢，导致拥堵，易发踩踏等事故；二是该地区超高层建筑密布，区域内避难空间有限，无法满足大量人员的避难需求。

（三）发展规划

陆家嘴金融贸易区将积极引进总部型、功能性、国际性金融机构，着力发展以高能级融资租赁、资产管理等为代表的新兴金融业态。重点发展航运金融、航运信息咨询、海事法律和仲裁、国际船舶等高附加值的航运服务业，培育和引进高端航运人才。推进商贸业要素市场建设，大力发展适合陆家嘴区域特点的商业消费模式。重点提升小陆家嘴区域的高端商务及休闲功能，突出滨江区域的文化艺术展演功能，进一步提升世纪大道区域的商业品味，浦东大道区域则聚焦航运服务产业发展。

四、老港区域

（一）区域现状

老港镇位于浦东新区东南部，距离原川沙县城惠南镇不足 7km，北临浦东国际机场，南临洋山深水港，到上海市中心只有 55km^2，老港镇总面积约为 45.76km^2，总人口约 3.35 万人。人口主要以导出为主，往惠南镇方向的新型城镇集中居住。

2015 年老港镇主要社会经济总收入约 115.6 亿元，其中完成第一产业 4 亿元，第二产业 96.9 亿元，第三产业 14.7 亿元。

老港区域主要分布有市级老港垃圾填埋场和镇级老港工业园区。老港垃圾填埋场建成区有 15km^2，其外面另有 15km^2 防护林，占老港镇面积的一半。目前 1～3 期垃圾填埋已经填满封场。在此基础上建起了“再生能源利用中心”，即老港垃圾焚烧厂，取代原来的老港垃圾填埋厂。老港垃圾焚烧厂一期焚烧 3000t/d，已建成；二期规划焚烧 6000t/d，计划 2019 年建成并交付使用。目前，老港每天接收 12000 吨垃圾，垃圾焚烧量占全市的 70%。

上海老港工业区（1.68km^2）以粗放型化工产业为主，油漆、电镀等用酸用碱的企业居多，虽然对老港镇的经济贡献较大，约占该镇经济收入的 70%，但这些大多属于高能耗、高污染产业，对区域环境有较大的影响，不可持续。因此，计划引进精细化工类企业，形成低污染、高附加值的新型产业园区。

（二）面临的问题

1. 老港垃圾填埋场环境问题

老港垃圾填埋场会对周边空气造成一定污染，时有难闻气味扩散。为了及时消除异味，在现有垃圾处置点建成区外围安装“电子鼻”异味警报装置，对空气中的异味进行预警，预警装置接入镇网格化管理平台，一旦场内异味超出预警值，其立即发出警报，并自动采取喷洒除臭剂的措施。

垃圾填埋场虽已经封场，但仍需要考虑填埋场内垃圾可能产生的渗滤液对土壤、地下水的污染。而垃圾处置设施排出的污水也可能对河道、地下水产生影响。另外，因为焚烧垃圾使用的是燃油，大量燃油的储备问题也存在很大的安全隐患。

垃圾焚烧方面，目前老港每天接受的垃圾量已经是规划垃圾焚烧容量的极限量（规划一至二期日焚烧垃圾 9000 吨），如果超数量焚烧，则存在一定的安全问题和环境问题。

2. 小型化工企业

上海老港工业区内多为低端小型化工企业，企业产值不高，生产管理不规范，原料、生产、废水废物处置等都可能对环境造成一定的污染和影响。上海老港工业区中虽有专业消防队，但消防栓水压不够，对火灾等突发事故的处理能力相对较弱，而且上海老港工业区是开放式园区，存在园中村、厂中厂的问题，无论是安全生产管理，还是人流、物流管理，都存在较大的安全隐患。

3. 大治河防汛问题

大治河是浦东南汇区重要的防汛河道，也是主要的水上运输通道之一。目前市、区两级政府正在进行大治河两岸生态环境综合整治——拓宽河道，提高通航能力，清淤疏通主河道及支线农村河道，清理河道两边的砂石堆场，拆除私搭棚户，补种绿化、安装路灯。但是，市级层面综合治理的范围到水闸为止，大治河的军港公路以东河段仍然存在河道淤塞、变狭窄的情况，且河道两岸分布多个建材沙石码头，导致该河段排水能力低，成为大治河防汛排涝的一大瓶颈，防汛排涝压力极大。

（三）发展规划

老港区域及大治河两岸主要面临大气污染和防汛方面的问题。由于当地存在由落后产能导致的多重污染源，区域空气异味严重，以及河道水系污染物淤积，因此，老港区域整治要从产业规划布局做起。

老港区域转型发展规划方向是，因其北面空港、南面临港，两港公路开通后，交通优势突显，所以希望与临港集团合建标准厂房、商务楼宇等，通过产业结构调整，引进相关精细化工等产业，以对现有产业进行“腾笼换鸟”。

五、临港区域

（一）区域现状

临港区域位于上海东南角，地处长江口和杭州湾交汇处，距离上海市中心75km，北临浦东国际航空港，南接洋山国际枢纽港，拥有13km长的海岸线，具备得天独厚的码头资源，是上海沿海大通道的重要节点城市和中国（上海）自由贸易试验区建设的直接腹地。2013 年底投入运行的轨交 16 号线将临港纳入上海城市轨道交通网络，海运、空运、铁路、公路、内河、轨交构成了十分便捷的综合交通优势。

临港区域规划面积为315km^2，是上海重点发展的六大功能区域之一，由装备产业区（65km^2）、物流园区（16km^2）、主产业区（108km^2）、综合区（41km^2）、临港奉贤园区（17km^2）、南汇新城（68km^2）六大功能板块组成。

（二）面临的问题

1. 交通连接问题

临港区域北临上海浦东国际机场，南接洋山国际枢纽港，是自贸区的重要组成部分。而其内部交通网络构建和对外交通连接对于整个区域的安全至关重要。东海大桥为连接洋山深水港的唯一通道，随着洋山深水港吞吐量增加，道路通畅，特别是紧急情况下的疏散通畅是需要特别关注的。

2. 制造产业安全

临港以“高端制造”“极端制造”项目为带动，基本形成了发电及输变电设备、大型船舶关键件、海洋工程装备、汽车整车及零部件、大型工程机械制造五大装备制造产业。企业不仅要加强装备制造产业内部的生产安全管理，还要关注城市规划及城市运行管理，因为这些大型企业一旦发生生产安全事故，就会影响周边区域，其灾害影响的扩大可能对周边道路、其他产业等产生影响，严重的可能会导致人员伤亡。

3. 危化品仓储安全

上海港城危险品物流有限公司将危险品仓储从高桥区域转移到芦潮港区域，在洋山保税港区内集中存储。位于芦潮港的危险货物仓库总占地面积为 21 万 m^2，距离堆场边界最近的居民楼也在 1.1km 以外，周边没有大型民用设施。但危险品仓储对于仓储硬件、管理等都有较高的要求，稍有不慎就可能引发危险品泄漏或爆炸等事故。

（三）发展规划

临港区域未来发展聚焦国际智能制造中心建设，全面推动产城融合发展。推进新能源装备、汽车整车及零部件、船舶关键件、海洋工程、工程机械、民用航空等装备制造业集群产业升级。培育壮大集成电路、再制造、光电信息、新材料等战略性新兴产业。着力发展科技、文化、商贸、金融、旅游休闲等现代服务业。不断提升产业竞争力、环境吸引力、区域影响力，促进人气集聚，激发城市活力。

六、世博区域

（一）区域现状

世博区域是在原上海世博园区的基础上规划建设的，主要包括世博会展商务地区、后滩地区、前滩地区，沿滨江形成一条商务、文化、休闲带。

（二）面临的问题

世博区域紧靠黄浦江，拥有极佳的亲水景观，但带来了防汛的压力。每年汛期及高潮位时，世博区域可能面临严峻的挑战。而前滩、后滩中又都有滨江生态休闲空间的规划，将绿化空间和防汛设施相结合，是化解防汛压力的一种有效的尝试。

（三）发展规划

后滩地区将延伸世博会地区浦东片区会展及其商务区功能，将该地区发展成为功能配置多元、公共活动丰富、空间尺度合理、知名企业总部集聚的世界顶级商务办公区和具有国际影响力的低碳生态示范区。

前滩地区未来则将充分发挥滨江生态空间的优势和东方体育中心的特色，建设生态型、综合性城市社区，重点发展总部商务、文化传媒、运动休闲三大核心功能。同时，围绕核心功能发展居住、酒店、商业购物等辅助功能，以及社区服务、专业服务、教育培训、休闲娱乐等配套功能。

第三节　浦东新区重点区域安全防范策略

浦东新区城市形态由多种功能区域、复杂的经济社会系统构成，相互关联，相互影响。为了确保城市的长治久安，不仅需要将危险设施与城市经济社会活动有效隔离，而且需要将人流、物流有效分割。而城市安全规划首先要关注人流密集区域、重要区域、重点行业，聚焦城市安全的重点，掌握影响城市安全的关键节点，以点带面，达到全域覆盖的安全治理目标。因此，在综合分析浦东新区重点区域的现状和面临的主要安全问题的基础上，提出浦东新区重点区域的空间布局规划。

一、空间战略规划的总体思路

（一）区域规划和总体规划的衔接统一

浦东新区是由多种层次和功能区域组成的复杂城市系统。各重点区域都有各自的区域规划和发展目标，在形式上也都能与上级总规划相衔接，但实际规划中，因为行政管辖权的条线纵横，因此信息掌握和职责权限存在不对等现象，存在着缺乏宏观定位、缺乏区域统筹、缺乏重点区域引导等问题。

城市安全强调属地化管理，但灾害风险不受行政管辖边界的限制，城市综合防灾规划需要有区域统筹理念，整体分析评估灾害风险特征，全盘联动规划城市防灾布局。因此，需要强调将各重点区域的建设、转型、发展纳入浦东全球城市核心区的防灾规划，重点理解单个区域特征和统筹分析整体特征相结合，将各区域的地区规划（城镇规划、功能区域规划）与新区总体规划相衔接，构建一个整体统一的浦东新区城市安全系统。

1）区域统筹，打造安全地带。浦东新区是集多种重要功能于一体的复杂系统。一些功能区域之间存在一定的联系，如浦东国际机场、国家沿海通道上的上海东站（规划建设中）、国际旅游度假区、陆家嘴金融区等正好构成一条东西向枢纽带，单个区域的人流激增可能会影响周边区域，乃至堵塞交通大通道。而高桥区域的危化品仓储和临港区域的危化品物流仓储在南北交通运输衔接等方面，也可能和东西交通大通道交叉，若发生突发事件，影响范围和程度都可能存在放大效应。因此，防灾规划需要整体筹划，在管理方式上需要改变各自为阵的局面，从建设全球安全城区的战略高度，全方位打造浦东核心安全地带。

2）整体分析，调整设施布局。整体防灾规划也需要考虑统筹各个区域的区位特征，特别是在原南汇县和浦东新区合并之后，原来浦东新区与南汇区接壤的边缘地带已经成为现在新区的中心区域，城市化推进的速度使得早年规划布局的一些危险设施距离建成区越来越近，有的甚至被包裹进城市的中心。例如，御桥垃圾处置点和黎明垃圾处置点，这两处都已经处于建成区核心，这两处的垃圾填埋或处置点的继续存在，都将对城市综合发展和生态环境产生影响，建议结合全市总体规划来调整布局。

3）联动规划，转型产业结构。产业集约化是城市化发展的趋势，部分高能耗、高污染企业势必无法适应城市发展的新阶段和新水平。目前上海整体化工产业集中于杭州湾北部地区，从生产效益和环境保护的角度，集约化的化工产业才可能产生效益最大化、污染最小化。而目前合庆、老港等地也是小化工企业林立，这些化工企业具有分散、规模小、能耗大、污染重等特征。因此，从浦东产业结构转型、提升区位水平的战略角度看，不仅高桥区域的石化企业需要整体迁移，这些分散于浦东新区的小化工企业也需要调整和转型，一方面要提高产品精细化程度，另一方面可以考虑将这些高能耗、高污染的小型化工产业关停并转。而各个新型城镇自身的发展规划则需要和区域规划相衔接，并且获得区部门的支持。

（二）重点打造浦东核心安全地带

《浦东 2035 规划》中有“一轴四带”的规划（东西城镇发展轴、滨江文化商务走廊、南北科技创新走廊、东部沿海生态发展带和中部城镇发展带，如图 7-1 所示），形成了较为明显的区域特征。这些区域既是浦东新区未来发展的核心区域，也是安全管理的重点区域。浦东未来应聚焦核心安全地带的规划和建设，以重点规划建设安全区域为抓手，首先确保核心区域的安全运行和发展。

根据前文对浦东新区经济社会特征和城市功能分布特征的分析，浦东新区城市安全规划建设首先需要着力打造五条核心安全带和两个重要安全区，即“五带二区”，在重点建设安全区域的基础上，以点带面，全面辐射，全方位建设安全浦东——全球城市核心区。

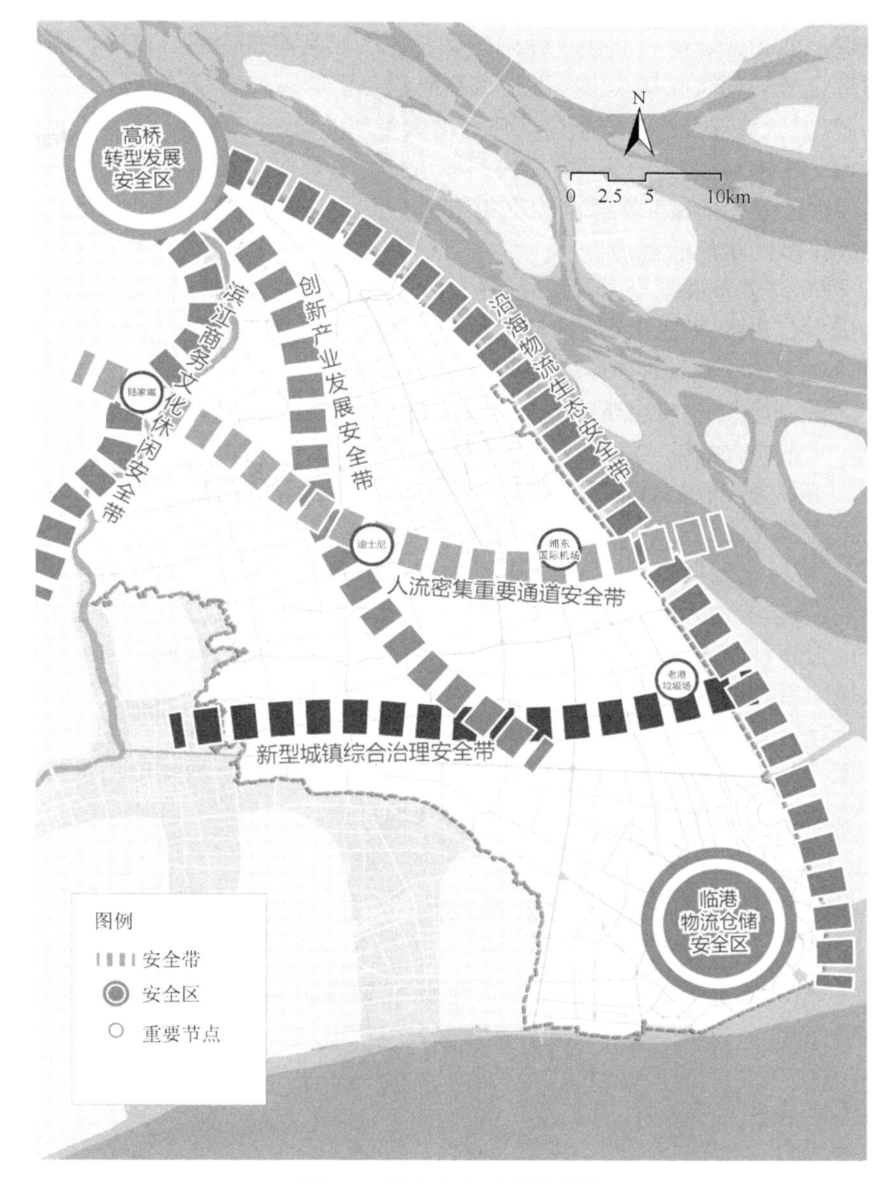

图 7-1　核心安全地带示意图

“五带二区”核心安全区域包括：

1）人流密集重要通道安全带，从浦东国际机场经国际旅游度假区到陆家嘴，该条路线未来还将和铁路上海东站客流相叠加，形成贯穿浦东的交通大通道。风险特征主要是通行人客流和关键节点人流集聚。

2）滨江商务文化休闲安全带，从前滩、后滩、世博会展区到陆家嘴金融贸易区，沿黄浦江形成金融、文化、休闲区域。该区域是浦东的核心窗口，需要关注综合防范金融、预防高楼火灾、关注滨江防洪除涝等城市安全问题。

3）新型城镇综合治理安全带，包括沿大治河的航头、新场、宣桥、惠南、老港等在内的中部城镇带，该区域在快速城市化。需要立足浦东全球城市核心区定位，以产业转型升级和环境综合治理相结合为契机，提高基础设施规划建设标准，全面提升区域的抗风险能力。

4）创新产业发展安全带，从外高桥经过金桥，以张江科技城为核心，再向南延伸到康桥、国际医学园区、南汇工业园，聚焦创新产业发展，关注生产安全和新型产业带来的不确定性风险。

5）沿海物流生态安全带，从临港到高桥的沿海运输通道，既是危化品重要运输通道，又布局有空港、海港、垃圾处置场、污水处理厂等全市重要的功能项目，以及滨江森林公园、郊野公园、东滩湿地、临港滴水湖等重要生态功能节点，需要特别关注危化品物流运输安全和生态安全。

6）高桥转型发展安全区，高桥区域的建设发展一直和高桥石化息息相关，高桥石化的搬迁给高桥转型发展带来了新机遇，而和杨浦、宝山的交通连接也将改变高桥区位特征，融入上海城市发展中。危化品仓储、运输安全、土壤安全修复等是其风险管理的重点。

7）临港物流仓储安全区，临港区域拥有13km长的海岸线，具有得天独厚的码头资源，是重要的物流仓储区域。随着保税区危化品仓储的建设和不断扩大，临港区域的危化品仓储安全、运输安全是管理重点。

（三）规划理念和建设标准的全面提升

防灾规划要立足城区未来发展，因此规划理念和建设标准都要与《浦东2035规划》设立的城市发展长远目标对接。

1. 防汛基础设施建设

防汛能力的提升表现在区域整体排水、抗涝水平的加强，依托于城市完善的排水除涝系统，局部区域性高标准也很可能因为周边区域的低标准而难以发挥其作用。目前，川杨河以南地区，特别是大治河流域及其南部地区，防汛设施少、排水能力弱，防洪排涝能力相对薄弱，易造成大面积的积水和内涝。而浦东新区的新一轮城市规划中，该区域的排水标准确定为1～3年标准，相对于中心城区标准偏低。虽然目前该区域以农业为主，城市化率较低，防汛压力较小，但随着城市化的发展，该区域会很快进入下一个城市发展阶段，低标准的基础设施建设将增加城市的脆弱性。该区域面临着新型城镇化建设和发展转型，是市政设施建设的有利时期，建议提高该区域的排水设施建设的标准，未雨绸缪，提前建设好符合全球城市的城市基础设施，标准不仅不能低于中心城区，反而应该高于中心城区及重要区域。这样既可以提高该区域的防汛排涝能力，还能缓解中心城区的排水压力，使浦东新区防汛排涝形成完善的体系，也为下一步城市发展提供有力的基础设施保障。

2. 危化品运输专用道建设

高桥区域和临港区域是浦东新区两大危化品生产、存储、物流区域，正好处于浦东新区的南北两端。而区内化工产业集聚明显，危化品运输车辆较多。而危化品运输行业又存在企业数量多、规模小、无经济实力、安全意识淡薄、管理能力不强、日常监管缺失等问题；行业内“转包”“挂靠”现象严重。虽然依据《上海市道路危险货物运输车载卫星定位系统使用和管理规定》第六条规定，道路危险货物运输单位应当按照下列规定，履行车载GPS系统的使用与监控责任：专用车辆从事运输业务时应当实施全过程的实时监控；对专用车辆的行驶路线、行驶速度、停车地点、事故等情况进行监控①。目前GPS信息已经接入上海市交通委员会，但因为区层面缺少综合应急管理平台，因此无法对运输车辆过程中的违法行为进行有效遏制和纠错。

浦东新区是危化品生产、存储、运输和使用的重要地区，应加强对危化品运输的管理，开辟专用水上、路上的运输通道。综合分析浦东新区危险品道路运输行业的现状和发展趋势，以及产业发展和布局集中趋势，建议在滨海南北通道上划设危险品车辆专用道，并对沿线公路出入口进行严格监控，减少危化品道路运输与居民出行相互干扰、交通混杂，降低安全隐患。

二、构建“五带二区”的防灾安全布局

住房和城乡建设部2018年发布的《城市综合防灾规划标准》（GB/T 51327—2018）中，特别提出了“城市综合防灾规划应以综合防灾评估为依据，根据城市规模、发展布局以及灾害类型、严重程度、危急程度，以设定最大灾害效应为基准，合理设定城市灾害综合防御目标和防御标准，分析城市防灾需求及安全防护和应急保障服务要求，统筹完善城市防灾安全布局，划分防灾分区，系统规划防灾设施。②”而且“城市防灾安全布局规划应提出重要地区和重大设施空间布局的

① 资料来源：http：//www.csrcare.com/Law/Show？id = 11233.

② 资料来源：http：//www.doc88.com/p-0071728721478.html.

灾害防御要求，灾害防御重点规划措施和减灾对策，统筹完善城市用地安全布局和防灾设施布局，分析确定规划控制要求和技术指标，指引并协调城市建设用地和防灾设施建设用地。[①]”

构建浦东新区核心安全地带的提出，正是在分析了浦东新区重点发展区域的基础上，综合考虑浦东产业整体布局和未来发展趋势，对各重点区域的安全特征和风险趋势进行评估分析后，归纳总结出安全浦东建设的关键节点。这些区域一旦发生灾害事故，将影响浦东新区的安全运行，严重的将对上海城市安全构成威胁。因此，核心安全地带的安全运行是浦东新区城市安全的重要部分，是浦东新区城市综合防灾系统规划的重点。

（一）人流密集重要通道安全带

人流密集重要通道安全带也是浦东新区的东西发展轴区域，是引领浦东快速发展的大动脉，是未来浦东新区的交通大通道、人流密集地带。该区域西端是超高层商务楼宇高度集中的小陆家嘴区域，人流密集，高楼林立，工作日通勤人流和周末旅游客流较大；东端为空港城和沪通铁路枢纽（上海东站），是人流物流集散区域；中间是迪士尼国际旅游度假区，同样是大客流区域。这条交通大通道也是《上海市城市总体规划（2017—2035）》中的“延安路—世纪大道发展轴”的延伸，是浦东新区的重点发展区域，这条通道的安全对浦东新区建设全球城市核心区至关重要。

人流密集重要通道安全带是确保浦东道路交通安全、大客流安全、出入境安全的重要地带。通过交通规划，实施科学分流，确保安全。统筹规划，聚焦交通安全、大人流安全。加强区域信息沟通、应急联动，确保人流密集重要通道安全带的畅通。因此，需要在防范、快速处置与应急救援等方面进行重点规划建设，提升该区域的应急防范和处置能力。

（二）滨江商务文化休闲安全带

滨江商务文化休闲安全带包括小陆家嘴、世博、前滩等区域。该区域以打造文化休闲和高端商务为主。集中了陆家嘴金融中心、滨江休闲娱乐、世博文化产业集聚、前滩科技创业等不同功能区域，该区域是上海金融贸易、文化发展、休闲旅游的重要区域，是上海全球城市的象征。

---

① 资料来源：http：//www.doc88.com/p-0071728721478.html.

浦东滨江是防汛重点区域，从小陆家嘴向南沿江扩展的世博区域也是未来浦东新区创新发展的核心，是浦东人流、资金流、物流、摩天大楼等高度集中的区域，该区域的安全管理是浦东新区城市安全管理的重点和难点。需要聚焦防汛安全、人流管理、高楼应急救援、金融系统安全等安全管理内容。

（三）新型城镇综合治理安全带

新型城镇综合治理安全带主要沿大治河分布，大治河是浦东新区重要的防汛河道，串联航头、新场、宣桥、惠南、老港等中部新城镇。下游是老港区域，垃圾填埋、焚烧对该区域产生了较大的影响，而沿线中部新城镇中小型企业聚集。大治河目前已经开始了清淤、疏通拓宽河道，整治清理两岸砂石堆场、小码头，建设生态走廊等综合治理工程，提升防汛抗涝能力。

而新型城镇综合治理安全带的发展定位是中部地区经济走廊，目标是要加快新型产业快速集聚，确保以生态绿色发展为主线，提高产业落户标准，减少环境危害。但老港区域的垃圾处置点使得高端产业难以招商引资，而低端产业落户将会导致区域性环境恶化和生产事故多发。对垃圾焚烧带来的环境安全问题，需要多方法、多渠道共治，而最根本的是需要提高垃圾焚烧排放标准，建立垃圾分类、资源化、减量化、无害化等处理，加强监测和过程控制管理。新型城镇综合治理安全带的安全核心是结合大治河的综合整治，聚焦生态环境防灾规划、打造休闲娱乐与自然环境融合的新型城镇，确保城市防汛安全。

建议在新型城镇转型发展的规划与建设阶段，同步高标准地建设防灾减灾设施和城镇安全系统，使大治河流域新型城镇成为浦东新区，乃至上海城镇转型发展安全治理与防灾规划的典范。

（四）南北创新产业发展安全带

南北创新产业发展安全带聚集了高新技术产业，包括以电子信息、汽车制造及零部件、现代家电、生物医药与食品加工四大产业为主导的金桥经济技术开发区，发展总部经济、推进新兴产业、促进创新要素聚集的张江高新技术开发区核心区，致力于发展以集成电路和生物医药为代表的战略性新兴产业及生产性服务业的康桥工业区，以现代医疗服务业和医疗器械及生物医药产业为核心的国际医学园区，和以新能源产业、先进装备制造业和生产性服务业为主导产业的南汇工业园区。

从传统制造业到生产性服务业、新兴产业转型发展，各个企业本身有自身生产安全的职责，而企业聚集的园区，也需要综合分析企业可能发生的生产安全事故，是否可能对周边其他企业，甚至园区外部产生影响。而且创新企业可能产生的技术风险不确定性较强，可能产生非常规的风险，如新病毒毒株扩散、信息安全侵害等，给园区的管理部门带来了挑战。因此，南北创新产业发展安全带需要重点关注各类生产安全，以及与其相关的物流运输安全、环境安全、医疗卫生安全及社会安全问题。

建议通过该区域的产业发展规划，加强产业园区及产业发展带安全系统建设，努力将此打造成国际化的安全产业发展地带。

（五）东部沿海物流生态安全带

浦东新区有占全市2/3大陆岸线的海岸线，从吴淞口南岸至奉贤区界，全长117.812km，岸线功能主要包括产业岸线、生态岸线、生活岸线、市政岸线及预留岸线。沿海修筑了坚固的海塘，但也存在部分薄弱海塘，在气候变化、海平面上升、极端天气发生频率加大的情况下，防汛形势具有较大的不确定性。

东部沿海物流生态安全带，一方面，连通临港区域和高桥区域，是浦东新区，乃至上海市重要的危化品运输通道；另一方面，也连接滨江森林公园、郊野公园、东滩湿地、临港滴水湖等，是重要的生态保护区域和休闲旅游场所；加之沿线还布局有空港、海港、垃圾处理场、污水处理厂等全市重要的功能项目，叠加了城市运行的重要功能。几个方面的功能和其可能发生的灾害风险叠加后，其安全管理就显得尤为重要。浦东新区总体规划中需要评估危化品专用道路建设的必要性和可行性，考虑其对周边重要设施和生态区域的保护作用。东部沿海物流生态走廊需要特别关注危化品运输、存储安全，航空和铁路客运安全，垃圾焚烧及污水处理环境安全，以及由此可能引发邻避事件的社会安全。

（六）高桥转型发展安全区

高桥区域的产业以化工、仓储、物流为主，区域功能复杂，包括高桥石化、高桥储罐、自贸区外高桥片区、滨海生态带、老街历史风貌保护区，也是未来沪通铁路的站点和轨道交通的中转站。

高桥区域的转型发展需要综合考虑以上不同区块的特征，统一规划。镇级规划以工业园区建设和老街保护开发为主线，而该区域安全隐患多，规划相互矛盾或不协调。因此需要借助转型发展，筹划高桥区域全新发展，将原来封闭的城市末端规划建设成为对外开启的规划，以连接宝山、崇明为纽带，建设集休闲旅游、文化产业、自贸购物于一体的新型港口区域。高桥石化搬迁后，需对原用土地进行生态修复，降低环境风险。老街的保护开发和自贸区森兰区域商业发展相结合，发展休闲文化产业。该区域要重点关注危化品运输和存储、沿江沿海区域的防汛防涝和原化工用地的生态修复，以及大型车辆运输安全。

（七）临港物流仓储安全区

临港物流仓储安全区是上海重点发展的区域，是上海国际航运中心和物流中心的重要组成部分。洋山深水港是上海最重要的深水港，航运及物流将进一步聚集，同时，保税区内危化品仓储将会得到进一步发展。因此，该区域必将是人流、物流、危化品交汇区域，主要应关注交通运输安全、物流仓储安全、危化品安全、港口安全等。

建议首先确保危化品运输、大型集装箱货物运输等专用道路交通网络远离新城；其次确保危化品仓储安全建设。聚焦道路交通运输安全、危化品仓储安全、环境生态安全、港口安全等。

三、重点区域防灾规划

上文对五条核心安全地带和两个重点安全区域的“五带二区”防灾规划进行了分析，从浦东新区防灾规划战略高度提出了规划建议和思路。“五带二区”包括浦东新区重点发展区域和重要转型发展区域，因此，需要对这些重点区域落实具体防灾规划和安全防范策略，进一步将重点区域综合防灾体系融入核心安全带规划思路中。

（一）陆家嘴区域防灾规划定位：金融核心，交通要道

陆家嘴区域是上海的金融中心，是全球城市的地标性区域。陆家嘴区域既是交通大通道带的西端，也是滨江商务文化休闲带的北端，两个重要区域的叠加增强了其安全防范的复杂性。陆家嘴区域的强韧性综合防灾规划主要针对高层建筑和大人流风险，重点关注以下几类问题：消防救援、应急避难与疏散、防汛防涝、金融风险。

1. 消防救援

陆家嘴区域消防力量较强，区域内共有 4 个消防支队、中队（浦东消防支

队一大队、铜山中队、唐东中队和特勤支队龙阳中队），并且早在 2001 年就成立了“高层建筑消防联防大队”，以应对区域内高层、超高层林立面临的消防安全局面。然而，近 300 栋的高层建筑，以及小陆家嘴的高密度超高层建筑，一旦发生火灾，电梯就不能使用，很难及时疏散人员；虽然高层建筑设计了避难层，但目前的消防扑救设备对过高楼层的火灾仍无能为力（消防设施如举高车等不足），即使使用直升机灭火或救援抢险，也由于可达性和运力的限制而很难发挥作用。

目前的消防站布点，从服务半径上已经能够涵盖陆家嘴区域，下一步需要在登高灭火设备、高层灭火水源水压等方面有所加强，应该研究规划建设（未来高层建筑）高楼应急停机坪，开发高楼救援技术和方法。

2. 应急避难与疏散

陆家嘴区域人流密集，开放空间较少，现有的避难场所和疏散通道难以满足突发事件的应急避难和紧急疏散的需要。可在陆家嘴区域规划设立两个Ⅰ类避难场所：世纪公园避难场所和源深体育中心室内避难场所；4 个Ⅱ类避难场所：陆家嘴中心绿地和南浦广场公园；根据陆家嘴区域的避难需求和实际场地条件设立 8 个Ⅲ类避难场所，作为临时紧急避难场所，可选择潍坊新村街道境内的世茂滨江大草坪、陆家嘴街道境内的东昌中学、洋泾街道境内的海洋大学等。同时，选择室内体育场馆（如源深体育中心）、学校、宾馆，将其设立为场所型应急避难场所，以满足该区域紧急疏散和应急避难的需要。

3. 防汛防涝

浦东新区滨江大道是亲水型设计，浦东新区滨江亲水平台区域的防汛墙设计在绿化带后面，高度达 6.9m，防御能力达到千年一遇标准。陆家嘴区域设计市政排水能力应达到五年一遇标准。但是，陆家嘴也存在内部缺乏水系，排水主要依靠强排，在大暴雨的侵袭下防汛面临考验的问题。该区域的防汛需要和周边区域的河道整治相结合，如对张家浜的拓宽疏通，能快速疏导积水，在一定程度上可以缓解陆家嘴区域的防汛压力。同时，加强该区域的海绵城市改造建设，通过公园绿地、小区中心花园、道路渗水等措施，有效渗透、滞留相应的雨水量，减少地表径流，改善陆家嘴区域的生态环境，提高防汛排涝能力。陆家嘴区域综合防灾规划如图 7-2 所示。

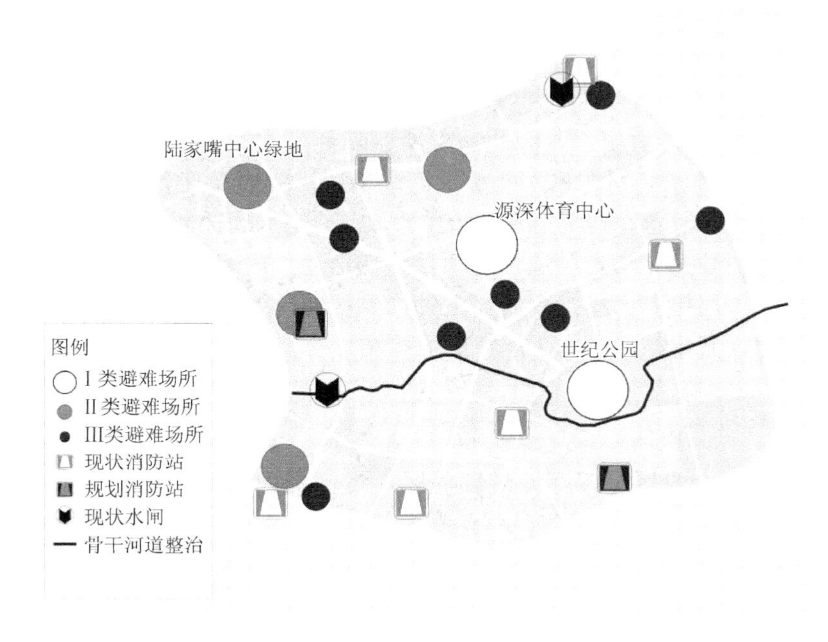

图 7-2　陆家嘴区域综合防灾规划示意图

（二）国际旅游度假区防灾规划定位：休闲娱乐，辐射周边

1. 人员疏散和避险

上海国际旅游度假区每年吸引 1000 多万人次到访，主要为短时停留的游客，并且存在较为显著的潮汐式人流特征，早上大客流进入，夜间大客流离开；在特殊天气条件下，人流的走向又可能引发踩踏等次生事故；上海迪士尼乐园烟花燃放又可能引发火灾或爆炸事故。

针对潮汐式人流，并且主要依靠轨道交通疏散，目前已经采取了一定的限流、蛇形通道等措施。不过，还需要考虑特殊天气下，在人员大量涌入轨道交通车站的情况下，如何有效引导人流从不同的出入口通行。

综合考虑迪士尼乐园及周边区域人流量较大，建议在迪士尼乐园核心区附近空旷区域设立 I 类避难场所，而周边则根据发展需要设立两个 II 类避难场所和 4 个 III类避难场所。

2. 消防救援

上海市消防总队浦东支队川展中队位于迪士尼园区外 500 多米，有 103 名官兵，加上 11 辆各式消防车，负责沪芦高速 S2 以东、南六公路以西、周祝公路以北、沪高速 S1 以南约 25km² 的消防安全保卫任务。园区内有大片水域，所以制定了水域救援预案；消防站内配有排爆车辆；对于“明日世界”等游乐设施多的区域，则以针对机械发生故障、人员被卡的救援预案为主；园内最高的城堡近 70m 高，里面还有厨房，因此消防站还配备了 52m 高的云梯车；此外还有机动性更强的宝马摩托消防车、北极星四轮消防车等装备配置。

根据《上海市消防规划（2003—2020）》，在迪士尼周边新规划了黄楼、瓦屑、川南、六灶等消防站。考虑到迪士尼项目的特殊性，规划在迪士尼核心区内设置一座消防站。按照接到出动指令后 5 分钟内到达辖区边缘的原则，度假区规划新增消防站两座，其中核心区为 1 座特勤消防站。

3. 防汛规划

上海迪士尼度假区是国际旅游度假区，场地复杂，功能多样，防汛排涝是该区域安全管理的重要内容之一。目前规划建设了 5 个排水泵站（图 7-3），要进一步加强周边市政排水管网及自然河道的建设与治理，确保该区域防汛排涝畅通。

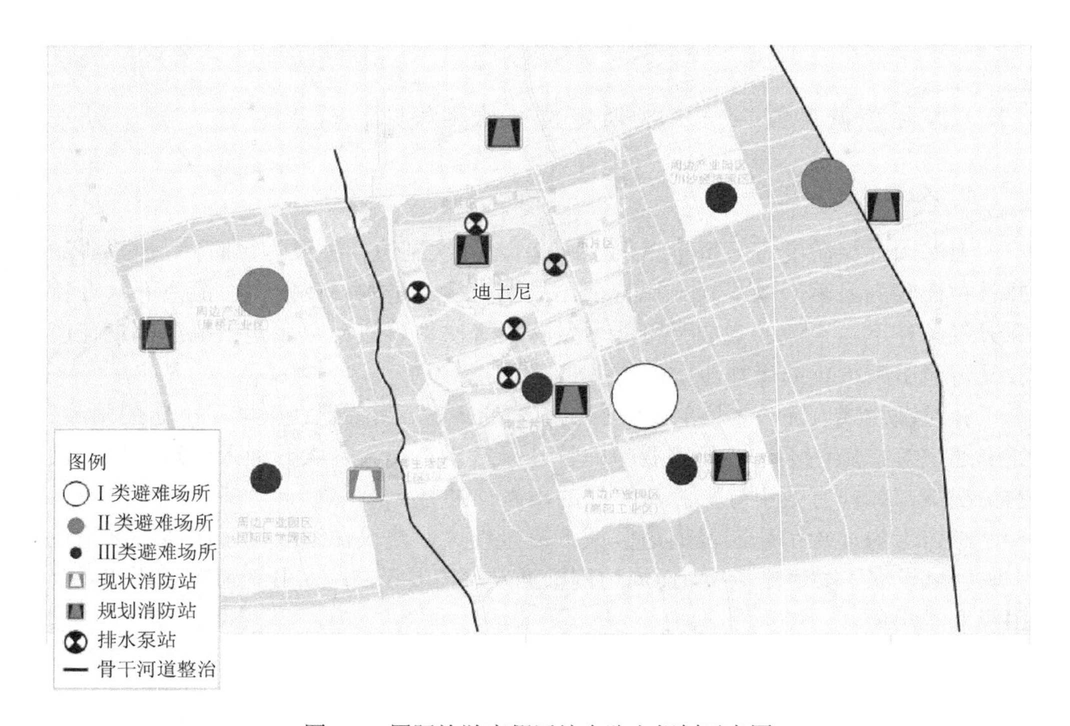

图 7-3　国际旅游度假区综合防灾规划示意图

（三）老港区域防灾规划定位：环境治理，产业转型

1. 环境整治

老港区域作为市级垃圾填埋场和再生能源中心，已经得到整体规划开发。但是，由于早期垃圾填埋防渗标准偏低，以及目前规划建设的垃圾焚烧可能会带来新的环境问题，因此该区域面临的最大问题就是环境整治。环境整治包括两大方面，首先是提升垃圾焚烧的标准，减少新增污染，主要通过垃圾分类、垃圾减量，提升垃圾处置设备的性能等方式，减少对环境累加的污染；并在整个处置过程中加强监测管理，有效降低对环境的危害。其次则是逐步对已经封场的一到三期垃圾填埋场的生态修复，对垃圾渗漏液的监测处置，采取有效措施防止垃圾渗漏液的外渗，缓解已经发生的污染。

2. 区域防汛

区域防汛是老港区域（图 7-4）面临的重要安全问题。目前大治河综合治理仅到大治河水闸为止，但水闸通向东海的区域同样存在河道淤塞、河边小码头林立等问题，一定程度上成为防洪除涝的瓶颈。暴雨期间，市区大量的水排入大治河，

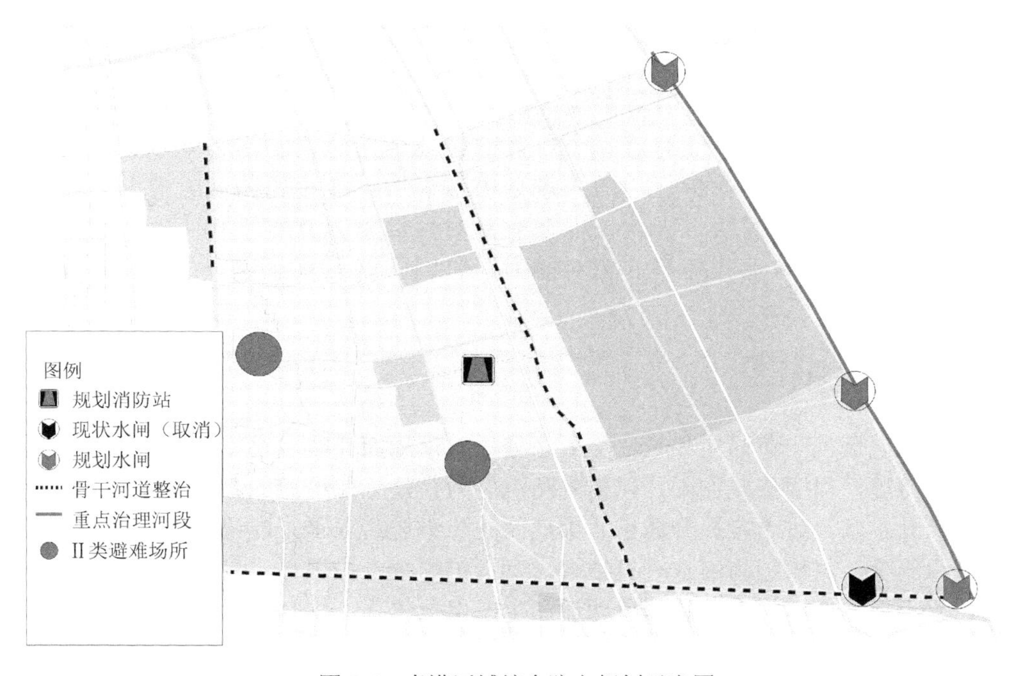

图 7-4　老港区域综合防灾规划示意图

使得老港区域河水位高涨，常常内涝积水。内涝也会导致垃圾填埋场被淹，产生更严重的环境污染等问题，因此需要特别应对突发灾害（如台风、暴雨等）导致的环境污染加剧。而台风期间，渔船则会入港避风，该段区域同样需要纳入综合治理的范围，一方面可借此机会将水闸外移，使得排涝更为顺畅；另一方面则是疏通河道，清淤拓宽，结合老港生态绿地规划建设，将大治河东端改造成集亲水、休闲与防汛于一体的景观河道，突出大治河上游治理成效。

防汛的其中一项措施是和整体水系排涝疏通相结合，把老港区域内的人民塘拓宽疏通，整治中港河、二灶港，疏通上述两条河道与东海之间的连接，缓解浦东川杨河与大治河之间区域的排涝压力。

（四）高桥区域防灾规划定位：通江达海，生态转型

高桥区域面临着从化工区向功能综合区转型发展，以高桥石化搬迁为契机，对整个区域的功能转型进行综合规划，将高桥区域规划建设成为浦东新区北端连通杨浦区、宝山区、崇明区，外接南通区，集文化休闲、海上游乐、保税购物于一体的开启式舒适安全港口区域。未来综合防灾规划着重以下几个方面。

1. 消防规划

高桥区域目前有 4 个消防中队：浦东消防支队四大队、高桥中队、保税区中队和外高桥中队，还有若干个厂区的企业消防队，消防力量相对充足。不过综合考虑高桥产业特征，消防规划中拟再增设 4 个消防队。并且，消防队同时也是应急救援队，因此，需要有针对性地增强其对于化工类事故灾害应急救灾抢险、水上救援等的应对能力，将消防队伍真正建设成为城市综合应急救援队伍。

2. 防汛规划

高桥区域位于黄浦江和长江交界之处，防汛局面严峻，存在部分较为薄弱的江堤和海堤，需要修复加固，以提升防汛能力。建议在沿海的赵家沟、浦东运河新建两处水闸，进一步提升浦东北部地区的防汛排涝水平。建议滨江森林公园可以水绿结合，将植绿与治水有机结合，营造护岸林、护堤林、景观林、水源涵养林、水土保持林，构建水系绿色廊道和生态保护体系，规划建设具有自我调蓄功能的防汛堤岸。

3. 避难场所

根据高桥区域的布局特征和人口分布情况，设立森兰绿地为Ⅰ类避难场所，周边为未来国际高端社区，交通区位突出，是浦东新区北部重要节点；设置滨江森林公园、高桥公园等4个Ⅱ类避难场所；再根据需要，设置若干个Ⅲ类避难场所，作为紧急集合避难之用。

4. 生态修复

随着城市的建设不断向外扩展，以及人们环保意识的不断增强，建成区周围的化工用地转型后，首先要进行土壤生态修复，以及对过程和结果进行监管，减少生态修复过程对周围环境的二次污染。

5. 老街保护

高桥老街历史悠久，与川沙老街等同属于历史保护建筑。目前规划建设为老街文化创业园区，是未来高桥区域（图7-5）重要的文化产业、休闲旅游区域之一。因为老街房屋一是多为木结构房屋，火灾风险高，要加强老街消防安全设施建设；二是房屋老旧，抗震防灾能力差，安全隐患多，既要尽可能保持老屋的原有特色风貌，又要确保房屋使用安全。需要制定老街保护规划，确保高桥老街文化创意产业可持续发展。

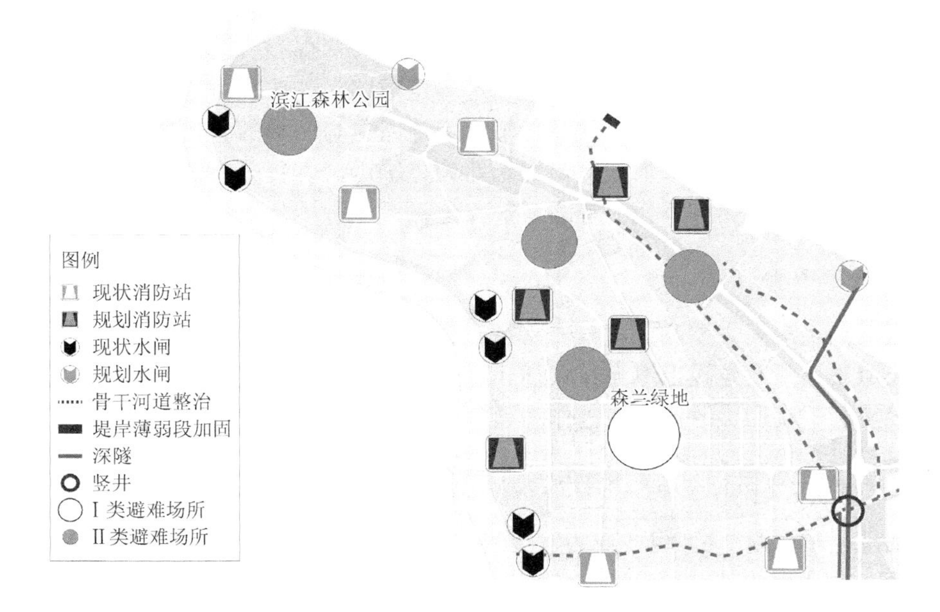

图7-5　高桥区域综合防灾规划示意图

（五）临港区域防灾规划定位：物流中心，制造基地

临港区域为上海 6 个重点功能区之一，以新能源装备、汽车整车及零部件、船舶关键件、海洋工程、工程机械、民用航空等装备制造业为最重要的支柱产业，物流仓储也是其重要的产业功能。

1. 防汛规划

临港区域的大治河东水闸两侧堤、东滩 4 期大堤北侧堤和芦潮港水闸两侧堤存在七千余米一线海塘薄弱段，需要修护加固。建议疏浚泐马河、黄沙港与杭州湾之间的河道，在这两处河口新建水闸，提升临港新城及浦东新区南部地区的排涝能力；开凿滴水湖北面的规划河道，清理围垦，打通河口，新建的水闸能够提高临港新城及浦东新区东南部地区的排涝能力。另外，本来临港区域只有一个滴水湖专用水闸，区域防汛压力较大。临港区域，包括临港主城区、芦潮港社区、国际物流园及临港森林一期，共 76.1km^2，已经成为第二批国家“海绵城市”建设试点区域，结合海绵城市建设，采用渗、滞、蓄、净、用、排等措施，使临港区域年径流总量控制率达到 80%以上。

2. 确保道路通畅

临港区域作为上海重要区域，又是连通洋山深水港的唯一通道，道路畅通，灾害发生后能确保至少有一条道路疏散。建议规划危化品仓储物流建设专用道路，一是沿沿海生态走廊向北，规划建设货运专用道路，连接高桥港口地区；二是沿杭州湾北岸，向西规划建设危化品运输专用道路，与西部的石化地区相连接，使危化品运输从上海东南沿海地区专用道路向外输送，客货分离，降低危化品运输的风险，确保浦东新区危化品道路运输安全。

3. 避难场所

根据临港产业发展和人口分布特征，建议在临港地区选择合适的绿地、空地建 I 类避难场所，建设上海海洋大学、书院中学等 4 个 II 类避难场所，再根据需要，设置若干个III类避难场所，作为紧急集合避难之用。

4. 防控多功能叠加后的风险放大

临港区域（图 7-6）也在着力发展科技、文化、商贸、金融、旅游休闲等现代服务业，也会由此带来一定的人流。制造产业生产安全虽然是各企业内部的管理问题，但可能和旅游休闲服务业风险叠加，放大生产安全事故造成的影响。临港

区域面积广阔，目前仅有 1 个消防站，根据消防规划，需要增设 14 个消防站点，提升其消防应对能力和综合救援能力。

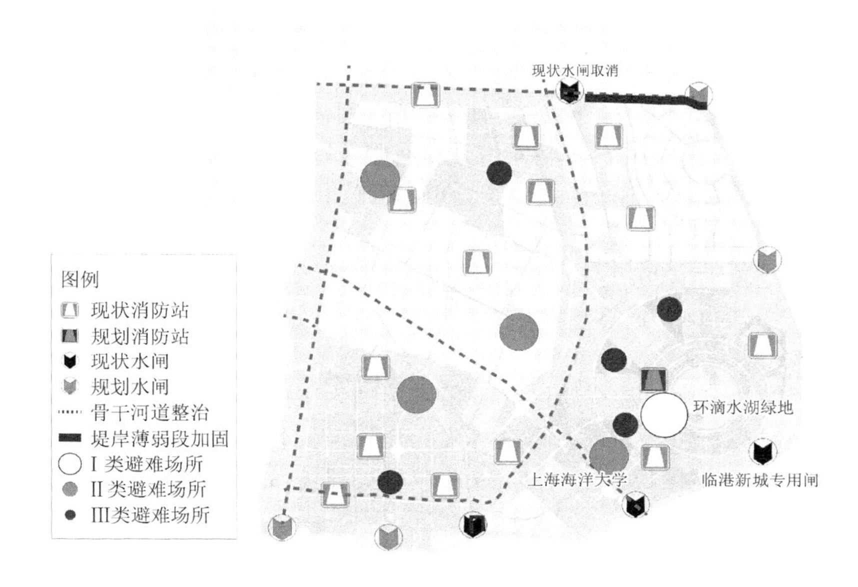

图 7-6　临港区域综合防灾规划示意图

第四节　浦东新区固体废弃物与危险化学品安全规划研究

浦东新区是危险化学品生产、存储、使用、运输的重要地区，同时，也是上海重要的垃圾和固体废弃物中转处置场所。危险化学品和固体废弃物的安全状况对浦东新区城市安全具有较大影响。一是这些有毒有害物质在生产、存储、运输和使用过程中会发生爆炸、泄漏等事故；二是其他突发事件（如台风、暴雨、火灾事故、交通事故等）可能导致危化品和固体废弃物发生爆炸或泄漏，从而引发次生灾害。因此，要加强对危化品和固体废弃物生产、存储、运输等的安全规划与管理，通过规划，一是进行科学的防灾分区，有效隔离危险源，减少灾害事故发生；二是规划建设防灾设施，提升灾害预防和应对能力，确保浦东新区城市安全运行。

一、浦东新区固体废弃物及危险化学品概况

（一）浦东新区固体废弃物的概况

浦东新区是上海市重要的固废物中转及处置场所之一。为了确保固废物安全

处置，由《中华人民共和国固体废物污染环境防治法》可知，浦东新区的固体废物为危险废物和一般废物。

随着浦东新区经济的快速发展，2010~2013 年浦东新区工业固体废物年产生量为 246.20 万吨，工业固体废物利用量为 230.20 万吨。2014 年上海市工业固体废物产生量为 1924.79 万吨，综合利用量为 1876.86 万吨，浦东新区工业固体废物产生量为 239 万吨，约为全市的 12.41%，工业固体废物利用量为 227 万吨，约为全市的 12.09%。其中上海外高桥第三发电有限责任公司、上海外高桥第二发电有限责任公司的固体废弃物产生量位于全市第四位和第六位，分别产生固体废弃物 64.25 万吨和 43.46 万吨。

在危险废物方面，2012 年在浦东新区备案的工业危险废物产生单位有 1186 家，实际产生单位 794 家，危险废物产生量 9.74 万吨，处置利用量 9.71 万吨，处置利用率 99.69%[①]。

在处理能力方面，浦东新区突破了以填埋为主的单一生活垃圾处理模式，形成了焚烧发电、生化处理、填埋等多元化、产业化生活垃圾处理处置体系。全区已建成 11 座城区垃圾中转站，6 座垃圾处理场，2014 年生活垃圾处理量为 192 万吨。

1. 一般固体废物处置概况

根据浦东新区《关于规范浦东新区一般工业固体废弃物收集、运输、处置管理工作的通知》（浦环保市容[2013]582 号）规定，严禁将一般工业固体废物、危险固体废弃物和生活垃圾混装运输。目前，浦东新区将可焚烧的一般工业固体废弃物纳入御桥生活垃圾焚烧发电厂处置，将不可焚烧的一般工业固体废弃物纳入上海市固体废弃物处置中心一般工业固体废弃物处置场处置。

除处置场以外，浦东新区还建成城区、陈行、高桥、合庆、唐镇、高行、张江、惠南、周浦、新场、泥城 11 处垃圾中转站；以及老港四期处置场、老港再生能源利用中心（市属）、老港综合填埋场一期工程（市属）和御桥、黎明等 6 座垃圾处置设施（图 7-7）。其中老港 1～3 期填埋场总处理量为 3500 万吨，已进行封场；运行中的老港再生能源利用中心日焚烧处理生活垃圾 3000 吨，年处理生活垃圾 100 万吨；老港四期处置场总库容达 8000 万吨，是目前国内最大的生物发电项目；御桥处置点日处理生活垃圾 1000 吨；黎明处置点设计规模为日处理生活垃圾 2000 吨。

---

① 资料来源：关于浦东新区 2012 年度本级预算执行和其他财政收支情况的审计工作报告. http://sjj.sh.gov.cn/sj2014/zwgk/n387/n425/n434/n454/u1ai19749.html.

图 7-7　浦东新区垃圾中转站及处置点分布情况

2. 危险废物处置概况

在危险废物处置方面，浦东新区相关单位产生的危险废物种类涵盖《国家危险废物名录》中的 25 类，其中工业企业产生的危险废物种类有 22 类，另外 3 类是垃圾处置设施产生的焚烧处置残渣（飞灰）、医院临床废物，以及彩扩、医院等行业产生的感光材料废物。根据《2014 年浦东新区环保市容局年报》，2014 年浦东新区具有危险废物收集、储存、处置资格的经营许可单位有 4 家。

（二）浦东新区危险化学品现状

根据《浦东新区处置危险化学品事故应急预案》，浦东新区化学品单位构成重大危险源，主要涉及：烟花爆竹经营、运输、储存；运输工具加油站，液化石油气充装站、经营站（点）；危险化学品生产、储存、使用、运输；民爆器材储存、使用等。涉及的主要产品有：烟花爆竹、汽油、液化石油气、液氨、液氯、氰化物、炸药、硝酸铵等。

浦东新区危险化学品单位构成重大危险源的分布情况。中心城区和城郊接合部，工业园区和非工业园区均分布有易燃易爆物品及危险化学品的重大危险源，一旦发生事故，则涉及人口较多，影响较大。目前，浦东新区危险化学品重大危险源单位有 41 家。

二、加强浦东新区固体废物安全管理能力建设

（一）固体废物的管理规则

浦东新区一般固体废物依据《一般工业固体废物贮存、处置场污染控制标准》国家标准第 1 号修改单（GB 18599—2001/XG1—2013）进行管理，一般固体废物的处置按照Ⅰ类工业固体废物及Ⅱ类工业固体废物划分，根据Ⅰ、Ⅱ类场的储存和处置要求分类管理，设立标志物，建立环境检测系统，完成水质及大气质量检测。

危险废物储存和处置场所及设施依据《危险废物贮存污染控制标准》国家标准第 1 号修改单（GB 18597—2001/XG1—2013）进行管理。综合危险废物储存和处置场所所处环境的气象、水文、地址及人口分布，划定管理范围，依据控制标准，完成设计要求。实施危险废物分类管理可借鉴美国《资源保护与回收法（RCRA）》，根据产生来源和风险度，RCRA 将危险废物分为特性废物、普遍性废物、混合废物和名录废物 4 类，并且对回收和处置设施实施分类管理。

生活垃圾的填埋、焚烧、堆肥则严格按照《生活垃圾填埋场污染物控制标准》（GB 16889—2008）、《生活垃圾卫生填埋场环境监测技术要求》（GB/T 18772—2017）、《生活垃圾焚烧污染控制标准》（GB 18485—2014）、《污水综合排放标准》（GB 8978—1996）等技术标准要求执行。对已封场的填埋场，应对气体排放、液体渗漏等进行环境监测，收集处理填埋地区产生的污染物，同时进行绿化、清污和生态恢复，合理规划土地再开发用途。

（二）加强固废物管理的规划建议

1. 完善现有垃圾处置设施的安全管理

对已经封场的老港填埋场 1～3 期和仍在使用的黎明填埋场需要加强设施周边气体排放、液体渗漏和水质的监测，并有效收集和处理填埋地区产生物。同时结合浦东新区东部沿海生态发展带规划，借鉴新加坡实马高岛垃圾填埋场的先进经验，开展垃圾填埋场的环保、低碳、绿色综合利用，构建具有复合功能的生态林地系统。种植对有毒物质高度敏感的植物，既通过生物手段监测环境影响，又美化周边环境。

针对老港再生能源利用中心、黎明垃圾处置点和御桥垃圾处置点三处垃圾处置设施，需要规范相关的管理规范制度、操作流程，加强生活垃圾处理设施臭气、尾气、飞灰等的二次污染控制项目技术升级，提高填埋气和余热的利用水平，提升生活垃圾能源利用率和转化率。同时，实时对废气排放量、二噁英含量等指标进行监测。

对于新区 11 处垃圾中转站，需要规范生活垃圾收运中的渗沥液收集和排放操作过程，符合操作密闭、污水控制排放、有效除臭等要求，并且结合生活垃圾分类，增设厨余垃圾、建筑装潢垃圾、大件垃圾的集中转运功能。

2. 优化垃圾处置设施的布局

一是要整合现有的垃圾处置设施（图 7-8）。在浦东新区发展过程中，御桥垃圾处置点和黎明垃圾处置点所在的街镇已从过去的边缘地区逐渐成为未来发展中心的组成部分，并发挥居住社区功能，因此，上述两处垃圾处置设施越来越不适合在原址继续进行垃圾处置。在未来规划中，建议逐渐整合现有的垃圾处置设施，将御桥垃圾处置点和黎明垃圾处置点的功能整体搬迁至老港再生能源利用中心。以国际标准将老港建设成集垃圾填埋、焚烧、发电、生态绿化于一体的现代化再生能源利用中心。

二要优化现有垃圾转运站布局。根据《上海市城市总体规划（2017—2035）》，要按照“减量化、无害化、资源化”原则，健全固废分类收集、运输、处理体系，湿垃圾资源化利用设施，建筑垃圾分类消纳和资源化利用体系建设，完成城市固废终端分类利用和处置设施布局，发展固废循环经济。根据《浦东新区市容环卫“十三五”规划》，陈行、高行、高桥、合庆、临港新城分流转运中心需选址新建，新场分流转运中心需原址改扩建，这些需要新建、扩建的垃圾转运站可以采用全地下或半地下式，以节约用地。根据老港生活垃圾处置基地的处置现状和规划，进行垃圾转运物流的优化。

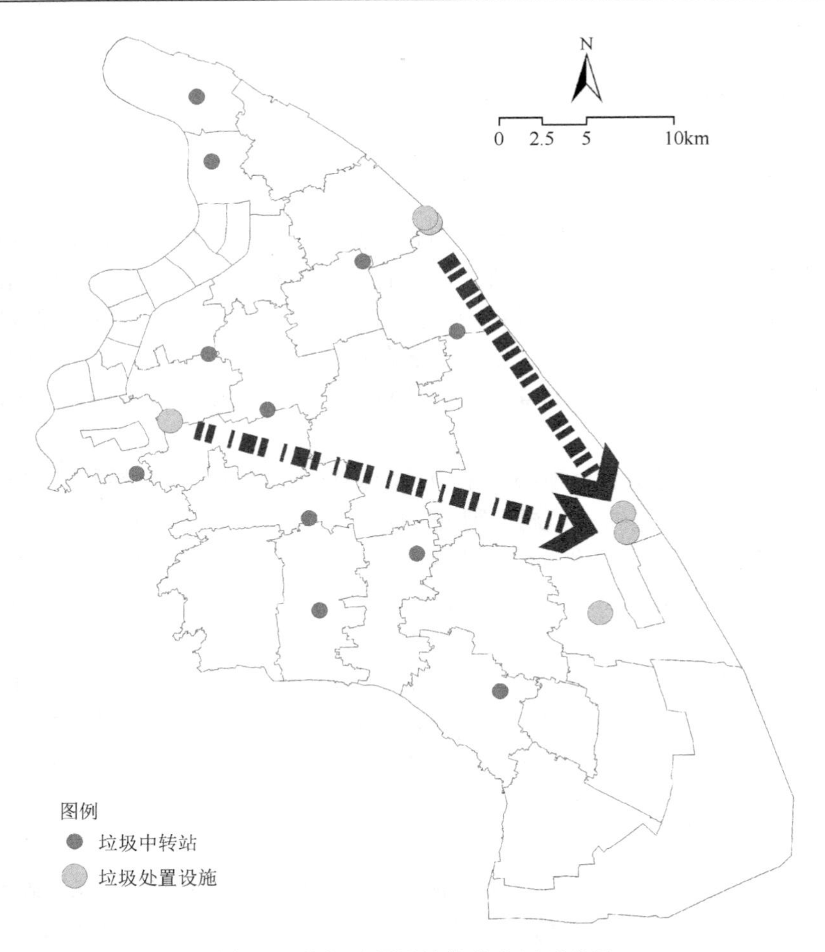

图 7-8　垃圾处置设施优化布局示意图

三、加强浦东新区危化品安全管理能力建设

（一）危化品的管理规则及经验借鉴

在危化品的安全管理规范方面，浦东新区危化品的生产、储存和运输遵循《危险化学品安全管理条例》《上海市危险化学品安全管理办法》的生产许可、生产技术规范、生产及储存设施的选址和管理、经营规范、运输安全的相关规范和标准。

危化品是日常生活中非常重要的物品，一旦发生意外，会对民众的生产生活造成巨大的影响，如 2015 年 8 月 12 日天津市滨海新区天津港的瑞海公司危险品仓库发生火灾爆炸事故和 2019 年 3 月 21 日江苏省盐城市响水县陈家港生态工业园区内的江苏天嘉宜化工有限公司发生爆炸事故，造成重大人员伤亡和财产损失，留下了惨痛教训。因此，加强城市危化品产业布局规划与管理是城市运行的重要任务。日本、美国及欧洲一些国家都对危化品管理做出了许多探索，现总结归纳为以下几点。

1）严格的生产许可和监督程序。以日本为例，日本的《消防法》根据化学品指定数量，规定了危化品的生产和储存申请及审批程序，只有验收合格，才能投入使用，并接受监督，如图 7-9 所示。

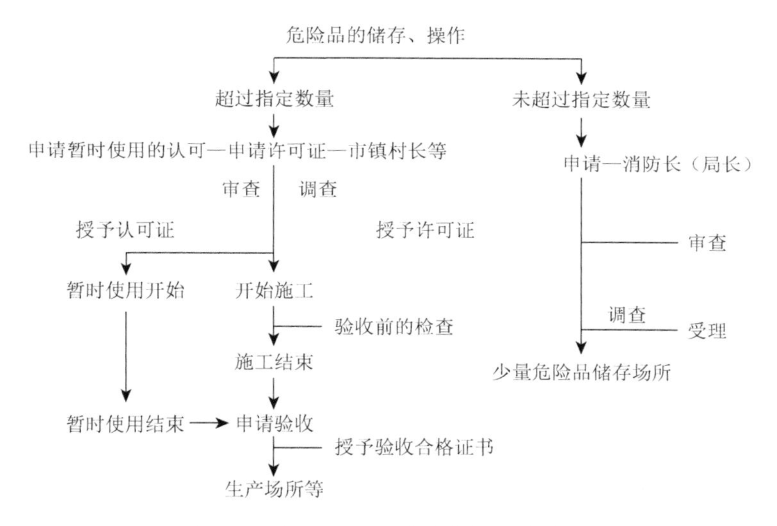

图 7-9　日本危化品生产储存审批流程

2）运输管理规定。首先，国外对危险货物运输做了严格的运输准入条件规定。德国、日本、美国规定，从事危险货物运输必须通过考试取得合格证书，才能取得危险货物运输许可资格，车辆只有通过检查才能获得运输行驶许可，并且对运输车辆和司机进行科技化的管理，监控危险货物车辆运行及驾驶时长（单伟斌，2006）。其次，美国、加拿大等国成立危险品（危化品）运输应急中心，对危险货物运输紧急事件做出应急响应，并提供危化品技术咨询和应急培训（宋云和王洁，2003）。

3）制度化的危险品管理体系。以日本为例，在危险品生产过程中，不仅要在生产开始前定期检查危险品及判断是否安全，还要设置危险品操作制度，设置危险品操作人员、操作监督员、安全监督员和设施安全员，由行政体系负责监督（吴涛，2003），如图 7-10 所示。

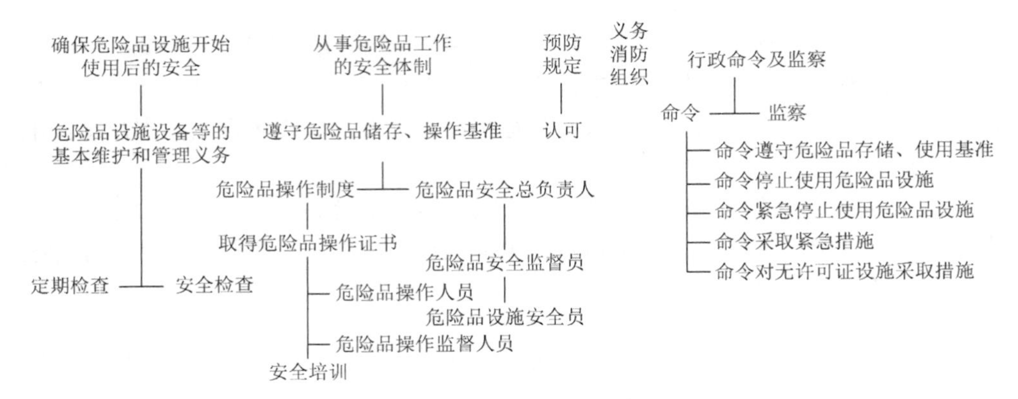

图 7-10　日本危化品管理体系

（二）加强浦东新区危化品规划管理

针对浦东新区内危化品重点单位分布较为分散的特征，应该合理规划布局，有效管理，严格遵守安全距离的限制要求，以减少对周边人群的影响。同时，在未来的规划布局中，新规划的危化品园区应该避开低洼地区和易受海潮、江潮、内涝影响的地区，以避免严重积水导致危化品的泄漏。在浦东新区沿海地区可考虑建设危化品运输的专用通道，连接各大工业园区，提高危化品的物流运输安全。

对于危化品重点单位，需要加强其内部的安全管理。规范危化品的生产和储存，制定危化品操作制度，定期检查危化品以确认是否安全。同时，提高危化品物流的安全监管，加强对运输车辆和运营人员的资质审核和检测，确保运输安全。

参考文献

戴慎志. 2011. 城市综合防灾规划.北京：中国建筑工业出版社.
段进. 1999. 城市空间发展论. 南京：江苏科学技术出版社.
姜淑珍，柳春光. 2005. 城市交通系统易损性分析. 工程抗震与加固改造，(S1)：243-247.
吕元. 2005. 城市防灾空间系统规划策略研究. 北京：北京工业大学博士学位论文.
宋云，王洁. 2003. 美国化学品应急响应系统及其经验探讨. 环境保护，(8)：63-64
单伟斌. 2006. 德国危险货物运输监管及其启示. 综合运输，(5)：80-81.
吴涛. 2003. 日本化学危险品安全管理制度简介. 消防技术与产品信息，(12)：54-59.

第八章　重要防灾设施规划——功能布局

城市生命线工程、基础设施及重大设施抵御灾害能力的强弱直接体现城市综合防灾能力。为了有效预防和应对各类灾害事故，需要对城市重要防灾和救灾设施进行规划布局。就浦东新区整体应对而言，极端天气增加，加上城市基础设施老化，给浦东新区防汛体系造成了较大的压力。地震灾害，加之浦东新区人口、财富、建设高度密集的特点将造成损失扩大效应。因此，防汛、防震规划显得尤为重要。同时，结合浦东新区高层楼房和老旧房屋多的特点，需要加强城市救灾避灾设施建设，确保灾害事故发生时能提供快速救灾和安全避灾。特别需要加强消防设施合理布局和消防救援能力规划建设，提高消防综合应急救援能力。而且，浦东新区不仅户籍人口多，区内还分布有迪士尼、浦东国际机场等重要的人流密集场所，一旦突发灾害事故，需要快速组织疏散和安全避险。因此，需要在分析浦东新区现有资源的基础上合理规划建造避难场所，最大限度保障民众安全。

第一节　浦东新区防汛规划研究

一、台风、暴雨灾害情况

浦东新区处于中纬度大陆东部沿海地带，冷暖空气交替明显，天气情况复杂，灾害性天气时有发生，每年汛期都要不同程度地遭受台风、暴雨、海潮的袭击，有时还受到龙卷风、冰雹的威胁，其中影响最大的灾害是台风及短时强降雨。

1. 台风、暴雨情况统计

根据1981～2015年全市暴雨频数统计，各区、县分布不均匀，上海东北部的暴雨次数较多，其中浦东新区暴雨次数最多，达140次，中心城区和宝山区次之，嘉定区、青浦区较少。

从2003～2012年的情况来看，浦东新区内平均每年暴雨次数为2.9次，平均降水量为102.6mm，最大暴雨降水量为164mm。此外，浦东新区近十年来平均每年会受到2个台风外围环流的影响，最大风级12级，平均风级10级。

2. 台风、暴雨历史灾情

根据国家自然灾害灾情管理系统，2009～2015年浦东新区共遭受10次自然灾害，其中有 5 次台风灾害、2 次洪涝灾害、3 次风雹灾害（主要为雷击灾害）。损失最严重的是在 2015 年第 9 号超强台风“灿鸿”来临后，造成经济损失 16440 万元；其次是 2011 年第 9 号超强台风“梅花”，造成 11.8042 万人转移及造成经济损失 15207 万元。导致人员伤亡的灾害以风雹（雷击）灾害为主，三次风雹灾害都导致了人员死亡。

从洪涝灾害来看，虽然国家自然灾害灾情管理系统显示，洪涝灾害最终导致的人员伤亡和财产损失没有台风和风雹灾害严重，但是从现实角度看，近年来浦东新区发生的几次洪涝灾害，尤其是短时强降雨，都造成了城区的大面积积水，给城市安全运行带来了压力。

3. 台风、暴雨未来变化趋势

近年来，全球气候变化和浦东新区本身建设规模不断扩大，浦东新区未来可能面临台风、暴雨等灾害带来的更大的挑战。

一是全球气候变暖，海平面上升，极端天气频发，风暴潮、突发性和灾害性强对流天气有增多和增强的趋势。自 1980 年以来，上海的高温热浪和暴雨发生频率明显升高，极端气候越来越频繁。快速城市化进程加剧了气候变暖。而气温升高容易导致大气水循环加快，总降水量增加，降水分布不均（石婷婷，2016）。在此背景下，浦东新区所处的地理位置和其城区特征更容易导致其成为区域的暴雨中心，高强度暴雨发生的频率更高，防汛工作压力不小。

二是城镇化建设规模不断扩大，城市原有的排水系统和内涝防治系统受到了不同程度的破坏。第一，土地开发引发城市地区地形地貌变化，径流的形成发生变化，尤其是太浦河开通后，上游水情、工情发生变化，太湖洪水下泄速度加快，水量增加，有抬高黄浦江水位的趋势；第二，城市面积不断扩大，河道减少，原来的水循环系统受到破坏，给排水蓄洪造成新的压力；第三，重大市政建设工程对排水系统运行造成影响，部分工程任意设置管涵，缩狭过水断面，引起局部地区河道水位提高；第四，排水配套设计和建设无法跟上城镇化的建设进程，造成局部地区积水，而一些年份较长的排水管道也出现老化现象，城市的排水系统已经无法满足城市排涝的要求。

二、防汛排涝设施现状

（一）自然环境及防汛防台设施情况

浦东新区毗邻东海，位于杭州湾北岸，是长江口、黄浦江的汇合处。由于三面环水，沿江、沿海均受会到较为明显的潮汐影响。浦东新区全区有河道 12365

条段，水面率约占9.8%，赵家沟、浦东运河、川杨河、大治河等市级骨干河道纵横贯穿。全区整体地势西北低、东南高，地面高程一般在3.5～4.5m，个别地区在3.2m左右，平均地面高程4.2m左右（吴淞零点）。

因此，浦东新区在防洪除涝方面构筑了“海塘、江堤、区域除涝和城镇排水”四道防线。

沿海一线海塘共117.812km（吴淞口—奉贤区界），其中78.671km已达200年一遇高潮位叠加12级风正面袭击的防御标准，占全部海塘岸线的66.78%；未达防御200年一遇潮位叠加12级风标准的有39.141km，约占全部海塘的33.22%。

浦东辖区内黄浦江防汛墙北起吴淞口港务局工人疗养院围墙东侧，南至闵行区界的临江水厂，总长65.307km（含支流及白莲泾泵闸闸内段），按防御千年一遇潮位标准加高加固的有64.227km，达标率为98.35%，未达标的为外高桥地区外环越江隧道两侧黄浦江岸线，总长1.080km，占1.65%。

浦东沿江沿海通潮水闸有23座，总孔径为334m，其中沿黄浦江建有水闸13座，总孔径为124m，因航运需要建有2座枢纽，即东沟枢纽和杨思枢纽；沿长江口有7座水闸，总孔径为142m，不包括单独为浦东机场服务的江镇河闸和薛家泓闸2座水闸（孔径28m）；沿杭州湾建有3座水闸，总孔径为68m。其中两座水闸配备排涝泵站，总装机流量为90m^3/s。从图8-1中可以看到，川杨河以北的水闸有18个，而川杨河以南只有5个，分布不均，川杨河以南地区排涝。

浦东新区全区范围内排水系统建设标准不一。中心城区现状雨水排水系统分别采用1～3年设计重现期，如陆家嘴地区内金融贸易区、行政中心区、世博园区等，以及新区其他不允许产生严重积水的地区应采用3年设计重现期标准，浦东机场采用5年一遇设计重现期标准，其余地区采用一年一遇设计重现期标准。全区各类雨水泵站有120座（其中区管市政雨水泵站67座，最大排水能力为922.88m^3/s）。由图8-2可以看到，雨水泵站同样存在分布不均的问题，除临港区域以外，原南汇区几乎没有雨水泵站，虽然这些区域有大量的农田和河道可以吸纳大量的雨水，但随着这些区域城镇化进程的加快，自然河道不断被蚕食，排水蓄水问题将逐渐突显。因此，城市防灾规划中需要特别关注这些区域的防汛问题。

（二）台风暴雨承灾体脆弱性分析

浦东新区每年都对防汛承载体脆弱性进行普查。2016年度被列为黄浦江防汛墙薄弱段的有5段，共计2031m，被列为海塘薄弱段的有7段，共计21162m，浦东新区的病险水闸有3座，分别为芦潮港水闸（芦潮港水闸外移工程正在建设中）、张家浜西闸和西沟水闸。

图 8-1　浦东新区沿江沿海通潮水闸分布图

图 8-2　浦东新区雨水泵站分布图

此外，根据《浦东新区 2016 年防汛重要资料汇总》（内部资料）对全区积水情况进行统计，浦东新区积水主要集中在 3 个方面，一是市政道路积水，二是居住区和区域积水，三是地道和下立交积水。浦东新区共有 35 处易积水市政道路，积水主要由路面沉降、施工、出水口过远或被堵、管道老化或过小、排水缓慢等造成。在这些易积水道路中只有 6 处采用强排方式，其余都采用自排方式。而采用强排方式的易积水道路中，也有因泵站能力低而导致的道路积水情况。浦东新区共有 81 处居住区、区域易积水，主要集中在南码头、浦兴、上港新村、潍坊、塘桥、洋泾、张家镇、惠南镇、书院镇、北蔡镇和航头镇等 22 个区域，积水是由外部原因和内部原因造成的。浦东新区共有 27 处重要地道和下立交，其中仅供车通行的有 13 个，仅供人通行的有 5 个，供人、车通行的有 9 个；这 27 处重要地道和下立交中，仅 S32 祝惠路地道、G1501 江镇路地道和 G1501 水闸南路地道三处没有泵站，S32 祝惠路地道、G1501 江镇路地道、G1501 水闸南路地道、龙阳路下穿通道及老芦公路芦潮港铁路地下通道五处没有监测点。

三、试点推进海绵城市建设

（一）低影响开发和海绵城市建设

近年来，我国积极开展对低影响开发的研究，并提出了“海绵城市”的建设要求。“海绵城市”概念于 2012 年 4 月，在“2012 低碳城市与区域发展科技论坛”中被首次提出。《海绵城市建设技术指南——低影响开发雨水系统构建（试行）》对“海绵城市”的建设做了规范。海绵城市是指城市能够像海绵一样，在适应环境变化和应对自然灾害等方面具有良好的“弹性”，下雨时吸水、蓄水、渗水、净水，必要时将蓄存的水“释放”，并加以利用。海绵城市的建设要求转变了我们传统的城市排涝的思维。仇保兴（2015）指出，传统的市政模式认为，雨水排得越多、越快、越通畅越好，这种“快排式”的传统模式没有考虑水的循环利用。海绵城市采用低影响开发技术，遵循“渗、滞、蓄、净、用、排”的六字方针，在正常的气候条件下，可以截流 80%以上的雨水。

在上海市复兴岛公园开展的雨水渗蓄试验（李冰，2015）显示，在小型降雨过程中，雨水花园、植草沟等设计能使雨水全部渗透，在大型降雨过程中，可能会产生溢流和出水，但是溢流的峰值落后于降雨峰值，即通过雨水花园和植草沟的蓄、滞、渗作用，可以延迟洪峰的时间。在浅层调蓄试验中，发现小雨时地面径流量较小，管道内的雨水流量也较少，调蓄后的流量与调蓄前的流量相差不大。随着降雨强度的增大，管道内的雨水流量逐渐变大，调蓄管的调蓄作用也逐渐增强，调蓄后的流量与调蓄前的流量差距逐渐加大。但受调蓄容积的限制，降雨强度大到一定程度时，调蓄管的调蓄作用逐渐减弱，调蓄后的流量与调蓄前的流量差距逐渐变小。

而唐双成（2016）根据不同填充介质及雨水特征，对雨水花园对径流的削减作用进行了实验，显示砂、土分层及均质黄土两种不同填料雨水花园的水量削减均与降雨量呈负相关关系，对中、小型降雨的水量削减效果更为显著。西安市年内降雨多以中、小型降雨为主，两者之和占总降雨量的 69.8%。如果以目前研究区海绵城市建设目标中年径流总量削减 80%为控制目标，分层雨水花园和均质雨水花园对小雨的海绵城市完成率分别为 98.5% 和 92.5%；对于中雨，分层和均质填料雨水花园的海绵城市完成率分别为 69.0% 和 62.3%。可见，雨水花园在海绵城市建设中可以发挥积极的作用。

海绵城市的设计对中、小型降雨的地表径流削减效果显著。因此，在未来的发展规划中，有必要把海绵城市的设计理念融入城市规划中，结合城市水系、道路、广场、居住区和商业区、园林绿地等空间载体，建设低影响开发的雨水控制与利用系统，积极发挥城市“海绵体”对中、小型降雨的径流控制作用，建设自然积存、自然渗透、自然净化的海绵城市。

（二）临港试点区开展海绵城市建设

2016年，随着《上海临港试点区海绵城市专项规划》和三年实施计划编制的出台，临港海绵城市建设将形成“一核—两环—六楔—多片”的海绵城市自然生态空间格局，以滴水湖为水生态敏感核心，以水系为骨架向外围布置环状、放射状汇水片区。此次整体改造涉及临港主城区、临港森林一期、临港国际物流园区和芦潮港社区功能板块。试点区面积达79km^2，包括7个示范区、15个项目包、100余项具体工程，共耗资81亿元。

根据《上海市海绵城市建设指标体系（试行）》，新建区域年径流总量控制率应≥80%，改建区域则需要≥75%。通过计算径流峰值，确定径流峰值控制目标，结合低影响开发理念对径流峰值进行削峰，确保城市防汛安全。通过海绵城市的设计，对建筑与小区、绿地、道路与广场、河道与雨水管道4个系统进行居住区、公共建筑、重要功能区、工业园区的集中绿地和绿色屋顶建设，以及对人行道、高架道路、专用非机动车、停车场和广场进行透水铺装，充分发挥建筑、绿地、道路和水系等生态系统对雨水的吸纳、蓄渗和缓释作用。通过渗、滞、蓄、净、用、排等海绵城市建设措施，加强雨水的下渗和利用，有效削减降雨形成的地表径流。针对日常小规模降雨，即33mm/h（约为1年一遇）以下程度的降雨，能够起到一定的排涝作用，做到小雨不积水；对区域降水峰值进行控制，做到大雨不涝，确保道路和建筑安全。

经过三年的建设，临港地区海绵城市的建设初见成效。通过对滴水湖环湖带及湖泊滨岸带进行雨水促渗、拦蓄、净化改造和生态建设，重点解决了环湖岸线硬质化、径流污染直接入湖和雨水蓄滞等问题，达到减少入湖径流污染的目的；申港社区服务站中心绿地建设——口袋公园，其内部和周围有许多雨水花园，雨水花园起到了生态净化、涵养水源的作用；芦潮港新芦苑小区海绵化改造工程对雨水花园、地下调蓄净化设施、高位雨水花坛、调蓄净化沟等核心技术进行优化，形成了一套可复制、易推广的模式。可以说，临港的海绵城市试点建设已经产生了有益的成效及可复制的措施，这将为今后浦东新区在更大范围内开展海绵城市建设提供宝贵的经验。

四、防汛规划建议

浦东新区建设“高标准防汛排涝系统”，需要在全面分析防汛风险现状和未来变化趋势的基础上，把河道水网恢复、海绵城市建设、雨水管网设计、地下大型蓄水设施建设结合起来；通过海绵城市建设，充分、合理利用水资源，保障上海城市水安全；提高防汛排洪设施建设标准，科学规划防汛排涝设施布局，减轻极端气候条件下的城市内涝问题，确保重要区域、重要设施的防洪抗涝安全（总体规划见图 8-3）。

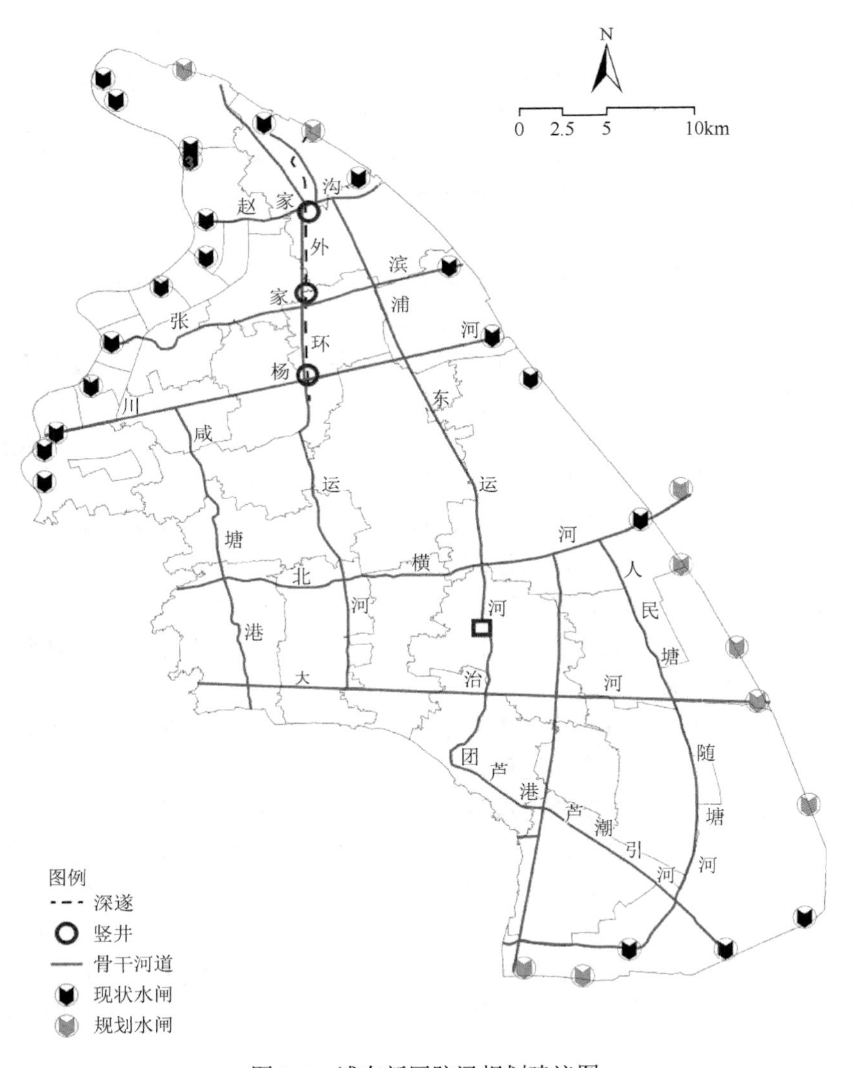

图 8-3　浦东新区防汛规划建议图

1. 建立数据库评估水涝风险

制定新区防汛规划需要对浦东新区防汛体系进行全面的分析评估。法国、英国、美国等发达国家在防涝规划中都强调突出了风险评估和风险地图的重要性。美国大部分地区都建立了国家洪水保险计划洪水数据库，并出版了洪水保险概率图，描述了百年一遇和 500 年一遇的洪水发生概率，并确定了特殊洪灾风险区（Watson and Adams，2015）。可见，风险评估是制定和实施规划的重要依据。要做好风险评估，就要建立大数据库，包括采集区域内的降水数据；土壤、植被、地形等地表径流情况；建成区地下管网情况；自然河流、湖泊情况等。基于完整的数据库，才有可能建立浦东新区水涝分析模型，对不同降雨量下的城市不同区域的积水情况进行计算机模拟分析，形成新区水涝风险图，辅助决策。

2. 加固现状薄弱环节

2013 年浦东新区修编了《浦东新区水利规划（2012—2020）》，按照相应防洪（潮）标准和区域除涝建设标准，逐年对新区的海塘、黄浦江防汛墙、水闸进行修建、加固。需要继续修建、加固各类存在薄弱环节的防汛设施，以达到相应的建设标准。

3. 合理规划排涝设施布局

要合理规划排涝设施布局，就要加强市政排水管网建设，这是提高浦东新区防涝能力的重要内容。从城市排水管网及蓄水设施建设角度看，各国都结合城市发展特征，设计建造了相应的排水和蓄水设施。例如，日本东京下水道长达 1.58 万 km，首都圈外围排水工程共 6.3km，并建有 5 个 4.2 万 m^3 的蓄水池，用于蓄洪和泄洪；日本横滨市鹤见川地区根据不同的降雨量设计了从单一的城市排水管道系统到包括雨水管渠、内河和流域调蓄等在内的综合应对措施。新加坡将建筑物周边分布的排水渠与城市主要排水系统相连，形成了遍布全岛的城市雨水收集、排放网络，另外，通过建立 17 个大型蓄水池，进一步加强了对雨水的疏导。英国伦敦正启动造价约 170 亿英镑的“泰晤士河隧道”，地下隧道宽度达三辆公共汽车并行的宽度，沿着泰晤士河，跨越伦敦东西，长 15～25km，连通 34 个受污染最严重的下水管道，对本来排到泰晤士河中的污水进行收集和处理（刘波，2013）。

借鉴国外经验，结合浦东新区现状，建议将现有的一年一遇的排水能力，普遍提高到 3～5 年一遇的建设标准，以满足浦东新区城市发展规划。在此过程中，需要特别关注脆弱性较强区域的防汛排涝能力，如人口和建筑相对密集、地势又相对较低的黄浦江沿岸地区；易受自然灾害（如台风、风暴潮等）影响的沿海区域；人流、物流较为密集的浦东国际机场、迪士尼、陆家嘴金融中心等重点区域。需要评估这些区域在极端气候条件下的排涝能力，将其提高到5年一遇以上排涝设施建设标准，并在易涝区域内规划建设蓄水空间，提高蓄洪调节能力。同时，根据浦东新区特征，考虑到城市未来发展的需求，在一些新城和农村城镇化建设过程中，建议规划建设高标准的大口径地下排水（下水道）管网工程，提前规划建设高标准的新城镇排水设施，使其排水标准同等于或高于中心城区排水标准，以满足新城镇区域快速发展的需求，确保未来新城（城镇）的防汛排涝；在中心城区，由于房屋建筑、基础设施及地下工程密布，难以系统地建设大口径的下水道工程，建议选择在外环沿线规划建设具有调蓄功能的地下蓄水渠（地下深隧），通过连接川杨河、张家浜、赵家沟等主干道河流，将主干道河流水引入深隧中，最后通过高压排水设施，将地下深隧的水排入东海，并与规划中的浦东新区西部苏州河地下深隧工程相呼应，确保浦东新区中心城区在特大雨涝情景下，防汛排涝能顺利进行。

4. 新增河口水闸建设

针对浦东新区川杨河以南地区缺乏排涝水闸的情况，建议在该地区适当开挖新河口，打通原有河流并与沿海连接。建议在以下几个位置增加水闸设施，提高区域整体的排涝能力：一是在疏浚泐马河、黄沙港与杭州湾这两处河口新建水闸，提升临港新城及浦东新区南部地区的排涝能力；二是开凿滴水湖北面的规划河道，清理围垦，打通河口，新建的水闸能够提高临港新城及浦东新区东南部地区的排涝能力；三是整治中港河、二灶港、北横河，疏通上述两条河道与东海之间的连接，缓解浦东新区川杨河与大治河之间地区的排涝压力；四是在沿海的赵家沟、浦东运河新建两处水闸，进一步提升浦东北部地区的排涝水平。此外，还可以在沿江沿海选择合适的地区建设大型地下蓄水池，并与附近的堤坝水闸形成一体的防涝设施。

5. 疏通骨干水系网络

建议应当加强骨干河道的水系枢纽作用。疏浚、整治和拓展赵家沟、张家浜、川杨河、北横河、大治河、咸塘港、外环运河、浦东运河—团芦港—芦潮引河、泐马河、人民塘—随塘河10条浦东新区的主干河道，形成“五横五纵”的骨干水系格局，增强骨干河道调控河流水系及抗御外水和排放内水的能力。同时，需要进行过水断面的恢复工程，保证骨干河道与周边支流之间的畅通，恢复自然河流的自排能力，通过水系网络的建设来提升浦东新区整体水系的互联互通、快速排涝水平。

6. 规划海绵城市

从规划设计理念角度，需要在城市规划、城市防涝建设过程中融入生态理念，并鼓励民众共同参与雨水的集蓄和利用。目前，日本、德国、美国等国家已经通过试点建设和政策引导，形成了一定的经验。例如，美国费城2011年制定了全市性低影响开发的总体计划（费城绿色城市计划），开展绿色雨水基础设施的建设、增加传统排水设施、实施绿色雨水设施的适应性管理，使费城成为利用绿色基础设施最成功、最环保的城市（王召森和林蔚然，2016）。德国通过补贴措施鼓励柏林市民参与建设“绿色屋顶”；日本政府对设置并利用雨水储存装置的单位和居民进行补助；美国通过总税收控制、发行义务债券、联邦和州对相关机构或组织给予补贴与贷款等一系列经济措施来鼓励雨水的合理处理及利用（为之，2015）。

浦东新区临港地区作为全国30个试点地区中面积最大的一个，提出了“5年一遇降雨不积水、百年一遇降雨不内涝、水体不黑臭、热岛有缓解”的总体目标要求。在3年的试点建设过程中，浦东新区在湖泊水体生态保护、生态廊道雨水滞蓄净化、围垦区生态保护与利用、已建和新建城区及商务街区海绵化改造、老城区积水改造及水体综合治理等工程建设中融入海绵化的理念，试点建设成果已经初见成效。这些经验可以为浦东新区其他地区开展海绵城市建设、优化浦东新区生态环境提供有益的指导。

第二节　浦东新区防震规划研究

一、地震灾害风险分析

尽管上海远离环太平洋地震带，但本市及邻近地区都在中强度地震活动波及影响范围内。上海行政区发生5级以上破坏性地震的可能性很小，但不排除会发生有感地震的可能，并且，上海周边地区发生的中强地震都可能对上海造成一定的影响，因此绝对不可以掉以轻心。而上海作为未来卓越的全球城市，毫无疑问，应该具备超强的抗震减灾能力。

根据历史记载，上海地区发生的具有破坏性影响的地震有4次：明天启四年（1624年）上海地区发生4.75级地震，清康熙七年（1668年）郯城发生8.5级地震，咸丰三年（1853年）南黄海发生6.75级地震，1927年南黄海发生6.5级地震。上海发生的地震的最大烈度为6度或6度异常区。据此，上海地区地震基本烈度定为6度。20世纪70年代，中国地震局编制了第二代《中国地震烈度区划图》，上海列入“沪、杭、甬”区域，地震基本烈度仍定为6度。1976年唐山发生强烈地震后，基于上海的人口密度、经济地位，以及地基土松软且巨厚等，又建议把上海列为特殊6度区。因特殊6度区含义不明确，未能实行。

1992年6月，中国地震局、建设部联合发布《中国地震烈度区划图（1990）》（即中国第三代地震烈度区划图），上海地区地震基本烈度划分为部分7度和部分6度。而根据国家标准《地震动参数区划图》（GB 18306—2015），上海所有街镇的一般建筑都应达到7度设防。

二、抗震脆弱性分析

虽然上海发生高烈度地震的可能性不大，但从抗震脆弱性角度分析，房屋建筑是导致地震灾害影响加剧的重要脆弱性因子。

（一）老旧房屋抗震情况

根据工业与民用建筑抗震设计规范的规定，地震基本烈度7度以上应予设防。1984年城乡建设环境保护部颁发《地震基本烈度六度地区重要城市抗震设防和加固的暂行规定》，规定中要求6度区的重要城市，新建工程都要按7度抗震设防。因此，1984年前的建筑全部没有抗震设防，1984～1992年的建筑一般按照6度设防，只有部分重要建筑按照7度设防，1992年后新建建筑全面7度设防。

截至2013年底，浦东共有住宅小区2525个，建筑面积1.39亿m^3，约占全市总量的1/5。其中，直管公房183.7万m^3、系统公房及售后公房等老旧住房2872.3万m^3、早期动迁商品房582万m^3，纳入本区旧住房综合整治范围的老旧小区和早期动迁房小区两类小区共计3638万m^3。

1992年前建成的住宅房屋，几乎都没有按照7度抗震设防要求建设，至今房龄至少也已达二十余年，此类房屋数量众多，也没有对其抗震性能进行过评估梳理，是抗震减灾非常脆弱的一环。

除了统一建设的住宅房屋以外，农村自建住宅的脆弱性更为严重。郊区（县）自建农居抗震能力低，大多数郊区（县）农居未经正规设计与施工，无法达到7度抗震设防要求。原南汇区留存有大量自建房屋，因为缺少必要的农村民居抗震设计施工的政策法规，农村民居建设也没有被纳入政府管理中，农村建房的管理体制基本处于空白的状态。2007年颁布的《上海市农村村民住房建设管理办法》对房屋抗震标准也没有任何规定。

对浦东新区各社区的基础设施脆弱性进行评估后，发现浦东新区老城镇中心有部分百年以上的建筑，其建筑结构、街区生命线工程等都有极强的易损性①，老旧房屋分布参见图 8-4。但上海尚未对农村房屋进行抗震普查和改造，这些房屋存在较高的脆弱性。

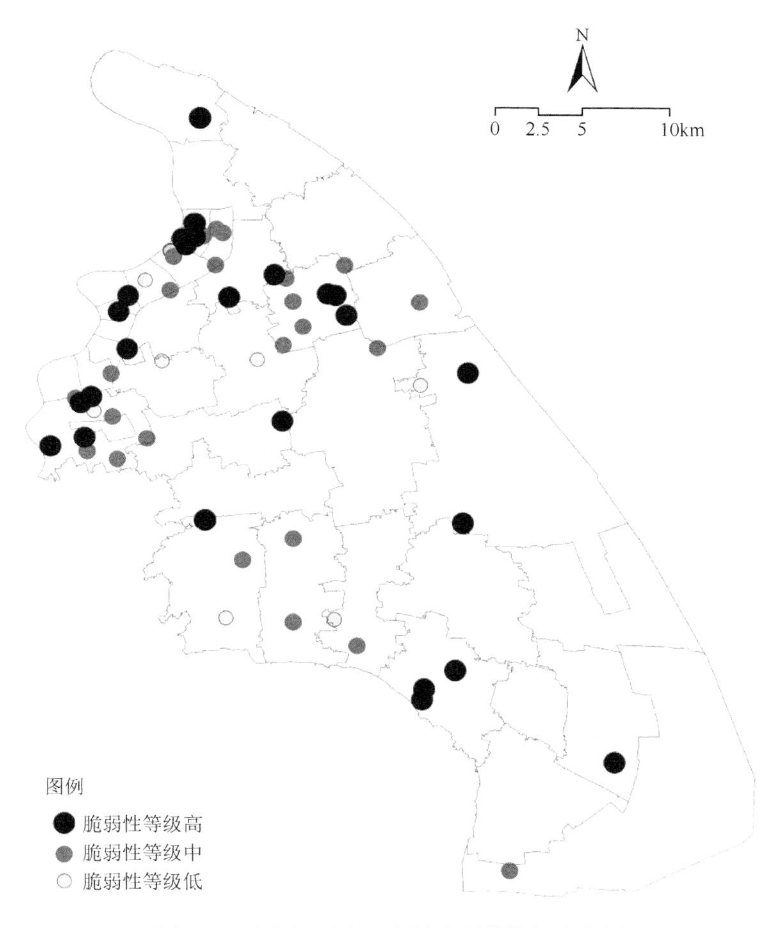

图 8-4　浦东新区老旧房屋脆弱性特征分布图

（二）公共基础设施抗震情况

学校、医院、体育馆等公共设施在城市安全中发挥着重要作用。日本甚至将学校、公民馆等公共设施规划建设成发生灾害时的避难所。汶川地震以后，我国对学校建筑抗震性格外重视，上海中小学校舍安全状况总体良好。但由于早期建

① 资料来源：作者研究团队编写《浦东新区社区风险评估报告》（2013 年）。

造的校舍执行的抗震标准相对较低，以及抗震设防要求及施工工艺不高等，不少校舍不符合现行的抗震设防要求。根据《全国中小学校舍安全工程实施方案》，从2009年开始，三年时间内，上海市中小学开展校舍抗震检测、加固工作，提高综合防灾能力，使学校校舍达到重点设防类抗震设防标准，并符合洪水、台风、火灾、雷击等灾害的防灾避险安全要求。“十二五”期间，上海已经对学校、医院、大型文化娱乐及体育设施、大型公共商业、大型交通枢纽、城镇住宅、城市基础设施（生命线工程）开展了普查，按照“先重点后一般、先严重后较轻”的原则，制定加固改造实施计划和方案。

浦东新区编制城市综合防灾规划，需要建立公共设施建设安全标准。一是依据标准对全区现有学校、医院、体育馆、图书馆等公共建筑的安全性能进行检测评估，对达不到安全标准的建筑设施进行加固改造；二是依据标准规划建设新增公共建筑设施。确保新区公共建筑和大型设施不仅能有效抵御灾害破坏，而且作为城市安全场所，在灾害发生后能使民众安全避灾。

三、抗震减灾规划建议

1. 建立重要公共建筑定期管理制度

公共建筑包括学校、医院、大型文化娱乐及体育设施、大型公共商业、大型交通枢纽等，这些场所在抗震减灾中具有特殊的地位，因为公共设施使用者众多，人流密集，一旦出现问题，可能导致重大伤亡。《中华人民共和国防震减灾法》第三十五条规定，对学校、医院等人员密集场所的建设工程，应当按照高于当地房屋建筑的抗震设防要求进行设计和施工，采取有效措施，增强抗震设防能力。此外，《上海市城市总体规划（2017—2035）》规定，新建建筑工程必须达到抗震设防标准，学校、医院、大型文化娱乐及体育设施、大型公共商业、大型交通枢纽、市级防减灾工程、生命线工程等均要达到抗震设防要求。与此类似，日本制定的《建筑基准法》规定，特殊建筑要采用抗震建筑法，还需要定期维护管理。日本将一定规模的剧场、影院、超市、医院、学校、体育馆、美术馆和宾馆等作为特殊建筑，并根据法律要求建立了“特殊建筑定期调查报告制度”（钱铮，2008）。

根据这些规范的要求，借鉴日本经验，建议浦东新区不仅要根据《中华人民共和国防震减灾法》的规定，提高公共建筑的抗震建设标准，加强对新建公共建筑的抗震检验，更重要的是，要建立对重要公共建筑进行定期检测的制度，注意维护管理，发现问题后及时采取措施。只有这样，建筑才能够经受得住大地震的考验。

2. 制定农村自建房屋抗震指导性标准

农村自建房屋目前缺少指导性标准。《中华人民共和国防震减灾法》第四十条规定，县级以上地方人民政府应当加强对农村村民住宅和乡村公共设施抗震设防的管理，组织开展农村实用抗震技术的研究和开发，推广达到抗震设防要求、经济适用、具有当地特色的建筑设计和施工技术，培训相关技术人员，建设示范工程，逐步提高农村村民住宅和乡村公共设施的抗震设防水平。

浦东新区可根据实际情况，对农村自建房屋的建设标准和要求进行规范，通过颁布建设指南、抗震房屋建筑模型等指导性标准，对农村房屋抗震进行指导和规范，逐步推动农村自建房屋的抗震性能提升。

3. 建立房屋普查信息库

卓越的全球城市的安全城区要求精细化的安全管理。应对浦东新区地域范围内的所有房屋进行普查，特别是对于1992年前的老旧房屋，需要特别记录其现状，定期对其进行维护。对于既有房屋，需要在完成重要建筑普查后，对所有不符合抗震设计要求的建筑开展全面的鉴定，以全面掌握房屋的数量、居住人口、建造年代、场地分布、结构类型和危险等级等基本情况。根据普查结果对全区房屋进行等级划分，实现分类管理。同时，建立新区住房基础数据库，与应急管理平台对接，实现全区住房数据统一、信息资源共享。

第三节　浦东新区消防规划研究

一、火灾基本情况

火灾是危害较大的事故之一，发生频率高，对城市安全的影响不容小觑。《2018年上海市浦东新区统计年鉴》中，2015～2017年浦东新区共发生火灾事故2318起，平均每年发生火灾772.7起，共导致23人死亡，27人伤残，直接经济损失达8122万元。从火灾事故的发生地点来看，全区有40%的火灾发生在住宅，还分别有3%的火灾发生在商业设施和工厂中。

从浦东新区发展现状看，其存在现代城市形态与低端生产生活状态相互交织的情况，既有高楼林立的陆家嘴金融区，又有居住、商贸密集的中心城区，还有较大规模的老旧房屋及农村自建房屋。同时，浦东新区的分区功能也相对复杂，既有金桥、高桥等工业和危险品区，又有临港、机场等物流和贸易区，还有国际旅游度假区等人流集聚区。这些城市特征都加剧了火灾事故发生的频率和强度，也增大了应急救援的难度。

二、消防设施现状

1. 消防站布局

浦东新区行政面积为 1429km^2，常住人口为 552.84 万。《上海市浦东新区总体规划修编（2011—2020）》中的数据显示，辖区内有现役武警消防站 24 座。每座消防站的平均服务面积为 59.54km^2，服务人口为 23.035 万人，远低于国家标准《城市消防规划规范》（GB 51080—2015）中规定的城区消防站服务面积为 7km^2，郊区消防站服务面积为 15km^2 的标准，全区存在消防站数量不足、服务面积过大的问题，而且从消防站的分布来看，浦东新区的消防站主要集中在中心城区，城区以外区域的消防力量相对较为薄弱，消防服务面积难以覆盖区域面积。此外，从表 8-1 中可以看到，与香港、纽约和东京等世界发达城市相比，浦东新区无论是消防站的绝对数量，还是每平方千米消防站拥有率、每万人消防站拥有率，都远远低于这些城市。浦东新区消防站分布（现状）如图 8-5 所示。

表 8-1　世界部分发达城市消防站对比表

城市或地区	面积（km^2）	人口（万人）	消防站数量（个）	每平方公里消防站拥有率	每万人消防站拥有率	统计年份
香港	1084	706	123	0.113	0.190	2009
纽约	790	855	228	0.289	0.267	2012
东京	2188	1300	206	0.118	0.127	2005
浦东新区	1429	552.84	24	0.017	0.043	2018

注：浦东新区人口、面积来源于《2018 年上海市浦东新区统计年鉴》，浦东新区消防站数量信息来源于《上海市浦东新区总体规划修编（2011—2020）》。

2. 高层建筑消防设施

目前，统计界定的高层建筑指有 8 层以上楼层、高度在 24m 以上的建筑，浦东新区目前建成和在建的高层商务办公楼宇多达 2200 万 m^2。《2018 年上海市浦东新区统计年鉴》的数据显示，浦东新区 8 层以上建筑有 10865 幢，其中 30 层以上超高层建筑达 311 幢。从分布来看，陆家嘴金融区有 30 层以上超高建筑 236 幢，面积约 1500 万 m^2，占比超过 76%。因此，无论从高层建筑的数量看，还是从高层建筑的规模看，浦东新区都已经与香港、纽约和东京等世界发达城市不相上下。高层建筑火灾存在蔓延迅速、人员密集、疏散困难的特征，因此，高层建筑火灾救援难度比较大。目前，对于高层建筑的消防救援主要利用举高消防车、高层供水消防车和 AT 车等消防设备。从世界发达城市来看，香港拥有举高消防车 112 台、纽约

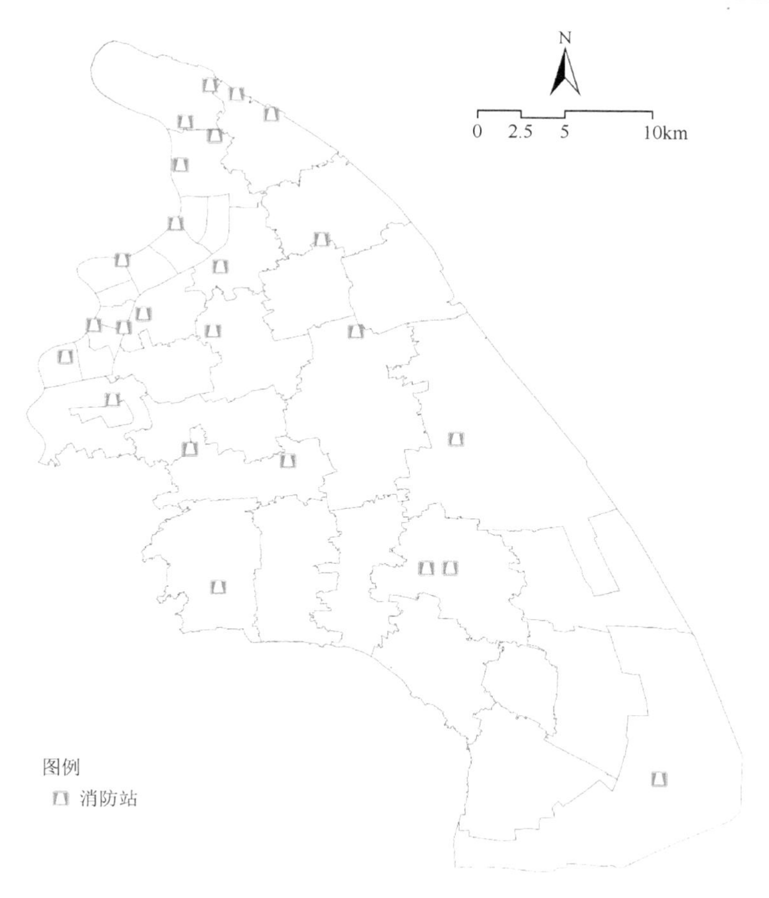

图 8-5　浦东新区消防站分布（现状）

有 146 台、东京有 95 台（表 8-2）。3 个城市的举高消防车的“每平方千米拥有率”、“每万人拥有率”和“百幢高层拥有率”相比，浦东新区都远低于上述 3 个城市。

表 8-2　举高消防车配备情况对比表

城市或地区	面积（km^2）	人口（万人）	高层建筑数（幢）	举高消防车总数（辆）	每平方公里举高消防车拥有率	每万人举高消防车拥有率	百幢高层举高消防车拥有率
香港	1084	706	13971	112	0.103	0.159	0.80
纽约	790	855	11085	146	0.120	0.081	1.32
东京	2188	1300	7937	95	0.043	0.073	1.20
浦东新区	1429	552.84	10865	13	0.009	0.023	0.12

注：浦东新区人口、面积、高层建筑数来源于《2018 年上海市浦东新区统计年鉴》。

3. 消防应急救援

随着城市建设和经济社会发展，各种火灾事故日趋多样化，消防队伍的法定职能也不断拓展。2019 年 4 月 23 日开始实施的《中华人民共和国消防法》规定：国家综合性消防救援队、专职消防队按照国家规定承担重大灾害事故和其他以抢救人员生命为主的应急救援工作。消防队伍除了承担消防工作以外，还要承担综合性应急救援任务，包括地震等自然灾害，建筑施工事故、道路交通事故等生产安全事故，恐怖袭击、群众遇险等社会安全事件的抢险救援任务，同时协助有关专业队伍做好气象灾害、地质灾害、危险化学品事故和突发公共卫生事件等抢险救援工作。随着消防队伍灭火和应急救援任务的日趋繁重，新区目前在水域、地下、化工救援等特种应急装备配备方面更显不足，不能完全满足新形势下城市综合应急救援工作的需要。

三、消防设施规划建议

1. 优化浦东新区消防站布局

《中华人民共和国消防法》规定：地方各级人民政府应当将包括消防安全布局、消防站、消防供水、消防通信、消防车通道、消防装备等内容的消防规划纳入城乡规划，并负责组织实施。城乡消防安全布局不符合消防安全要求的，应当调整、完善；公共消防设施、消防装备不足或者不适应实际需要的，应当增建、改建、配置或者进行技术改造。

《城市消防规划规范》（GB 51080—2015）对城市消防安全布局和公共消防基础设施建设提出了明确的建设要求，即消防站布局以接警 5 分钟内到达责任区最远点为一般原则。该国家标准将城市消防站分为陆上消防站、水上（海上）消防站和航空消防站，其中陆上消防站分为普通消防站和特勤消防站。普通消防站分为一级普通消防站和二级普通消防站。城市规划建成区内应设置一级普通消防站，设置一级普通消防站有困难的区域可设二级普通消防站。普通消防站的辖区面积不应大于 $7km^2$，设在近郊区的普通消防站的辖区面积不应大于 $15km^2$。特勤消防站的特勤任务服务人口不宜超过 50 万人/站。

从消防站人员和装备要求来看，水上（海上）消防站船只类型及数量配置规定要求为趸船 1 艘、消防艇 1～2 艘、指挥艇 1 艘。而航空消防站配备的消防飞机数量不应少于 1 架。陆上消防站根据普通消防站的分类，以及灭火和抢险救援的具体要求，配置各类消防装备、器材和人员。具体配备要求见表 8-3。

表 8-3 消防站配备车辆数量

项目	普通消防站		特勤消防站
	一级普通消防站	二级普通消防站	
消防车数量（辆）	4～6	2～3	7～10
人数（人）	30～45	15～25	45～60

针对浦东新区消防站数量不足、辖区面积过大的问题，在现有 24 座消防站的基础上，根据人口密度和服务面积，建议新增 49 座消防站，特别是在浦东新区南片地区，使浦东新区消防站的服务面积在总体上能够达到《城市消防规划规范》（GB 51080—2015）的设定标准。此外，在陆家嘴、高桥、机场、临港等重点地区，针对不同的房屋结构、产业特征，建议设立应对高层建筑火灾、危险化学品爆燃等不同类型火灾事故的专业消防站。浦东新区消防站规划示意图如图 8-6 所示。

图 8-6 浦东新区消防站规划示意图

2. 加强高层建筑消防安全管理

高层消防安全是浦东新区消防安全规划内容的重点。美国《国家消防规范》（National Fire Code）规定，凡是24m以上的高层建筑都必须安装火灾自动报警系统和自动灭火装置、紧急照明设备、紧急排烟设备和安全疏散设施。高层建筑采用性能化防火设计，通过内部禁止采用可燃性物质进行装修，通过禁止铺设可燃性化纤地毯等措施来减少建筑火灾荷载，减少会导致起火的因素，提高建筑的耐火等级。超过30层的高层建筑，其楼顶必须设置直升机停机坪。此外，各地消防局也通过提高消防车的举高和射远能力，增加消防队的举高车、AT车、消防直升机等技术装备数量，通过增加消防站的数量和提高到场效率来发展高层消防优势（段耀勇，2008）。

借鉴美国的经验，建议浦东新区根据不同高层建筑的特点，包括楼高、层数、建筑结构及通道设置、建筑物的材料及耐火性能、火势蔓延的可能方式与强度等，制定火灾发生时的灭火措施、供水方式、所需的灭火力量、抢救被困人员和运输贵重物资的通道或方式等。按照国家相关的防火设计规范，合理布置建筑总体布局和防火分区，明确建筑内部的避难层；加强排烟设计和安全疏散系统设置，增设消防专用的疏散电梯和楼梯；配备各种类型及功用的消防设施，安装室内消火栓、自动喷淋装置、自动防火卷帘系统、供水竖管消防给水系统等；并配备智能化的火灾报警和自动灭火系统，以形成一种智能火灾监控与消防系统（沈友弟，2009）。在高层建筑外，夜莺对火灾外场的救援制订应急预案，如消防人员登高救援的方式、消防车辆通道的疏通、操作场地的确保等。此外，还需要考虑高层建筑顶层停机坪的建设问题，以配合消防直升机进行高空灭火。

3. 提高消防综合应急救援能力

浦东新区是多功能区域组成的复杂城市系统，面临多灾害风险的威胁，应急救援情景复杂、难度大。FEMA针对地震、飓风、龙卷风、洪水、溃坝、技术事故、恐怖袭击和危化物品泄露等多种灾害事故成立了城市搜索和救援工作队（Urban Search and Rescue Task Force），来进行灾害事故的先期搜救活动。城市搜索和救援工作队是基于地方消防部门，并由工程师、医疗专家、应急处置和应急管理专家等专业人员参与的搜救力量。以加利福尼亚州为例，根据加利福尼亚州应急服务办公室（Cal OES）网站信息，全州共有8支城市搜索和救援工作队，除了负责各自地区的应急搜救工作以外，还承担专项救援任务，包括大规模杀伤性武器和核生化泄露的救援、森林大火救援、水上救援、建筑倒塌、地震救援，以及支援州外和国际救援任务。

无论是对比纽约、东京的城市消防力量，还是针对自身复杂系统的应急救援需求，目前浦东新区的城市消防救援力量严重不足。因此，建议加强浦东新区综合应急救援能力建设。针对消防队伍综合应急救援能力不足的情况，在消防规划中，一方面需要结合各功能分区规划，提升消防队伍在水上、地下、化工等方面救援的特种应急装备、人员的配备；另一方面可以鼓励工程人员、医疗专家、应急管理专家及专业救援社会组织等社会专业应急救援力量参与综合应急救援队伍，提高消防队伍的综合应急救援能力。

第四节　浦东新区避难场所规划研究

一、避难场所建设要求

我国已经出台了《城市抗震防灾规划标准》（GB 50413—2007）、《地震应急避难场所场址及配套设施》（GB 21734—2008）等国家标准，主要针对的是地震。根据灾害配套设施及可安置的人员数量，将地震应急避难场所分为Ⅰ类、Ⅱ类、Ⅲ类。各个地方政府也积极探索相应的建设规范和要求。

上海市人民防空办公室《关于推进本市应急避难场所建设的意见》指出，城市应急避难场所，是指在城市中人口聚集地附近，以应对地震灾害为主，兼顾其他灾害事故，用于接纳受灾居民紧急疏散、临时或较长时间避难及生活，确保避难居民安全，避免灾后次生灾害危害，并可供政府组织开展救灾工作的场所。上海及浦东新区启用应急避难场所更多的是针对台风。

避难场所的选址要充分考虑中心城区已有或拟建的场址，并与城区环境相协调，重点应选择在公园、绿地、广场、学校操场、体育场（馆）和大型露天停车场等区域。选址应处于建（构）筑物倒塌范围之外，保持疏散道路畅通；避让地质、洪涝灾害易发地区、高压线走廊区域，远离易燃易爆、危化品仓库、厂房等区域；以居住区、学校、大型公共建筑等人口相对密集区域的人员30分钟内步行到达为宜。

而根据上海《应急避难场所设计规范》（征求意见稿），应急避难场所可以分为场地型和场所型。

1. 场地型应急避难场所

利用城市绿地、开放型体育场、学校操场、广场等室外场地空间建设了应急救援设施（设备）的，同时具有一定规模的室外场地。场地型应急避难场所宜结合公园绿地、防护绿地、附属绿地、学校操场、大型露天停车场、城市广场等室外公共场地进行设计。场地型应急避难场所分级控制要求见表8-4。

表 8-4　场地型应急避难场所分级控制要求

场所级别	保障性能	建筑面积（m^2）	人均避难面积（m^2）	疏散距离（km）
Ⅰ类应急避难场地	固定避难	≥20000	≥3.0	0.5～2.5
Ⅱ类应急避难场地		4000～20000	≥2.0	0.5～1.5
Ⅲ类应急避难场地	紧急避难	2000～4000	≥1.5	0.5

2. 场所型应急避难场所

利用地下空间（含人民防空工程）、体育场馆、学校教室等公共建筑，并配置了应急配套设施，同时具有灾时紧急避难和临时生活功能的室内场所。场所型应急避难场所宜结合学校教学楼、学校食堂、体育馆、人防工程、室内地铁车站等公用建筑，或可选择超高层建筑避难层进行设计。场所型应急避难场所分级控制要求见表 8-5。

表 8-5　场所型应急避难场所分级控制要求

场所级别	保障性能	建筑面积（m^2）	人均避难面积（m^2）	疏散距离（km）
Ⅰ类应急避难场所	固定避难	4000m^2以上单建式地下空间（含人防工程）或大型体育馆、展览馆、学校等	2.0～3.5	0.5～2.5
Ⅱ类应急避难场所			1.5～2.0	0.5～1.5
Ⅲ类应急避难场所	紧急避难		1.0～1.5	0.5

设计规范也对场所分区、建筑设计、消防设施、道路保障等进行了规范。北京还通过了《应急避难场所运行管理规范》，对避难场所的物资储备，避难场所的启动、管理和关闭等进行了详细的规定，在进行避难场所规划时，需要综合考虑。

二、避难场所现状

根据 2009 年上海市可用避难场所资源普查（戴慎志，2013），2009 年全市现有场地型避难场所 2497 处，总占地面积为 10469hm^2，有效使用面积（即有效避难场地面积）为 4489hm^2。其中有公园、绿地、广场 545 处（不含街坊内绿地），占地面积为 4668hm^2，有效使用面积为 3003hm^2；体育场 56 处，占地面积为 240hm^2，有效使用面积为 240hm^2；学校 1896 所，占地面积为 5561hm^2，有效使用面积为 1246hm^2。全市现有场所型避难场所 4953 处，有效使用建筑面积为 1144 万 m^2（即有效避难建筑面积）。其中有体育馆 41 座，有效使用建筑面积为 42 万 m^2；学校 1896 所（同上），有效使用建筑面积为 627 万 m^2；影剧院礼堂 188 座，有效使用建筑面积为 40 万 m^2；度假村 78 处，有效使用建筑面积为 21 万 m^2；社会旅馆 2518 处，有效使用建筑面积为 398 万 m^2。

2009 年上海市现有场地型避难场所有效场地面积为 $4489hm^2$，按上海市规范控制指标，可容纳避难时间为 30 天以上的避难人口 1496 万人（按人均有效避难面积 $3m^2$ 计），可容纳避难时间为 10～30 天的避难人口 2244 万人（按人均有效避难面积 $2m^2$ 计），可容纳避难时间为 10 天以下的避难人口 2992 万人（按人均有效避难面积 $1.5m^2$ 计）。按国家标准控制指标，可容纳避难时间为 100 天（长期固定）的避难人口 997 万人（按人均有效避难面积 $4.5m^2$ 计），可容纳避难时间为 30 天（中期固定）的避难人口 1496 万人（按人均有效避难面积 $3m^2$ 计），可容纳避难时间为 15 天（短期固定）的避难人口 2244 万人（按人均有效避难面积 $2m^2$ 计），可容纳避难时间为 3 天（临时）的避难人口 4489 万人（按人均有效避难面积 $1m^2$ 计），可容纳紧急避难 1 天（紧急）的避难人口 8978 万人（按人均有效避难面积 $0.5m^2$ 计）。

2009 年普查的上海市现有场所型避难场所有效避难建筑面积为 1144 万 m^2，若按人均有效避难建筑面积 $3m^2$ 计，可容纳台风及次生灾害的避难人口 381 万人。

根据分析，浦东新区平均每个场地型避难场所有效使用面积大于 $2hm^2$，可容纳的固定避难人口为浦东新区现状常住人口需固定避难人口的 103%，不过疏散距离较长。

三、避难场所建设规划建议

（一）建设全覆盖的避难场所网络体系

根据《上海市应急避难场所建设规划（2013—2020）》，浦东近期（2013～2015 年）建 3 个 I 类避难场所：世纪公园、源深体育中心、迪士尼；4 个 II 类避难场所，两个为场地型避难场所：上海海洋大学、南浦广场公园，两个为场所型避难场所：源深体育中心（馆）、上海市建平中学。

根据浦东新区避难场所的现状，以及存在的问题和面临的灾害趋势，建议浦东新区避难场所规划应将避难场所全覆盖和安全管理单元重点布局相结合，规范避难场所建设。全区 I 类、II 类避难场所分布如图 8-7 所示。

结合浦东新区安全管理单元建设，对于重要的市、区级安全管理单元，建立相应级别的避难场所。建设 I 类避难场所 6 处，特别针对陆家嘴区域、国际旅游度假区和浦东国际机场、规划上海铁路东站等人流密集的情况，选择世纪公园、迪士尼、枢纽、森兰绿地、源深体育中心、临港 6 处作为 I 类应急避难场地；建设 II 类避难场所 39 处，每个街镇至少有 1 处，再针对世博、临港、张江、高桥、

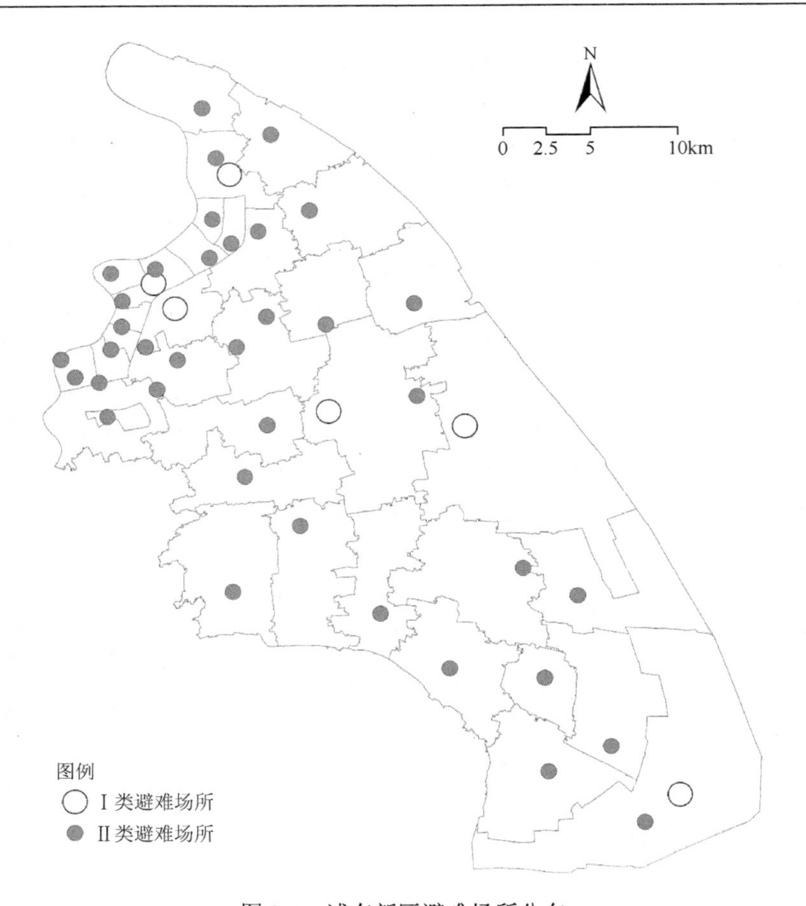

图 8-7　浦东新区避难场所分布

老港等物流、人流和危化品集聚的情况，选择陆家嘴中心绿地、南浦广场公园、后滩公园、上海海洋大学、复旦大学张江校区、滨江森林公园、老港的绿地建设Ⅱ类应急避难场地。

此外，每个街道（镇）再根据实际人口、建筑、空地的分布情况，建设若干个Ⅲ类应急避难场地，用于本街道（镇）的紧急避难。而场地的选择需要结合街道（镇）的空间位置，充分避开危化品储藏点、加油站、液化气站、高压线走廊等危险源。

（二）加强避难场所规范建设

在避难场所的具体建设过程中，可以借鉴日本防灾公园的思路和建设方法，对周边疏散道路、基础设施、公园内部的防灾设施等进行改造。

1988年日本建设省制定的《防灾公园和设计指导方针》对防灾公园的定义、功能、设置标准及有关防灾减灾设施做了细致、详尽的规定。$1hm^2$以上的城市公园都要具备一定的防灾和避难能力。防灾公园主要是指城市公园，包括其内部和周边的防灾设施，以及附近与其连接的避难通道。日本政府在财政方面对防灾公园给予政策倾斜，地方政府在建设防灾公园时，中央政府将给予资金支持，包括征地费用的1/3，设施建设费用的1/2等。

防灾公园分为以下六类：

1）面积在$1010hm^2$以上的主要公园具有灾时收容附近灾民生活的功能，即灾时区域避难场公园。

2）面积在$1010hm^2$以下、$50hm^2$以上的大型公园作为减灾据点公园，它将作为灾时紧急救援、灾后重建家园等各种减灾活动的根据地，可设立指挥机构、放置救灾设备、组织营救后援力量等。

3）面积在$50hm^2$以下，$1hm^2$以上的中、小型公园作为灾民中转场所，是灾民紧急避难的暂时逗留地，起到中转站的作用。

4）避难通道，道宽10m以上，两侧有林带绿地。

5）化工企业等危险区与一般城区之间的缓冲绿地。

6）面积在$500m^2$左右的街心绿地作为平时防灾活动点。

浦东新区在建设避难场所的过程中，需要同时考虑避难场所的功能需求及设置标准等要求，充分结合现有的场所和设施，实现资源的优化整合和配置。

（三）加强台风、暴雨避难场所的规范建设

浦东新区每年汛期面临着台风、暴雨的侵袭，在人员转移安置等方面已经有了较为充足的应对经验。但是，各街道（镇）并没有明确将哪些场所作为台风、暴雨的避难场所。可参考上海《应急避难场所设计规范》中关于场所型应急避难场所的建设要求，在预案中确定相应的台风、暴雨避难场所，以应对不同响应级别的台风、暴雨预警。在建设时，应注意对其建筑的抗震、抗风、防火性能等进行监测，并且明确物资储备和管理方法。针对沿海、大治河、川杨河附近地区在台风时期的渔民避险，设置特定的台风、暴雨避难场所。

参考文献

戴慎志. 2013. 上海市应急避难场所规划与建设问题剖析. 上海城市规划，（4）：40-43.

段耀勇. 2008. 日本和美国的消防实践及其对我国的启示. 武警学院学报，24（2）：44.

李冰. 2015. 基于“海绵城市”理念的雨水渗蓄试验研究. 中国市政工程，（6）：73-75.

刘波. 2013. 纽约、伦敦和东京等世界城市防洪排涝经验与启示. 城市观察，（2）：145-150.

钱铮. 2008. 海外经验：日本建筑定期做“体检”人民日报，5 月 26 日.
仇保兴. 2015. 海绵城市（LID）的内涵、途径与展望. 建设科技，(1)：12.
沈友弟. 2009. 高层建筑消防安全技术研究. 消防安全与技术，28（2)：130-133.
石婷婷. 2016. 从综合防灾到韧性城市：新常态下上海城市安全的战略构想. 上海城市规划，126（1)：13-18.
唐双成. 2016. 填料及降雨特征对雨水花园削减径流及实现海绵城市建设目标的影响. 水土保持学报，30(1)：73-78.
王召森，林蔚然. 2016. 美国费城海绵城市建设借鉴——合流制溢流污染长期控制规划. 建设科技，(15)：49-53.
王志远. 2015. 国外建设“海绵城市”面面观（下）. 经济日报，2015-08-12.
为之. 2015. 海绵城市建设的国内外实践经验. 中国城市规划网，2015-4-30.
Watson D，Adams M. 2015. 面向洪涝灾害的设计——应对洪涝和气候变化快速恢复的建筑、景观与城市设计. 雪松，黄仕伟，陈琳译. 北京：电子工业出版社.

第九章　应急管理体制规划——模式创新

随着我国应急管理体系的不断完善，浦东新区也已逐步建立了以“一案三制”为基础的突发事件应急管理体制和运行机制，为城市综合防灾系统规划建设奠定了基础。城市综合防灾对城市整体的应急管理体制机制有更高的要求，一方面，需要整合不同的机构资源，真正将“安全治理”和“韧性城市”理念落实于城市规划与管理的各个系统中；另一方面，应急管理统筹机构也不取代各责任主体的日常管理。这两者的尺度把握是建立浦东新区应急管理体制机制的关键所在。

在梳理浦东新区应急管理体系现状的基础上，结合浦东新区城市系统的复杂性特征，探索建立一整套基于多元主体共治的应急管理体制机制，以此带动社会应对体系的建立健全和有效运行。

第一节　浦东新区应急管理现状

一、组织体系概况

浦东新区突发事件应急管理体系建设始于 2006 年，经过多年实践的不断完善，目前逐步构建了由一个领导机构、一个办事机构和 X 个工作机构组成的“$1+1+X$”的应急管理组织框架。浦东新区突发公共事件应急管理委员会作为领导机构，负责本区应急体系建设和管理，决定和部署突发事件的应对工作；浦东新区突发公共事件应急管理委员会办公室（新区应急办）作为办事机构，主要负责区委、区政府的值守应急和新区应急委的日常工作，承担信息汇总、办理和督促区应急委决定事项，组织编制、修订区总体应急预案，组织审核专项和部门应急预案，综合协调全区应急管理体系建设等职责，发挥运转枢纽作用，偏重突发事件应急管理的日常管理；X 个工作机构为相关职能部门和属地政府，进行事前预防、事中处置、事后善后等工作，偏重应急实践。此外，30 个区级专业管理部门及综合管理部门、36 个街道（镇）和 6 个开发区管委会、24 个直属公司成立了应急管理工作机构，负责本区域、本职能范围的应急管理工作；各村（居）也基本上形成了相应的应急工作小组，落实街镇和职能部门布置的各项应急管理工作。浦东新区初步形成了一个覆盖全区的应急管理网络。

浦东新区在全覆盖应急管理网络的基础上，创建了金桥国际商业广场和上海市浦东公交交通公司两个区级基层应急管理单元，作为区应急管理的重点（难点），由区政府（区应急办）直接指导应急管理工作的实施。各单元建立健全了应急管理单元各类组织，包括领导小组、信息小组、处置小组、保障小组等，确定了应急管理单元内外联动机制，实现各应急小组间的处置流程和资源整合，对单元内风险隐患与应急资源现状进行系统分析，编制单元应急总体预案及部分专项应急预案，形成预案体系。在此基础上，浦东新区建立了基层街镇应急管理工作体制，将陆家嘴街道建设成了首批上海市基层社区突发公共事件应急管理示范点，为推动新区街道（镇）层面的应急管理工作提供了样本。

二、工作机制概况

浦东新区在现有的管理体系框架下，建立了值守应急、信息汇总报送、风险排查、联动处置、预案管理、督查考核等突发事件应急管理工作机制。

1. 值守应急机制

浦东新区建立了集紧急与非紧急于一体的值守机制，在区总值班室增加人员24 小时辅助值班，做到与“12345”市民服务热线平台整合联动、信息共享，确保及时发现和有效应对趋势性和苗头性突发事件信息。

2. 信息汇总报送机制

为了规范突发事件信息报送制度，浦东新区发布了《关于加强浦东新区突发事件信息报送工作的通知》，细化了信息报送的范围和标准、责任主体等内容，切实提高了信息报送的质量和效率；形成了以区应急平台为主，电话、传真为辅的“三位一体”信息收集渠道，确保信息报送和传递的及时性和准确性；建立《值班报告》摘报、快报、专报“三报制度”，完善信息报送载体和报送流程。

3. 风险隐患排查机制

为了能有效排查风险隐患，建立了风险排查机制，出台了《浦东新区关于加强城市公共安全排查工作的实施意见（试行）》，明确了风险隐患排查内容，既包括侧重于安全管理的危险源和危险区域，也包括侧重于综合防范和治理的安全隐患；规范了高、中、低三级风险等级标准；列出了需要排查的重点行业、企业、场所；完善了安全排查方法，规范全面排查汇总的次数和风险评估要求。

4. 联动处置机制

2014 年浦东新区人民政府印发《浦东新区突发事件应急联动处置暂行办法》，按照“谁主管、谁负责，谁牵头、谁负责，指定谁、谁负责”和属地管理原则，明确了新区各联动单位和属地街镇在突发事件应急联动处置过程中的职责分工和应急响应、处置步骤等要求。并针对 28 类常见突发事件，编写《应急处置手册》，进一步研究、明晰各类突发事件处置中应急联动单位的工作职责，形成“操作有依据、处置有流程、责任有主体、效能可评估”的突发事件处置规程。

5. 预案管理机制

浦东新区建立了应急管理预案体系，加强了预案编制与管理。同时出台《浦东新区突发事件应急预案管理实施细则》，规范预案体系，明确各类预案的制定和管理责任主体，规范预案修订程序，严格预案培训和演练周期，规定预案修订时限，进一步增强各类预案的科学性、实战性和有效性。目前，浦东新区编制了 1 个总体预案、11 个专项预案、93 个部门预案和 3250 个基层预案，共计 3355 个不同级别和类型的突发事件应急预案。

6. 督查考核机制

为了贯彻落实市、区政府应急管理工作，浦东新区建立了应急管理督查考核机制，一是在节假日和重要敏感日夜间实地检查，二是每周通过应急管理系统平台对主要联动单位和各街镇进行点名查岗。同时，建立应急管理对口联系机制，将主要联动单位和各街镇按照职责和区域分为不同片区，明确区应急办对口联系责任人。建立内部告知、面上通报、政务督查、责任追究“四位一体”的效能督查机制，加强应急管理分层分类考核，以提高应急管理工作的成效。

三、专业部门应急管理机构

浦东新区应急管理工作的特点是条、块各成体系，推进扎实，各相关单位在各自的职责范围内各司其职。浦东新区 90 多个委办局、集团公司、管委会和街镇都已经建立了以单位主要领导为组长的应急领导小组和应急工作办公室。具有处置突发公共事件职责的相关职能部门，分别承担了相应类别的应急管理工作，在突发公共事件发生时，按照“谁分管，谁负责”的原则，承担应急处置工作。

专业职能部门在应急管理工作方面都做了比较充分的工作。首先，各委办局基本上都成立了负责应急管理工作的领导机构，建立了由部门主要领导挂帅的应急管理领导小组，下辖应急办（或称应急指挥中心），应急办一般挂靠在办公室（或党政办公室）。领导小组的组成人员由单位的主要负责人和各处室的负责人构成。其次，各单位根据自身职责，制定相应的应急预案，即使不同单位的预案的成熟程度、覆盖面都存在一定差异。再次，在处置突发公共事件时，或多或少地都需要与其他部门进行横向联动。在目前横向联动机制尚不成熟的情况下，各单位还是能基本做到相互配合，以处置事件为第一要务。

近年来，浦东新区在应急管理体系建设上也有较多的投入。很多专业条线在各自的专业领域做了很多新的尝试和探索，特别是运用信息化手段来支撑日常管理和应急处置。例如，浦东新区应急联动中心的信息化接处警平台已经非常成熟，上海市浦东新区防汛指挥部办公室的信息化系统能实时掌握区域内的河流水位、内涝积水情况。而浦东新区人民防空办公室、浦东新区城市网格化综合管理中心、浦东新区消防局等，各应急管理职能单位都已经以自身业务范围为依托，为城市日常管理的信息化和精细化提供了良好的基础。

四、基层应急管理特色

基层社区是社会管理的末梢，也是综合管理的落脚点和着力点。浦东新区基层社区的组成复杂、多元，经济社会发展水平各异，社区面临各自的安全问题。为了加强基层社区防灾减灾和安全治理能力建设，扎实推进基层应急管理工作，浦东新区探索基层应急管理新思路、新方法，形成了浦东新区具有特色的基层应急管理体制机制。

（一）花木街道社会管理联动

花木街道在社会管理中突破创新，整合现有资源，加强辖区内市容环境管理、城市治安执法，将常态管理和应急管理相结合，实现综合管理，以及城市安全运行的精细化管理。

花木街道社会管理联动模式的核心是队伍整合和图像整合。队伍整合是以公安、城管为执法主体，工商、交警、消防、房办、食药监、安监等职能部门参与；整合原有分属不同条线部门管理使用的辅助执法管理队伍，包括综治办管理的社保大队治安中队、治安市容巡察中队，城管管理的市容协管队，城建科管理的综合巡察队，整合后成立综合协管大队。花木街道成立了指挥中心（图像监控室），24 小时运作，由公安街面图像监控系统、城市网格化管理系统和街道小区技防系统整合而成。

在组织架构上，街道层面成立城市综合管理“五队联动”指挥部，由办事处主任担任总指挥。由办事处副主任、城管分队队长、派出所所长担任副总指挥。工商、交警、消防、房办、食药监、安监等部门的负责人作为指挥部成员。指挥部下设办公室、指挥中心（图像监控室）、四个大队和社区市容管理队。

花木街道的联动模式一方面有效地整合了人力资源，将原本分散在社区、分属于各个职能部门管理的协管队伍整合，适应社区需要，在街面巡逻时，既要及时发现市容环境和治安方面的违法违章现象并进行劝告、报告和处置，也要及时发现消防、安全、食药监、工商等方面的违法违章现象并及时报告，用有限的人力做到全面履行职责。另一方面实现了信息的全面共享，充分共享各部门拥有的信息，整合视频资源，实现实时监控。在问题发生伊始便能及时发现，而不是坐等投诉，工作前移。

基层社区的联动模式给区级层面的城市管理和应急管理联动提供了思路，奠定了良好的基础，也提出了更高的要求。基层城市管理的多队联动在隐患发现与排查、先期处置（快速）、综合治理（联动）方面发挥了积极作用，使得街面管理有了很大起色。

（二）陆家嘴街道应急管理示范点建设

2015 年陆家嘴街道成为首批“上海市基层突发公共事件应急管理示范点”。陆家嘴街道按照“多种平台合一，多项任务切换”的原则，统筹管理街镇治安、城管、安监、协管、志愿者队伍等队伍资源。围绕应急预案建设、风险隐患排查、应急物资准备、应急基础设施建设、应急排练等，将街镇应急管理工作落到实处，为浦东新区街镇应急管理工作提供了样本。

街镇规范应急管理工作“六个有”：有班子，健全网络体系；有预案，明确管理要求；有机制，体现管理效能；有队伍，强化协同联动；有演练，提升应急意识和能力；有物资，强化应急保障。

1. 有班子：建立了完善的应急管理组织体系

1）街道突发公共事件应急管理领导小组和办公室，负责保障应急管理体系的有序运行和管理，决定和部署辖区内突发事件的应对工作。

2）街道应急管理指挥中心，与街道城市网格化综合管理中心、街道总值班室并轨运行，进行 24 小时值守指挥、信息收集、发布、报告等。

3）突发事件的处置职能部门组织、指导专业预案的实施，负责突发事件现场处置指挥。

4）网格化综合管理联勤联动站，依托辖区内分区域驻点管理的 3 个网格化综合管理联勤联动站（东昌、崂山、梅园联勤联动站），强化对各自区域内突发事件的第一时间就近响应、先期到场处置。

5）居民区应急管理工作站是基层应急管理体系的延伸，以市新居民区为试点，建立居民区应急管理工作站，实行规范化、标准化服务。

2. 有预案：编制了各类应急预案

陆家嘴街道以《陆家嘴街道突发公共事件总体应急预案》为街道应急管理导则，以《陆家嘴街道突发公共事件应急联动处置办法》为街道突发事件应对处置流程和实务操作指南，以及涵盖自然灾害、事故灾难、公共卫生及社会安全 4 个大类突发公共事件的 17 个专项应急预案的应急预案体系，规范和指导街道及居委会的应急管理工作。

各居委会在街道应急预案体系框架下，形成“$1+X$”的预案编制，打造以预防、发现和报告为重点的基层初级警戒网。

3. 有机制：建立了灵活多变的应急机制

陆家嘴街道在突发事件预防、应对等方面建立了几个灵活多变的应急机制。

1）社警联动统一指挥机制：街道应急管理指挥中心与网格化综合管理中心并轨运作，真正实现指挥中心社警信息联通共享、应急指挥高度统一、应急处置实时监督、应急信息及时跟踪。

2）应急管理责任机制：按照“谁主管、谁负责，谁牵头、谁负责，指定谁、谁负责”的原则，明确突发公共事件处置主要责任单位（部门）和联动处置单位（部门），视突发事件发生等级，明确现场指挥责任人。

3）应急管理处置机制：本着“早发现、早预警、早报告、快处置、少伤亡（危害）”的原则，规范了“预防发现—警情报告—判别指挥—先期处置—响应处置—后期处置”的处置流程，保障了机制的有序高效运行。

4）应急值守和信息报送机制：实行网格中心（应急指挥中心）当班情况远程视频监管制度，加强街道各单位（部门）值守监管，确保应急管理监管全天候“连线在岗”。严格规范执行重点时段及突发事件的信息报送和备案，建立相应的专家督查机制。

4. 有队伍：组建了基层应急队伍

打造了“$1+3+N$”的队伍体系：“1”是指街道应急机动分队；“3”是指网格（崂山、梅园、东昌）联勤联动工作站；“N”是指各专业处置队伍、居民区应急响应志愿者队伍。

5. 有物资：储备了必要的应急物资

通过落实物资管理责任人、建立应急物资供应链、建立应急物资台账、进行物资信息动态管理等，街道储备了必要的应急物资。

6. 有演练：强化了各类应急演练

在上述基础上，街道强化了消防安全演练、防汛防台演练、红十字救护实训、逃生避险演练，以提高社区民众应对灾害的能力。

五、浦东新区应急管理工作面临的问题

（一）城市运行综合管理信息化水平有待提高

浦东新区各个部门在日常管理工作中，都已经对其负责的某一个条线的工作内容做了扎实、深入的调查研究和运作管理，也积累了大量的信息数据。但目前缺少一个区级层面的统一的信息库、数据库，将分散在各个部门的、已经耗费了大量时间、人力、物力所获得的基础信息数据进行整合，包括各类预案、物资，也包括各类突发事件信息库。浦东新区应急管理委员会办公室（简称浦东新区应急办）不掌握全区的基础信息，包括风险特征、高危企业或区域、危险源、应急资源、各类突发事件发生频率和分布特征等应急管理相关重要信息。

目前基于传统手段的应急管理以事件处置为核心，在处置突发公共事件的时候，各部门、各单位重视程度高，处置效率也就高。但应急管理不应该“重处置、轻预防”，应防范在先，减少突发公共事件的发生及降低其严重程度。现代特大城市的管理要求应急管理关口前移，这就依赖于信息技术的支撑。

现代城市发展也对预警信息提出了更高的要求，信息化的方式也可以有效地提高预警信息的精度和准确性。例如，结合基础数据和风险评估数据，可以较精准地对某些区域发布预警，也可以有效地指导相关政府部门组织备灾、救灾。例如，成品油价上涨，对出租车行业、集装箱运输行业、以能源消耗为主的生产性行业有较大影响，应急管理部门可以建立相应的预警机制，分析油价上涨对上述行业的影响程度，以及由此带来的社会风险，以达到提前预警、提前介入的目的，预防和分解可能的风险事故，改变现有的被动式应对和处置。

（二）应急管理“统领力”尚有欠缺

虽然浦东新区建立了以浦东新区应急管理委员会（简称浦东新区应急委）为

领导机构、以浦东新区应急办为日常办事机构的应急管理组织体系，但是从应急管理体制运行状况看，现有的应急管理组织体系的应急管理“统领力”尚有欠缺。主要原因之一则是浦东新区应急办对全区总体应急管理信息汇总不够。

按照现有的应急管理运行机制，各职能部门按照自己的管理职责履行相关的管理责任，相关工作主要由浦东新区区委和浦东新区人民政府分管领导负责，当涉及安全管理信息时，首先按照专业条线上报给分管领导。虽然各条线都已经在自己的职能范围内做了很多精细化管理工作，如安监部门对于危险源的调查，房管部门对于危房分布的资料掌握等。但各类与应急相关的基础信息和实时动态信息需要整合在一起才能最大限度地发挥其作用。

浦东新区各职能部门在日常工作中都对应急工作有了较高的重视，但是常态化管理时各个单位之间的横向联动有待进一步加强，包括各个专业部门之间的联动和街镇联动。理想的应急管理体制在常态下主要起到支持日常管理、维护信息咨询的作用，而一旦发生突发事件则可以迅速调动各方资源，高效处置。城市运行的常态管理和应急管理虽然没有明显的界限，但是一个有机的整体，需要有明晰的职责分工，衔接关系和转换关系都需要有明确的制度保障。

第二节　创新城市应急管理模式

一、浦东新区城市系统的复杂性

城市是一个由多个系统组成的复杂系统，往往牵一发而动全身，任何单一的灾害事故都可能引发城市系统的安全问题。然而在安全管理部门设置、管理职责和管理方法等方面，全国上下主要都沿袭了过去以部门为主导的单灾种管理模式，甚至还在不断加强部门的单灾种管理职能。虽然目前浦东新区已经在形式上建立了突发事件的综合管理体制，但在实际管理过程中，分散于各职能部门的应急管理资源难以得到综合利用，部门协作和协调成为应急管理的主要障碍。其结果是，一方面导致多头管理或重复管理，造成应急资源和行政资源的极大浪费；另一方面，由于部门间的应急管理职责不明确，许多应急管理问题难以落实责任主体，因而无法实施有效管理。

现行的各个地区的应急管理体系都存在灾害发布部门和灾害应对处置部门的脱节，缺乏对环境、社会、经济这 3 个系统进行动态沟通、整合评估的整体机制。一个单一灾害发生后，可能会引发后续的一系列衍生灾害，而对城市公共设施、城市正常运行、个人的生命和财产造成重要影响（图 9-1）。

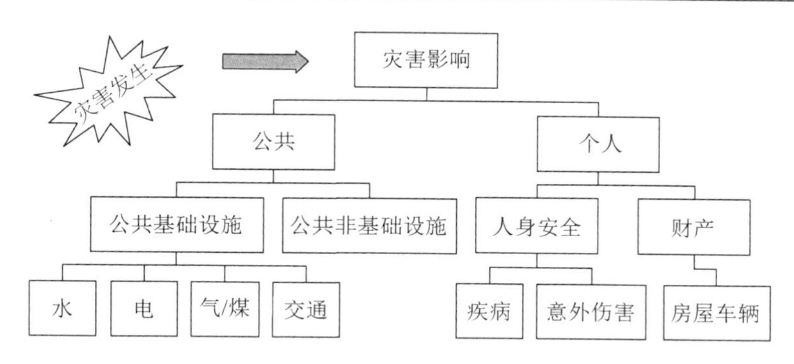

图 9-1　灾害影响分析示意图

例如，分析低温雨雪冰冻灾害对城市运行产生的影响。一方面，低温雨雪冰冻造成的积雪、结冰直接影响城市的道路交通、供水供电供气设施设备；另一方面，低温会引起民众疾病、伤害等健康问题并对其日常生活造成重要影响。

雨雪冰冻灾害会对城市运行产生严重影响（图 9-2）：造成道路积雪结冰，影响地面、高架、轨道交通、水运、航运等；导致各类供水、供气、供电设施被破坏；影响交通运输，可能导致煤炭供给不足，发电量减少，而低温又会使用电负荷增加，导致电力供不应求；农副产品受灾、运输系统影响外部供给等都加剧了城市物资供给矛盾。雨雪冰冻灾害也会对市民的健康安全产生严重影响，寒潮会

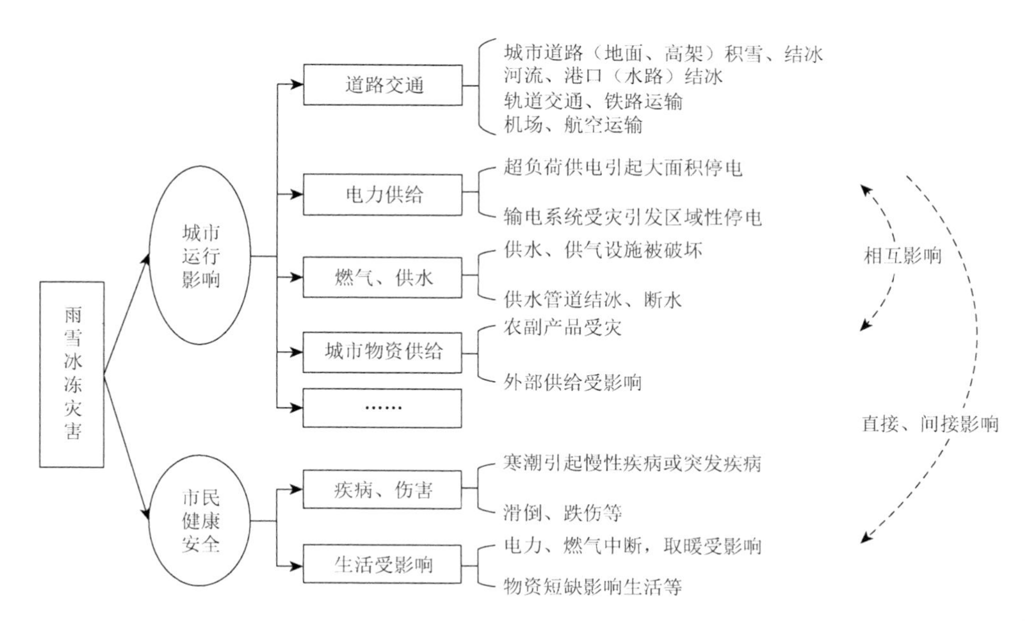

图 9-2　雨雪冰冻灾害对城市的影响分析

引起慢性疾病或突发疾病；导致人员滑倒、跌倒受伤；而电力、燃气中断及物资短缺则会影响人们的正常生活。

气象局作为气象预测预防的专业部门，能较好地预测、预报各种天气异常和气候变化，但是对气象灾害可能导致的城市受灾状况并不具备预测能力。例如，气象局虽然能成功预测预报雨雪天气，但对于冰冻雨雪是否会导致输电系统被严重破坏、道路交通体系瘫痪等没有足够的预测分析能力。这需要综合应急管理部门根据气象部门提供的气象预报预警资料，分析评估雨雪灾害的可能性和危害性，并依此制定应急响应方案。虽然各职能部门都各自制定了应急预案，但由于在风险评估与应急规划阶段各职能部门间缺乏综合协调与沟通，难以制定出有效的综合预防和规划应急方案，在预防准备和应急处置方面，都可能无法高效完成。一旦灾害发生，又可能出现互相推诿等现象。

二、系统多元主体共治模式

浦东新区是上海城市的核心城区，是由复杂的自然系统、物理系统和社会系统组成的超复杂城市社会系统。而现有的城市管理主要由不同层级和不同职能部门按照各自的管理职责对浦东新区进行相应的管理。但是，城市系统之间是相互关联、相互影响的，简单、粗放式的管理难以应对复杂系统的运行问题。而现代化应急管理强调以防范为主、重点突出、快速处置的理念，即城市应急管理需要关注重点，而不是简单的大包大揽式管理。需要注重速度，要适当集中，以便在紧急情况下快速做出反应；要注重防范，不能满足于事件主导的处置环节，需要重视治理防范。因此，需要构建一个物理集中、系统集成、信息集享、多种平台合一、多项任务切换的城市运行综合管理模式。不仅要将浦东新区城市运行作为一个复杂系统进行管理，也要将分散的管理主体（责任主体）建立成一个系统——浦东新区城市运行综合管理系统。通过多元主体系统，对城市运行复杂系统进行综合管理，建立多元主体共治模式。

所谓系统模式，一是管理主体作为一个系统，强调多个主体之间的整体协调，强调管理的侧重点转向注重组织的整体性和目标性，强调人与人之间、人与部门之间、部门与部门之间的整体协调；二是管理客体作为一个复杂的城市社会系统，强调城市是由各系统组成的复杂系统，需要系统化治理。

浦东新区城市运行综合管理系统是以整体协调的组织系统（多部门、多层次的多元管理主体共治系统），实现城市复杂系统的综合管理（综合管理、社会治理、突发事件应急管理）。

三、建立安全管理统筹机构

（一）组织体系

浦东新区需要建立一个安全管理统筹机构，或强化现有浦东新区应急委的职能，使之作为区安全管理最高的权力机构，全面负责浦东新区突发公共事件预防、应对与重建等相关政策制定、重大决策指挥、应急管理规划实施等工作。

目前浦东新区应急委的组成已经囊括了浦东新区区委、浦东新区人民政府的主要领导和各相关部门的主要领导，在组织体系上具有相当高的完善性和权威性。在不改变现有的浦东新区应急委作为领导机构、浦东新区应急办作为日常办事机构的基础上，应进一步理顺浦东新区应急委领导下的应急管理机构，以城市综合防灾智慧系统建设为抓手，以标准化安全管理和绩效考核评估体系为支撑，以资源共享与资源整合为纽带，统筹全区应急管理工作，强化浦东新区应急办的工作职责和核心地位。

在现有的体制机制下，进一步理顺浦东新区应急委统一领导下的各个应急管理工作机构。现行的管理模式将城市常态化管理、治安管理和突发事件应急管理交由 3 个部门负责，部门之间建立了沟通机制，有其合理性，但 3 个部门相对各自为政、独立运作，因此在实际工作中联动不多，再加上上海市浦东新区城市网格化管理监督中心已经降为上海市浦东新区环境保护和市容卫生管理局下属单位，实际已经不再承担应急管理职能，因此需要重新梳理浦东新区应急委下各个应急管理工作机构的构成、职责和相互管理。

浦东新区应急委统领三类机构：办事机构、工作机构和专家机构，包括浦东新区应急办、应急指挥中心（智慧系统）和应急管理专家组，形成新区应急管理的核心。

在上述应急管理工作组织体系中，浦东新区应急办是浦东新区应急管理工作运行的核心办事机构，常态下，通过标准化应急管理体系和考核评估机制统领全区应急管理工作；突发事件时，成为浦东新区人民政府应急指挥的决策辅助，快速、有效地为决策指挥提供相应的技术和信息支撑。

应急指挥中心（智慧系统）主要负责常态时的城市综合管理的信息汇总和应急状态下的应急决策和指挥。

浦东新区应急办负责浦东新区应急委的运行和日常管理工作，在浦东新区应急委的领导下负责全区的重特大事件的管理，通过信息化的管理手段，对各相关单位的应急管理工作进行监督、检查和考核。

（二）工作职能

在应急管理工作职能上，浦东新区应急办应充分发挥信息汇总、综合协调的作用，具有综合信息、预防规划、应急保障及联络协调四项职能，以有效完成上述工作目标。

1）综合信息职能，浦东新区应急办负责汇总各相关单位的应急情报信息、风险评估信息，并向有关单位提供相关的应急情报信息和预防预警信息；负责向上海市应急办上报相关应急情报信息和预防预警信息，并接收上海市应急办的情报信息和预防预警信息，成为应急信息流转中枢，形成信息共享机制。同时，浦东新区应急办负责对应急情报信息进行综合分析，为各相关单位提供处理意见；撰写全区突发公共事件风险分析与评估报告，为浦东新区区委、浦东新区人民政府领导提供决策支撑。

2）预防规划职能，浦东新区应急办负责制定新区应急管理工作预防规划方案，并推动规划实施；管理区内各级应急预案，对各专项预案和部门预案提供专业指导，同时督促各相关单位完善应急预案；开展宣传、教育、培训等工作，提升新区政府各级管理人员、社会团体、市民对突发公共事件的应急技能；建立应急管理工作考核评估体系，并负责执行落实。

3）应急保障职能，区应急办负责新区应急平台信息系统建设和维护，构建统一高效、互联互通、信息共享的新区应急平台体系；在突发公共事件状态下，负责提供通信指挥保障、物资保障和医疗保障。

4）联络协调职能，区应急办负责在突发公共事件状态下迅速形成应急处置建议方案，联络各相关领导开展应急处置指挥工作，协调各相关单位应急联动，必要时到事件现场协调处置。常态下，联络协调各相关单位开展综合性演练工作。

第三节　创新城市应急管理机制

城市系统的复杂性对安全管理提出了较高的要求，而浦东新区的面积辽阔、多种功能区域相互交错、叠加，单纯的扁平化管理难以有效应对复杂的城市安全问题。因此需要通过建立立体化组织体系，以构建网络化、全覆盖的城市安全防御系统和快速、有效的应对机制，确保浦东新区既能有效防御和减轻灾害事故的发生，又能在突发事件发生时及时应对、灾害发生后快速恢复，成为一个名副其实的有强韧性的“安全浦东”——全球安全城区。

一、机制创新的主导理念

（一）增强应急管理总协调部门的统筹性

重特大事件常常对城市社会各层面造成影响和破坏，在应对过程中，需要有一个总体统筹部门进行协调。而协调的基础是对信息全面掌握，需要获取综合的信息和实时的信息。分散在各部门的信息往往难以共享，综合灾害管理模式要求将各灾害风险信息汇总在一起，分析灾害风险对城市各个方面造成的影响和危害，进行事前的统一规划建设和事中快速、有效的应急处置。所以，从城市灾害综合管理角度分析，如果缺乏统一规划和管理，一是在城市发展建设阶段，不能从城市整体进行系统规划，建设防灾体系；二是在突发事件发生时，各职能部门应急管理作用难以有效发挥。

建设基于大数据的城市综合防灾智慧系统，以增强安全管理总协调部门的统一管理职能，通过综合灾害情报信息和应急指挥平台，有效实施城市全灾害危机管理和全过程危机管理。

依托浦东新区应急管理部门，建立集情报收集、传输和分析于一体的应急管理情报体系，将现有的分散于地震、民防、气象、防汛、疾控中心、应急联动中心等部门的突发事件应急情报信息整合成统一的全灾害情报信息，并转变成有效的应急指挥、决策情报信息。综合灾害情报体系是全灾害和全过程危机管理的基础，是浦东新区实施综合应急管理的必要保障。

（二）强化部门条线和属地管理的联通性

减少专业应急管理环节，提高综合应急管理能力。目前浦东新区的应急管理运行机制主要还是按灾种、分部门的灾害管理模式，过分强调灾害的专业管理。例如，在浦东新区，对于威胁较大的防汛，防汛部门的主要职责是对发生的洪涝灾害和旱灾进行预防、预警和应对，并建立了一整套深入到基层社区的防汛应急管理队伍。然后正如上文讨论城市系统的复杂性时所见，灾害可能对公共设施、个人安全的不同侧面产生不同类型的影响，部门条线管理对灾害的复杂影响无能为力，或者只是疲于应对，因此，需要建立部门条线管理和街镇、重点区域管理沟通协调机制，通过专业部门实施专业管理、基层（街镇、单元）实施社会管理和综合管理，浦东新区应急管理机构协调专业部门、基层管理部门和其他职能部门共同实施安全管理。

二、建设“单元全覆盖，条线重整合”的应急空间组织模式

目前，浦东新区的应急管理体系主要是以职能部门为主体的专业管理和以街镇为主体的属地管理的“井”字形管理框架，即“横向到边，纵向到底”的管理体系。但这种常态化的公共管理模式已经无法适应浦东新区迅速发展、灾害影响日益复杂的城市安全管理现状。

浦东新区地域辽阔，城市组成错综复杂，不仅由大量的基础设施和重要设施构成，还是一个由不同功能单元、特殊区域构成的相互叠加、相互影响的城市复杂系统。因此，城市综合防灾系统需要在现有的应急管理体系基础上，进一步聚焦城市安全管理重点，将市级基层应急管理单元、区级基层应急管理单元、重点区域作为安全管理重点，建立由应急单元、街镇、功能区域及专业部门等组成的多层次、网络化应急管理体系。在确保安全管理横向到边、纵向到底的同时，突出重点，确保重点区域、重要设施安全运行，以此覆盖全域，保障全区域城市安全运行。

（一）建立三级单元安全管理体系

浦东新区具有多层次的功能区域，各功能区域面临各自的风险和安全问题，也具有相对独立的运行和管理体制，因此需要根据功能区域的安全管理特征，建立层次化的城市安全管理体系，按照功能区域或重要地区的安全管理等级，聚焦核心问题，分层管理。因此，在浦东新区城市综合防灾系统规划建设中，需要抓住重点部位、重要区域进行专门管理，管理好不同层级的重点区域安全，就解决了浦东新区安全的主要问题。根据浦东新区城市空间组成和物理社会形态构成，可以从城市安全管理复杂程度和重要性方面，结合《浦东 2035 规划》中对于四级公共中心体系的布局，将浦东新区划分为三级管理单元。

一是浦东新区目前有浦东国际机场单元（浦东国际机场—虹桥国际机场应急单元）、综合保税区单元（由外高桥保税区—浦东国际机场综合保税区—洋山深水港保税区构成）和上海国际旅游度假区单元（准市级基层应急管理单元）3 个市级基层应急管理单元，还包括轨道交通站点市级基层应急单元和地下空间市级基层应急单元的浦东新区部分，它们是市级应急管理的重点区域。市级单元的安全运行是上海市城市安全的重要保障，这些浦东新区城市安全一级管理单元，由市、区政府、单元管理主体共同推动区域安全管理体系建设。

二是浦东新区包括陆家嘴金融区域、世博区域、高桥石化区域（转型发展中）、金桥出口加工区、张江高科技园区、老港转型区域等重要区域，这些是浦东新区的重点发展地区或重要的转型区域，各区域安全是浦东新区城市安全的重要组成，

为此将陆家嘴区域等上述重要地区作为浦东新区“区级安全管理单元或重要地区”，构成了浦东新区城市安全的二级管理单元，由区政府、区级重要地区责任主体共同推动安全管理体系建设。

三是将浦东新区内现有的36个街道（镇）作为区应急管理的社区级管理单元或地区，覆盖浦东新区全域（除市级功能区域以外），是组成浦东新区的基本单元（社区），社区单元的安全运行是浦东新区城市安全的基础，构成了浦东新区城市安全的三级管理单元，各街（镇）是社区安全管理单元的主体，区应急管理部门和职能部门作为主管或业务指导单位，指导并协助社区推动安全管理体系建设。

浦东新区三级安全管理单元构成和分布如图9-3所示。

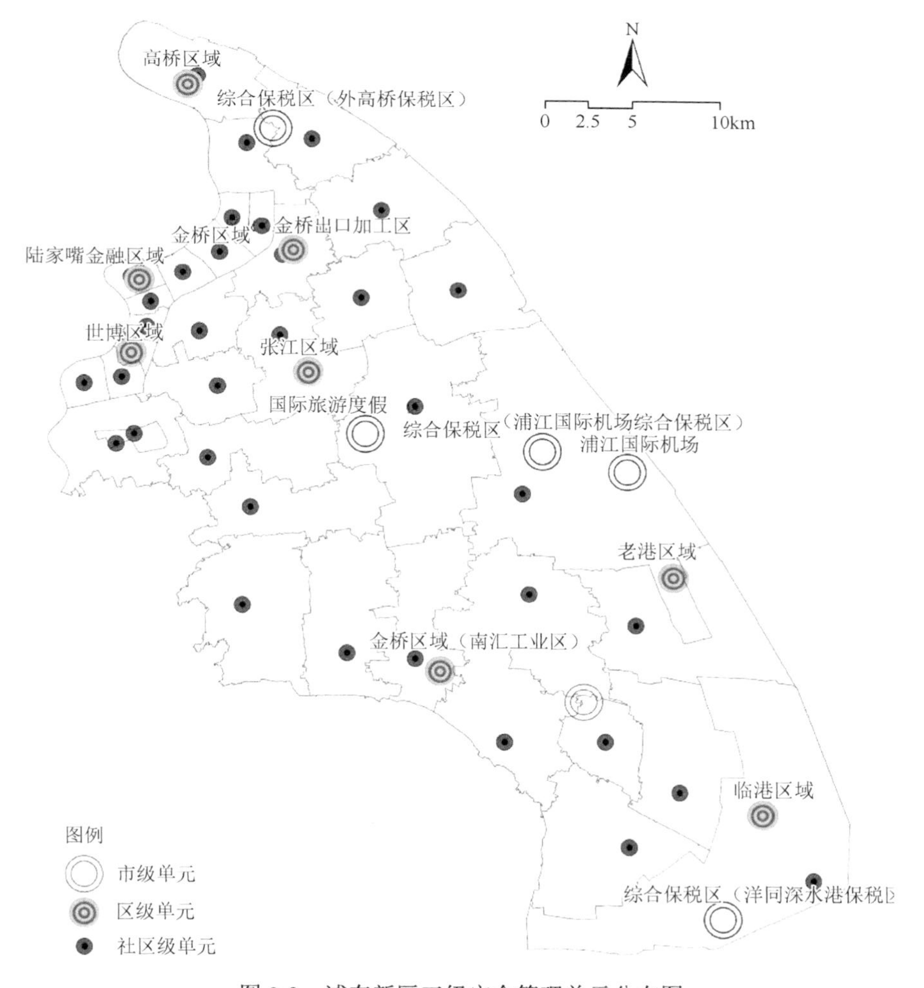

图9-3　浦东新区三级安全管理单元分布图

（二）构建立体化空间组织方式

“三级安全管理单元”体系构建了覆盖浦东新区全域“横向到边”的安全管理体系。但同一单元涉及多个专业化安全管理的职能部门，同一个专业职能部门需要指导不同的安全管理单元，单元之间、单元与专业职能部门之间、专业职能部门之间交互、叠加和渗透，构成了复杂立体空间组合。因此，现有的“横向到边、纵向到底”的网格状管理模式虽然能全面覆盖浦东新区全域，但对于城市复杂系统的灾害管理，其难以发挥最佳作用。浦东新区应充分分析各个功能区域的安全特征，构建以市级基层应急管理单元、区级基层应急管理单元和重要区域为主要管理对象，并以此辐射链接各相邻街镇或村居委社区、学校、企事业单位的多层级安全管理单元体系，在此基础上，将浦东新区应急、公安、消防、卫生、安监、环保、建设、交通、市场监管、民防、人保、民政、农业、商务、教育、气象、新闻宣传等职能部门，以及各开发区、街镇等既有应急处置联动单位构建的应急联动立体式网络体系，通过城市综合防灾智慧系统有效连接，以此构建浦东新区横向到边（街镇全覆盖）、纵向到底（专业全到位）、重点突出（核心单元化）、社区托底的相互交汇、叠加式、立体化、多层次的城市综合防灾空间组合系统。

三、应急管理条块联动机制

系统多元主体共治的模式和“单元全覆盖、条线重整合”的空间组织方式都需要相应的条块联动机制作为支撑和保障。应急管理部门联动机制首先需要切实建立不同职能部门的信息沟通、资源共享机制。专业部门和属地管理部门在应急管理的范围、职责、关注灾害风险的阶段等方面都存在一定的差异，专业部门侧重于对单一灾害的预防准备、监测预警、应急处置，而属地管理部门则侧重于辖区范围内的全灾害、全过程管理。然而现实中，专业部门和属地管理部门之间，在应急管理能力和管理专业性水平方面，两类组织存在一定的差异，而且不同部门之间也存在一定的差异。建立浦东应急管理条块联络机制，并不是要消除差异，也不是以安全管理统筹机构取代专业部门的日常管理，而是基于各自的应急管理特征和职责，建立一套不同组织之间的沟通联络机制，使得各自的专业所长能得到发挥。

应急管理部门大体可以分为几个类别：灾害部门、灾害直接影响部门、处置/救援部门、支持性部门。

1）灾害部门，包括气象、海洋、地震等，主要是针对可能的自然灾害，进行相关的预防准备、监测预警等。

2）灾害直接影响部门，包括防汛、农业、安监、教育、交通、建设等，主要是各类突发事件可能波及的管理部门，对突发事件的可能影响进行评估、预防准备等。

3）处置/救援部门，包括公安、消防、环保、卫生、食药监等，主要是对不同的突发事件进行应急处置和应急救援，互相之间经常需要配合和协作。

4）支持性部门，包括民防、经信委、新闻、商委、民政等，主要是对应急管理工作提供媒体平台、救助、物资等的支持。

这四类侧重于不同方面的专业部门在自己的管辖领域都能发挥作用，且互相之间的信息流存在一定的规律：灾害部门是应急管理的起点，对各类灾害进行专业性的监测预警，并和其直接影响部门建立工作机制，对一个灾害风险可能造成的各种影响、危害进行系统性的分析、考虑，如在分析不同的暴雨雨量、分布的情况下，对河堤、道路、交通运营、房屋建筑可能造成什么程度的影响；在预报将要产生某些灾害时，对城市社会运行的不同侧面可能造成什么影响，需要采取哪些措施。而灾害的进一步应对则需要依靠相关的处置/救援部门的专业救援队伍。

而市级、区级安全管理单元（包括浦东国际机场、国际旅游度假区、陆家嘴区域、自贸区等）对浦东新区乃至上海经济社会发展都有至关重要的影响，而这些区域又是各类突发事件的承受者，这些重要安全管理单元，以及各基层街镇的灾害风险评估、信息发布、应急处置都要基于这些区域的基础特征，应用精细化的管理措施和方法。所有的这些信息互通都应基于数据在应急管理平台的汇总。各专业部门通过信息平台、沟通联动机制的建立，在“三级安全管理单元”中具体落实各自的安全管理职能。

第十章　综合应对体系规划——能力提升

社会应对体系的建立，以及整体防灾工作体制机制的有效落实，都要建立在具体防灾能力的整体提升上，而防灾能力的提升需要有效的抓手，只有整个社会多元主体的防灾能力都得到有效提升后，城市“韧性”才可能得到保障，因为韧性体现在灾害发生后，城市各个部分的参与者能否快速从灾害中恢复。

因此，结合浦东新区发展现状，其防灾能力提升可以从以下 3 个方面入手：在整体“面”上，需要在新的安全管理体制机制下，通过城市运行综合管理中心和综合管理平台的建设，提升综合管理能力；在具体“线”上，则通过组建多层次、立体化的应急救援体系，提升应对灾害的能力；在参与“点”上，构建多元化、社会化的安全治理模式，鼓励不同社会力量共同参与，以此整体提升浦东新区的防灾能力，以有效应对各种复杂环境下不确定性极强的重特大灾害。

第一节　城市运行综合管理能力建设

社会防御体系的关键在于日常管理的落实。在建立由应急管理部门统领、相关职能部门共同参与构成整体管理网络的应急管理新体制基础上，通过加强城市运行的日常管理，实现城市运行的精细化、智能化管理，是降低城市运行中的广布型风险，减少城市灾害事故的有效途径。

一、构建浦东新区城市运行综合管理体系

城市的发展需要构建一个物理集中、系统集成、信息集享，多种平台合一，多项任务切换，纵向到底、横向到边，全覆盖、无盲区的城市运行综合管理体系，实现浦东新区城市运行的精细化、智能化管理。

浦东新区应急管理工作已经有较好的基础，专业条线、基层街镇不同层面建立了部门应急指挥中心和基层应急管理机构（或基层应急联动中心），这些不同层次的应急管理机构在日常的应急管理工作中发挥了各自的作用。例如，浦东新区应急办，在职守应急、信息汇总、综合协调等方面发挥了重要作用；区公安指挥中心，在应急联动、先期处置中发挥了积极、有效的工作；街镇等基层联动在街面管理和现场处置方面发挥了基层应急管理的作用。这些已经建成或

正在发展的不同层次的应急指挥机构和基层应急管理队伍是浦东新区应急管理的基础。

（一）建设城市运行综合管理体系

浦东新区城市运行综合管理体制建设，可以在现有的部门和基层应急管理基础上，建立协同联动的城市运行管理体系，即通过建立综合的城市运行管理平台，将这些不同类型、不同层次的部门应急指挥中心和基层应急管理机构纳入城市运行综合管理平台，按照标准化的管理方法和运行机制，实施集中管理、分工协作、联合指挥、联合行动，以达到集浦东新区城市运行日常管理与突发事件应急管理于一体的综合管理的目的。

以现有的浦东新区城市运行综合管理体系为基础（图 10-1），通过城市运行综合管理体系建设，构建浦东新区城市运行综合管理中心和城市运行综合管理街镇

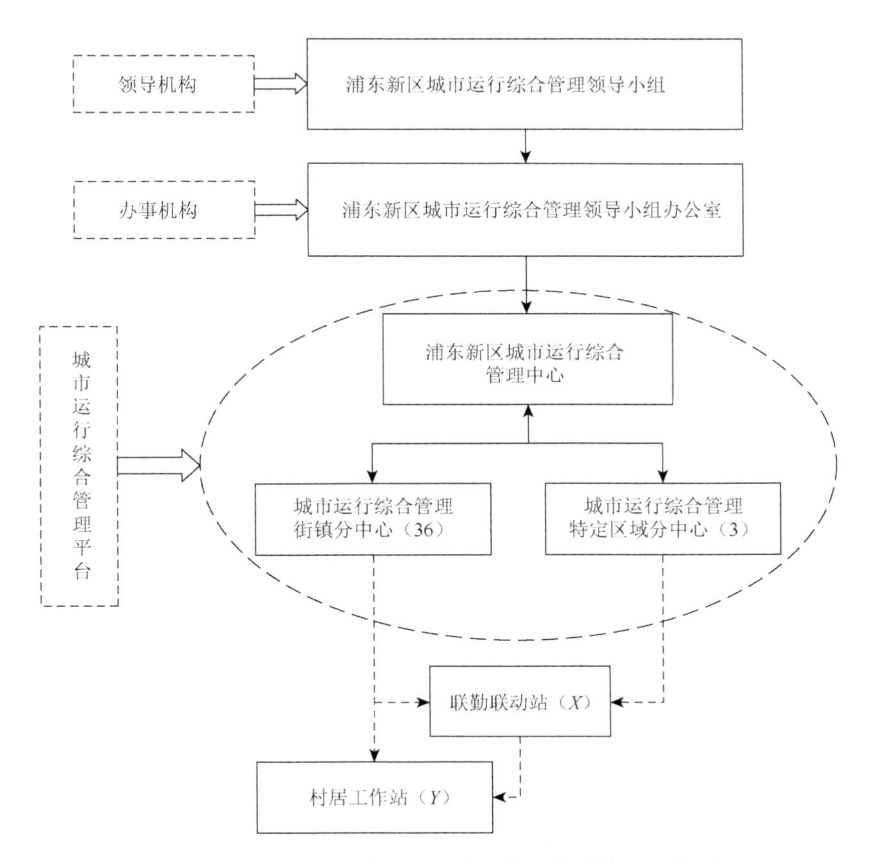

图 10-1　浦东新区城市运行综合管理体系构成示意图

分中心二级平台；形成新区、城市运行综合管理街镇分中心和社区联勤联动站“1 +（3 + 36）+ N”三级体系（其中，“1”为1个区城市运行综合管理中心；“3”为国际旅游度假区、世博开发区、小陆家嘴地区（城管办）3 个城市特定管理单元城运分中心；“36”为36个城市运行综合管理街镇分中心；“N”为若干个街镇社区联勤联动站，并将城市运行综合管理向村居延伸，做到新区、街镇、社区、村居城市运行四级管理，实现城市运行综合管理“纵向到底、横向到边、全覆盖、无盲区”的高效、精细化运行。

（二）建立多元主体管理的组织系统

浦东新区城市运行综合管理中心以城市运行综合管理中心建设为抓手，以标准化管理和考核评估体系为支撑，以资源共享与资源整合为纽带，统筹全区城市运行管理与突发事件应急管理工作，构建多元主体管理的组织系统。

浦东新区区级层面的城市运行管理组织体系以浦东新区应急办、浦东新区安全监管局、浦东新区防汛指挥中心、浦东新区医疗急救中心和上海市浦东新区城市管理行政执法局信访分队为核心主体，以上海市公安局浦东分局、上海市浦东新区城市管理行政执法局、浦东新区建交委、浦东新区环境保护和市容卫生管理局、浦东新区规划和土地管理局、浦东新区卫生和计划生育委员会、上海市浦东新区教育局为重要主体，其他责任单位为协调参与主体。

构建以36个街镇和3个特定区域（保税区、国际旅游度假区、世博开发区）组成的城市运行综合管理二级组织体系。二级组织体系将街镇绿化市容管理、房管办事处，以及特定区域的公安、城管、市场监管等作为核心主体，将街镇的公安、城管、市场监管部门作为重要主体。

为了将治理重心下移，强化基层治理的作用，在二级组织体系下，根据辖区的需要，进一步建立联勤联动站，在村居层面建立村居工作站，将城市运行综合管理延伸到村居层面。

由此构建成浦东新区城市运行综合管理的二级平台、三级体系和四级延伸，以浦东新区应急办、浦东新区安全监管局、浦东新区防汛指挥中心、浦东新区医疗急救中心和上海市浦东新区城市管理行政执法局等职能部门为核心主体，以上海市公安局浦东分局等部门为重要主体，其他职能部门、二级管理主体参与治理的多元主体管理的组织系统。

（三）分级管理的具体内容

浦东新区是由不同功能单元、特殊区域构成的复杂城市体。各功能区域具有相对独立的运行和管理体制。各功能区域有各自的风险和安全问题。因此需要抓住重点部位、重要区域进行专门管理，构建“区级—街镇和特定区域—联勤联动站—村居工作站”四级管理体系，将城市日常管理与突发事件应急管理相统一，实现城市运行的精细化、智能化。

区级层面综合管理主要依托区城市运行综合管理中心，是浦东新区城市运行综合管理最高指挥决策的平台枢纽，承担全区城市运行综合管理工作的统筹规划、机制建设、统一指挥、综合协调、督办考核等职能。

街镇、特定区域综合管理则依托街镇、特定区域分中心，是辖区内城市运行综合管理事项统筹、协调、处置的牵头责任主体，服从区城市运行综合管理中心的工作指令、业务指导和监督考核。

联勤联动站是街镇、特定区域分中心指挥处置城市管理、社会治理和突发事件的“桥头堡”和“突击队”，承担城市运行综合管理联勤巡查、联合执法、联动处置和支撑村居自治等职能。

村居工作站是城市运行综合管理体系的功能延伸，以联勤联动的形式加强村居自治，夯实基层治理。

四级管理体系的具体职责内容如图 10-2 所示。

二、规划城市运行综合管理的运行机制

完善的城市运行综合管理体系的建立保障了城市运行综合管理的建设和运行。而规范化的运行机制是城市运行实施标准化、科学化综合管理的基础。通过建立平急融合机制、领导轮值机制、联席指挥机制、多渠道发现机制、分类处置机制、联勤联动机制、分析研判机制、监督考核机制等浦东新区城市运行综合管理运行机制，可以进一步明确综合管理的职责、任务和规范化管理流程。

（一）平急融合机制

通过业务整合、职能融合、信息共享建立平急融合机制，发挥城市运行综合管理中心从常态下网格管理迅速转为非常态下应急管理的综合管理功能。常态下（平时），以网格化综合管理为主；非常态下（紧急），迅速转为非常态应急管理。其中，城市运行综合管理中心上海市浦东新区城市运行综合管理中心负责开展二级平台难以独立指挥处置及跨部门、多交叉复杂问题的综合协调处置，涉及区层面的重大事项由区领导直接指挥；较严重的突发事件由浦东新区应急办负责牵头协调，按照专项应急预案的相关要求，成立防汛防台、安全生产事故救援、社会安全突发事件、公共卫生突发事件、环境突发事件、综合事件 6 个专项应急指挥

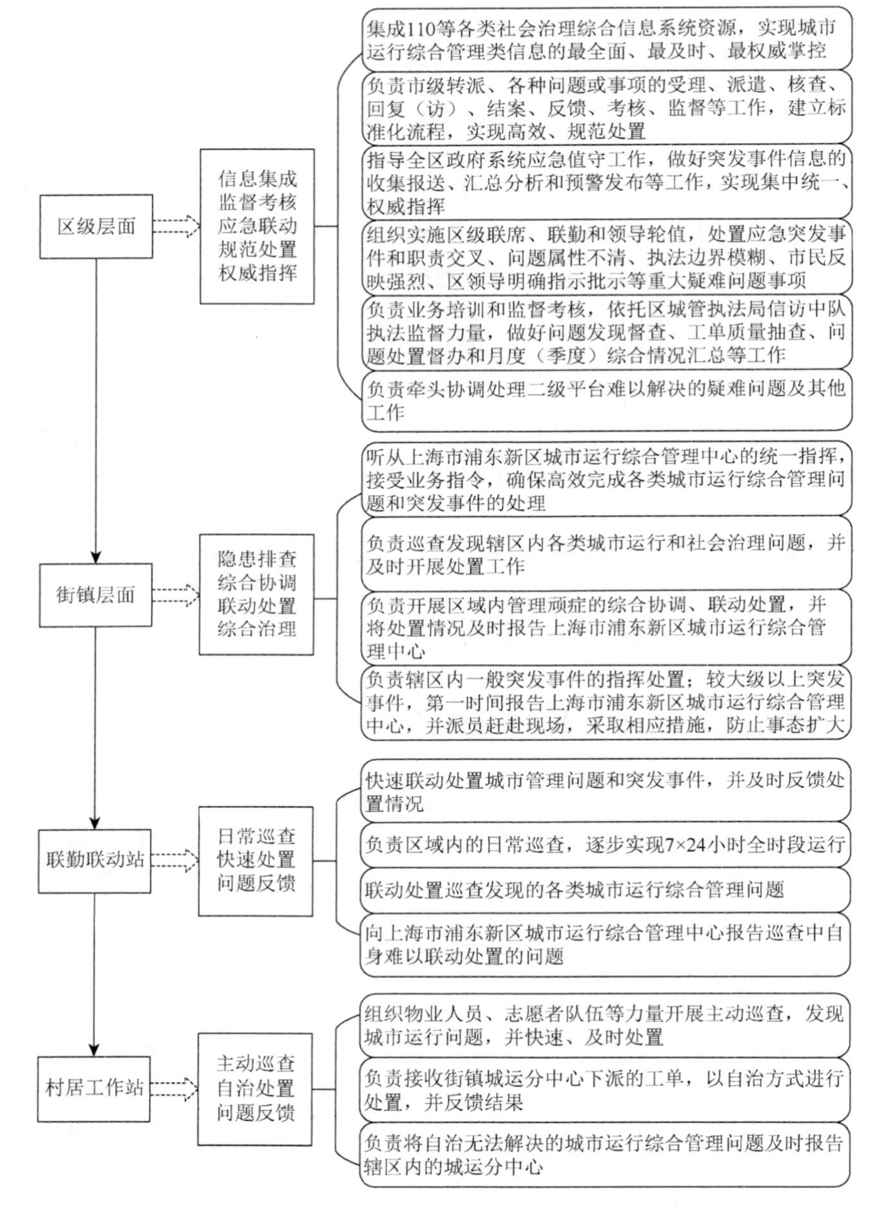

图 10-2　城市运行综合管理分级管理内容示意图

部，开展专业指挥处置，提高城市运行综合管理事项的处置效率。6 个专项应急指挥部每年定期或不定期组织开展演练，检验“平急转换功能”和相关应急预案的可操作性。

（二）领导轮值机制

在一级平台层面建立上海市浦东新区人民政府领导工作日轮值制度，轮值区领导要在工作日早晚到上海市浦东新区城市运行综合管理中心城市运行综合管理中心了解全区面上的城市运行综合管理情况，协调督办“急、难、愁”事项。一般突发事件由该轮值领导在平台坐镇指挥处置；较严重的突发事件分别由上海市浦东新区委员会、上海市浦东新区人民政府分管领导在平台坐镇指挥处置。同时，建立上海市公安局浦东分局、上海市浦东新区城市管理行政执法局、上海市浦东新区市场监督管理局、浦东新区建交委、浦东新区环境保护和市容卫生管理局、浦东新区卫生和计划生育委员会、浦东新区安全监管局、浦东新区规划和土地管理局、上海市浦东新区教育局等部门班子成员轮值制度，工作日时间由以上部门班子成员轮流到上海市浦东新区城市运行综合管理中心城市运行综合管理中心驻场值班，协助轮值区领导处理相关事项。

在二级平台层面，建立各街镇、特定区域对应管委会（管理局）班子成员工作日轮值制度，轮值期间，值班领导到城运分中心了解本辖区社会治理和城市管理情况，查找薄弱环节和不足，分析研究共性问题，帮助上海市浦东新区城市运行综合管理中心解决本辖区内的疑难问题。

（三）联席指挥机制

在上海市浦东新区城市运行综合管理中心城市运行综合管理中心设置联席单位工位，主要包括上海市公安局浦东分局、上海市浦东新区城市管理行政执法局、上海市浦东新区市场监督管理局、浦东新区建交委、浦东新区环境保护和市容卫生管理局、浦东新区卫生和计划生育委员会、浦东新区安全监管局、浦东新区规划和土地管理局、上海市浦东新区教育局等部门，以上联席单位各安排 1 名业务能力强、责任心强、综合协调能力强的副处级干部常驻上海市浦东新区城市运行综合管理中心城市运行综合管理中心，专职负责联席指挥工作。其中，上海市公安局浦东分局派 3 名干部、上海市浦东新区城市管理行政执法局和上海市浦东新区市场监督管理局各派 2 名干部常驻上海市浦东新区城市运行综合管理中心。

在街镇和特定区域分中心内设置联席工位，辖区内公安、市场监管、城管执法部门各派 1 名干部常驻平台，安监、绿化市容、房管、规土等相关执法管理部门（单位）根据需求驻场联合办公，增强指挥的权威性、派单的准确性和处置的时效性。遇到突发事件，需要多个部门协同配合时，涉及的相关部门（单位）的分管（或主要）领导到上海市浦东新区城市运行综合管理中心实行联合指挥，提升处置效率。

（四）多渠道发现机制

按照“统一协调、分级包块、责任清晰”原则，综合运用市级转办、视频巡查、技术甄别、APP 收集、巡查员发现、市民参与、媒体监督等方式，构建“天上有探头、中间有平台、网格有队伍”的“人防 + 技防”实时监测和智能预警体系，拓宽影响城市管理运行和社会安全问题的综合发现渠道，提高主动发现率。

（五）分类处置机制

将城市综合管理事项分为服务类、城市管理类、应急类等，并按“首问、指定、兜底”3 个责任制分类处置。对于责任主体明确的问题，由城运（分）中心派单，相关职能部门予以快速处置；对于处置职责发生变化的问题，接单单位要履行首问责任，在核实情况后，及时向城运（分）中心反馈；对于涉及职能交叉或模糊的问题，由城运（分）中心指定主办、协办单位联合处置，并由主办单位负责反馈；对于暂无法认定责任主体的重要紧急问题，由城运（分）中心指定单位，兜底快速处置；对于难以处置的问题，由城运（分）中心进行专题研究，确认责任单位，实施动态跟踪管控，逐步销项解决。

（六）联勤联动机制

按照两级平台、三级体系、四级管理的城运（分）中心管理模式，按照条块结合、力量下沉、做实基层、以块为主、统一协调、分级负责、职责法定的原则，建立区、街镇、联勤联动站三级联勤联动工作机制。

（七）分析研判机制

按照上下贯通、互通有无、整体推进的原则，建立上海市浦东新区城市运行综合管理中心城市运行综合管理中心月度和季度例会制度，由上海市浦东新区城市运行综合管理中心城市运行综合管理中心主任组织召开，各街镇、特定区域城市运行综合管理中心城市运行综合管理中心主任和常务副主任参加（利用视频会商系统，远程参会）。其中，月度例会主要总结前一个月的城市运行情况，查找并分析薄弱环节，解决疑难问题；季度例会主要是工作反思会，在各单位开展自查自纠基础上，通报前一季度城市运行综合管理情况。同时，建立高层次领导会商制度，对一级平台难以解决的问题，适时召集各相关委办局领导会商研究，必要时提请区分管领导或主要领导协调决策，保证城市运行综合管理的所有事项都能得到有效处置和责任落实。

（八）监督考核机制

联合上海市浦东新区委员会、上海市浦东新区人民政府督查部门建立健全“主体监管、社会监督、问题督办、情况通报”的“四位一体”督查机制；建立上海市浦东新区城市运行综合管理中心城市运行综合管理中心督查监督队伍，在上海市浦东新区城市管理行政执法局现有 6 个大队中各明确 1 个中队，负责上海市浦东新区城市运行综合管理中心城市运行综合管理中心督查督办事项的跟踪监督；对二级平台和一级平台承办单位进行分类考核，围绕基本业务、重点任务、底线要求三大方面，建立月评分、季排名、年考核制度，实行城市运行综合管理考核“一票否优”和“一票否决”制；落实“分级约谈” 责任追究制度，对严重影响区绩效、未及时完成市（区）下达的任务、连续整改不力、媒体连续曝光和辖区内发生责任性重大事故的单位领导开展约谈；对渎职、失职等涉及违法违纪的，移交纪检等有关部门。

三、强化城市运行综合管理平台建设

根据当前浦东新区的应急管理工作现状要求，应进一步推进和规范应急平台的建设，构建统一高效、互联互通、信息共享的浦东新区城市运行综合管理平台体系。

（一）一级平台的功能定位

上海市浦东新区城市运行综合管理中心城市运行综合管理中心按照统一指挥、综合管理、部门联动、资源整合、需求共享、平急结合、高效处置的原则，集信息总汇、权威指挥、网格管理、应急协调功能于一体，作为浦东新区城市管理和社会治理的多功能综合指挥枢纽，是浦东新区城市运行综合管理的信息资源共享平台、网格监管工作平台和联席指挥平台。其具有如下功能。

1）平台运行一体化。整合常态城市管理和非常态城市应急管理资源，按照分步实施的原则，条件成熟的先整合，并预留拓展空间，推动城市网格化管理与社会治理一体化融合，全面提升浦东新区城市运行综合管理水平。

2）监管功能模块化。通过视频监控系统对全区和相关街镇区域开展视频巡逻，重点关注早晚高峰时段的学校、菜场、医院、轨交站点、住宅小区5个周边区域，建立分类监管模块，实现一键显示功能，提高对重点时段、重点区域和重点内容的城市管理水平。

3）联动处置动态化。通过视频监控、移动视频、部分传感终端与城市运行综合管理街镇分中心信息系统的智能匹配，优化人机合一、机网同步，对发现、处置、反馈、考核和监督全过程实现从自主发现到联动处置的动态效果。

4）运行操作标准化。制订浦东新区城市运行综合管理指挥操作手册，在问题发现、受理派遣、跟踪协调、监督核查、结案反馈等方面，形成规范、一体化的处置标准，实现城市运行综合管理的空间、内容、时段、指标、责任的全覆盖。

5）管理方式智能化。开发浦东新区城市运行综合管理信息化系统，实现案件流转、信息查询、统计报表、工作管理等功能，加强上下贯通、左右联通，实现4个层级间的信息资源共享，并以大数据为支撑，实现问题工单的可视化、可控化、可追溯。

（二）二级平台建设

根据上海市浦东新区委员会、上海市浦东新区人民政府关于推进浦东新区统筹核心发展权和下沉区域管理权的指示精神，在推动浦东新区社会治理创新工作中，强化基层治理体系建设，通过城市运行综合管理二级中心——城市运行综合管理街镇分中心建设，进一步做实街镇和基层社区的城市运行综合治理。

城市运行综合管理街镇分中心以网格化综合管理中心为基础，按照“多种平台合一，多项任务切换”的功能定位，进一步统筹街镇辖区内相关部门（单位）的信息化和管理类资源，实现平台运行一体化、监管功能模块化、联动处置动态化、运行操作标准化、管理方式智能化，形成分工合理、权责明晰、协调有序、全程监管（7×24 小时）、全年无休的城市运行综合管理新体系。城市运行综合管理街镇分中心除接受浦东新区城市运行综合管理中心的工作指令和业务指导以外，在与综治中心部门业务对接的基础上，主要负责辖区内各类城市运行安全和社会治理问题的巡查发现、派单督办、指挥处置、评价考核等，牵头进行疑难问题、管理问题和民生热点问题的综合协调，并负责非常态下突发事件的联动指挥，实现由各自的管理力量向职能融合、信息共享、协同作战转变，做到第一时间发现、第一时间相应、第一时间联动、第一时间处置，成为本辖区内城市运行管理和社会治理“听得见、看得着、查得到、控制得住、处理得了”的多功能综合指挥枢纽。

保税区、国际旅游度假区、世博开发区作为3个特定区域，进一步对其加强区域综合治理，成立“浦东新区城市运行综合管理××分中心”，设在对应管委会（管理局）的相关职能部门，接受浦东新区城市运行综合管理中心的工作指导和业务考核。

街镇辖区内的各村居委是城市运行的前沿端口，也是社会问题的根源所在。因此，建立村居城市运行综合管理工作站，将其作为城市运行综合管理街镇分中心的一环和前沿阵地，开展村居社区自治共治工作，及时发现问题并快速处理，实现社会治理和城市运行安全问题的“微循环、微治理”，对难以用区域自治方式解决的问题，通过图像、录音、视频等手段及时将信息报送至城市运行综合管理街道分中心，实行统一调度、联动处置。

对于街镇（特定区域）辖区较大、管理对象复杂、社会问题多发等，街镇（特定区域）可以根据需要，按照突出重点区域，就近快速处置的原则，结合辖区现状、社情特点和城乡一体化发展要求，介于街镇和村居之间，在服务对象最多、社会问题最多的地方，规范设置联勤联动站，受城市运行综合管理街道分中心的直接领导，开展街面巡查、快速联动、应急处置等工作。

随着新一轮的机构改革与调整，浦东新区应急管理局已经于2019年3月正式组建成立，原来是浦东新区应急办、浦东新区安监局等部门的职能也将随之进行调整。新组建的浦东新区应急管理局将以浦东新区城市运行综合管理中心为依托，进一步深化浦东新区应急管理体制机制，将突发事件应急管理与城市运行常态化管理相结合，通过应急管理的高标准促进城市常态化管理，通过城市精细化管理保障城市突发事件应急管理，切实提升浦东新区城市社会的应对能力。

第二节　多层次应急救援体系构建

应急救援的核心是快速救援、专业化救援，而建立多层次应急救援网络体系是实施快速救援、专业救援的基本保证。《上海市人民政府办公厅关于加强本市综合性应急救援队伍建设的意见》（沪府办发〔2010〕16号）中，提出了建立“立足特大型城市经济社会发展对应急管理的实际需求，不断完善以应急救援指挥平台为核心，以消防救援部队为依托，以各专业、专职和社会化应急救援队伍为补充，以应急救援专家为智囊，以应急救援综合训练基地、装备、信息等为基础保障的综合性应急救援队伍体系”的总体目标。完善的应急救援网络体系主要由综合性救援体系、专业救援体系和基层综合应急救援体系构成。

浦东新区沿江滨海，有国际机场，又拟建火车东站，中心区域高楼林立，集中了数量众多的超高层建筑，应急救援抢险面临着复杂的城市系统，现有的应急救援体系难以满足浦东新区应急救援的需求，与纽约、东京等国际大都市的救援体系相比有很大差距，尤其是空中救援和海上救援能力相对薄弱。因此，需要立足浦东新区全球城市核心区的发展战略高度，从浦东新区未来高层建筑与复杂区域不断增多的实际出发，构建海-陆-空立体化救援体系，完善陆地综合救援体系，进一步加强海上救援和空中救援体系建设，逐步形成互相支援、协同作战的体系，能应对复杂灾害和特殊事故的海-陆-空立体救援体系。

浦东新区完善的应急救援队伍体系应该由以消防救援队伍为主的综合性救援队伍、以生命线工程救灾抢险为主的专业救援队伍和以志愿者和社会力量为主的基层综合应急救援队伍构成（图 10-3）。除了以消防队为主体的地方综合应急救援队伍，还需要整合如危化品泄漏或爆炸等化学救援、矿山应急救援、桥梁抢险救援等专业救援队伍。而基层综合应急救援队伍能在先期处置、人员疏散、转移安置等方面发挥重要作用。因此，浦东新区在进一步壮大综合应急救援队伍（支队）和专业应急救援队伍的同时，努力培养基层应急救援队伍和民间应急救援队伍，统筹规划，全面发展，构建符合全球安全城区水平的多层次应急救援队伍体系。

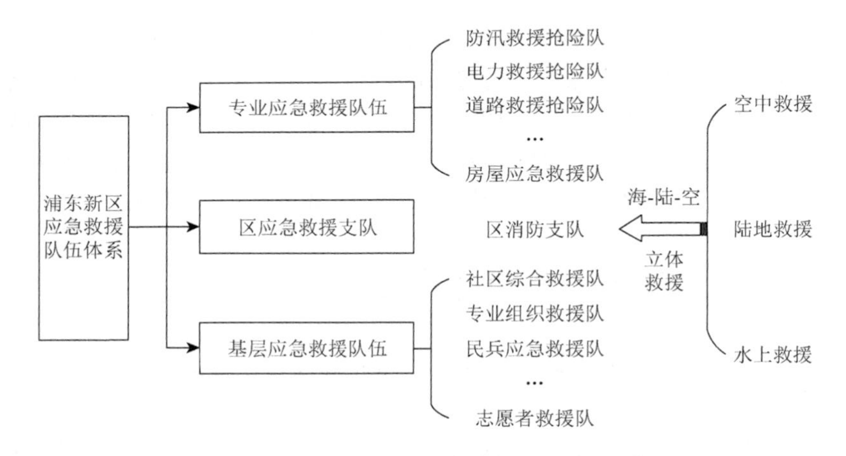

图 10-3　多层次立体化应急救援队伍体系

一、以消防救援队伍为主体的区应急救援支队

2019 年 4 月 23 日修订的《中华人民共和国消防法》规定，国家综合性消防救援队、专职消防队按照国家规定承担重大灾害事故和其他以抢救人员生命为主的应急救援工作。

各类事故中，消防救援队伍都是最先抵达现场进行先期处置的重要力量，除传统的灭火救援培训之外，还需要针对城市中常见的诸如电梯困人事故、道路交通救援、危化品泄漏救援等突发事件，在日常培训中增加不同类型事故的救援方法，并且将救援和救护相结合，既有基础救援知识，也有基础救护知识。在应急救援中第一时间到达现场的救援力量基本上都是消防队伍，消防员对基础救护知识的掌握可以使被救援对象第一时间接受必要的基本救治，减少受灾人员的伤亡。作为救援主体，浦东新区应急救援支队需要针对浦东新区特大型城市的复杂系统和脆弱性特征，从救援专业技术力量、救援装备等方面加强救援能力建设，将以城市消防为主的消防救援队伍打造成应对各种复杂灾害事故救援抢险的综合性救援队伍。

二、专业应急救援队伍

很多突发事件的应急救援工作需要依靠专业性很强的特殊救援队伍来实施，如危化品泄漏或爆炸等化学救援、房屋应急救援、桥梁抢险救援等。根据《中华人民共和国消防法》，下列单位应当建立单位专职消防队，承担本单位的火灾扑救工作：大型核设施单位、大型发电厂、民用机场、主要港口；生产、储存易燃易爆危险品的大型企业；储备可燃的重要物资的大型仓库、基地。

因此，除了各地建立的依托消防队的地方性综合应急救援队伍以外，还应根据城市经济社会发展特征，针对房屋救援、化学救援等客观需求，建立强大的专业应急救援队伍体系，确保特殊专业的救援需要。我国已经组建有各类专业性的应急救援队伍，但大多力量分散、专业救援水平良莠不齐，对于一些复杂的事故灾害，不具备专业救援处置能力。

加强专业应急救援队伍的建设主要表现在两个方面。一是进一步完善各类专业队伍建设，努力提高专业救援队伍的救援能力；二是建立有效的专业队伍网络体系，不断提升专业救援队伍在行业与区域中应急救援的联动与支援。

浦东新区未来面对的安全局面会越来越复杂，再加上部分区域存在高危产业，如高桥化工、临港危化品仓储，在这种情况下，如何发挥防汛、电力、道路、通信、房屋、危化品等专业应急救援队伍的专业所长，综合统筹协调现场救援是至关重要的。

三、基层应急救援队伍

基层应急救援队伍能在先期处置、人员疏散、转移安置等方面发挥重要作用。大量突发事件应对案例表明，基层应急救援能力薄弱是造成重大人员伤亡和财产损失的重要原因之一。《中华人民共和国消防法》也指出，机关、团体、企业、事业等单位及村民委员会、居民委员会根据需要，建立志愿消防队等多种形式的消防组织，开展群众性自防自救工作。因此，基层应急救援队伍是应急体系的重要组成部分，是防范和应对突发事件的重要力量。为进一步加强基层应急救援队伍建设，国务院于 2009 年下发了《国务院办公厅关于加强基层应急队伍建设的意见》，明确提出了“深入推进街道、乡镇综合性应急救援队伍建设。街道、乡镇要充分发挥民兵、预备役人员、保安员、基层警务人员、医务人员等有相关救援专业知识和经验人员的作用，在防范和应对气象灾害、水旱灾害、地震灾害、地质灾害、森林草原火灾、生产安全事故、环境突发事件、群体性事件等方面发挥就近优势，在相关应急指挥机构组织下开展先期处置，组织群众自救互救，参与抢险救灾、人员转移安置、维护社会秩序，配合专业应急救援队伍做好各项保障，协助有关方面做好善后处置、物资发放等工作”的基层综合应急救援队伍建设的目标和要求。

为此，根据基层综合应急救援队伍的建设目标，借鉴国外基层应急救援队伍建设经验，建立适合浦东新区基层特征的“多元发展、灵活整合”的基层综合性应急救援队伍组建模式，形成依托基层政府组建与管理的政府型救援队伍模式、依托专业队伍组建的职能型救援队伍模式，以及完全依托社会组织组建与管理的 NGO 型救援队伍模式（滕五晓和胡晶焱，2015）。

（一）政府型救援队伍模式

政府型救援队伍模式是指将街镇政府或基层单元（功能区、开发区等）作为组建主体，根据街镇的灾害风险特征和自然经济发展水平，以及街镇现有的应急救援队伍状况，按照国务院及上海市政府有关基层综合性应急救援队伍建设的基本要求，将街镇内的民兵、预备役人员、退役军人、医护人员、志愿者等具有一定专业技能和应对能力的社区内骨干人员组织建设成服务于社区的基层综合性应急救援队伍。

政府型救援队伍模式完全由街镇政府（或职能部门）负责组建、管理和运行，如图 10-4 所示。基层综合性应急救援队直接受街镇（基层单元）政府领导，街镇内各职能部门对应急救援队在运行管理上进行业务指导，而职能部门下辖专业性应急救援队在专业技术方面给予支撑。这种模式的关键在于强化街镇（社区）政府的应急管理职能，将本街镇现有各专业职能应急救援队伍、社区志愿者队伍纳入街道（社区）应急管理框架下，实施集中、统一管理，在此基础上，编组建立一支融合多个专业力量的综合性应急救援队伍，即街镇综合性应急救援队，与职能部门下辖的专业性应急救援队伍共同构成了基层社区应急救援体系。各救援队伍既各司其职，又相互协作，共同承担社区应急救援任务。

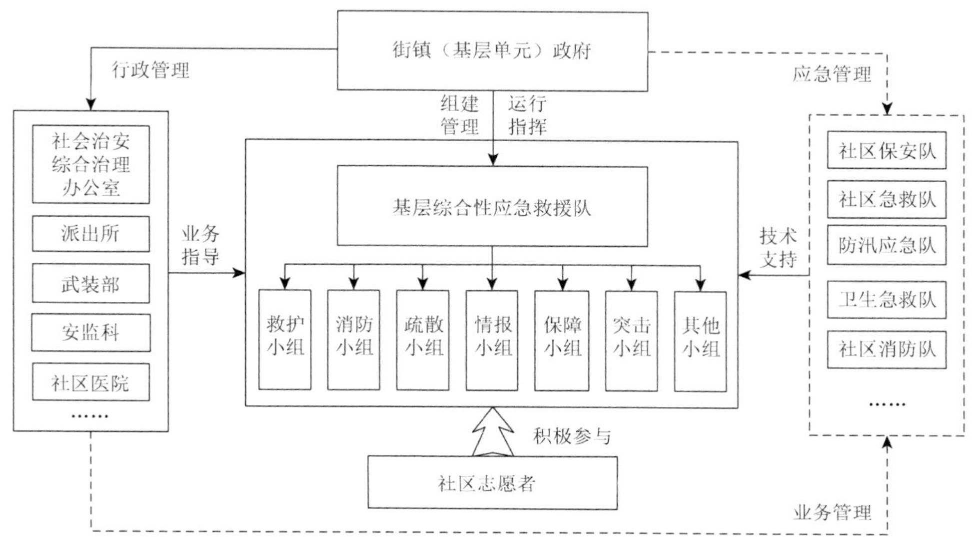

图 10-4　政府型基层综合应急救援队伍

（二）职能型救援队伍模式

职能型救援队伍模式是依托街镇（或职能部门）下辖专业应急救援队负责组建街镇综合性应急救援队，并负责其日常运行管理的组建模式，街镇政府通过对专业职能部门的行政管理，或对该专业救援队伍提供综合保障和应急指挥，实现对基层综合应急救援队伍的管理，如图 10-5 所示。该组建模式中的组建主体为街

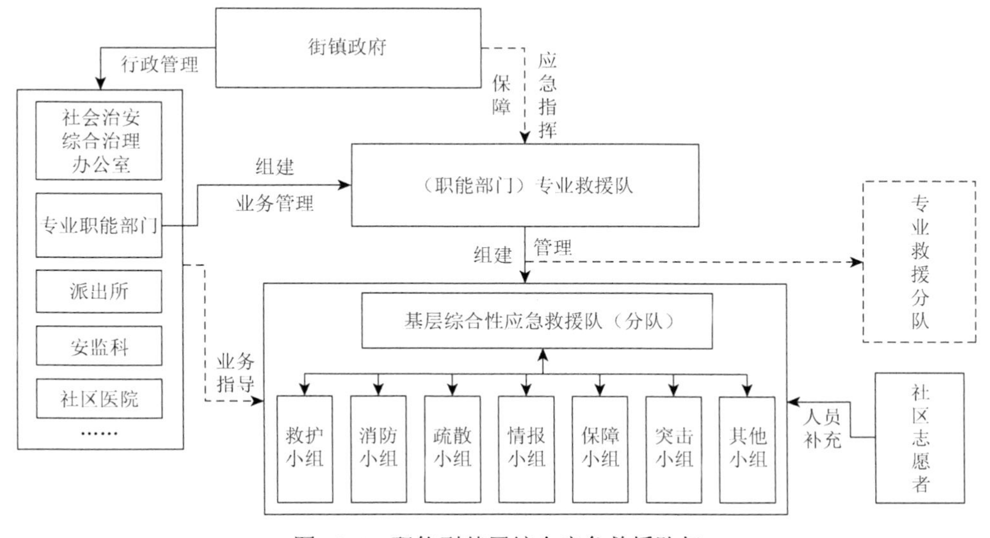

图 10-5　职能型基层综合应急救援队伍

镇中现有的专业应急救援队伍，由其根据街镇需要，在现有的专业应急救援队伍基础上，组建一支符合综合应急救援的基层综合性应急救援队（分队）。

该模式的关键是街镇为了应对某一类灾害事故，已经建成一支独特的专业化应急救援队伍，并有很好的运行管理经验。为了有效利用现有资源，充分发挥该专业救援队伍的作用，街镇政府可以依托该专业救援队（或依托该职能部门）组建街镇层面的综合性应急救援队。该模式依托职能部门或专业救援队组建和管理，具有较强的专业救援队特征，因而被称为职能型救援队伍模式。该模式适用于针对自身风险特征且综合能力较强的应急救援队伍的街镇。根据街镇应急救援的现状，可以在既有专业队伍基础上建设与发展。

（三）NGO 型救援队伍模式

NGO 型救援队伍模式是指依托专业社会组织/社区自治组织组建的以专业志愿者为主体的基层综合性应急救援队伍。专业社会组织/社区自治组织在社区层面招募有能力、有意愿的各类人员作为志愿者，并对其进行培训，将完成培训的志愿者组建成综合应急救援队伍。NGO 型基层综合应急救援队伍如图 10-6 所示。

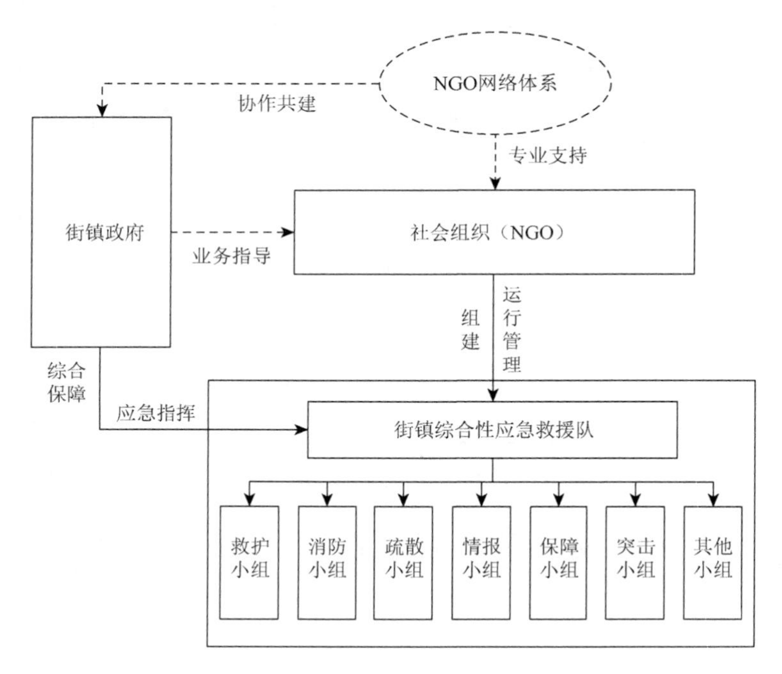

图 10-6　NGO 型基层综合应急救援队伍

发达国家基层应急救援队伍多是依托社区自治组织或社会组织组建而成的，如日本社区的自主防灾组织是基层社区防灾减灾和应急处置的核心；美国社区的社区应急响应队（CERT）本身就是一个影响很大的社会组织，按照社会组织的运作模式发展队伍并对其进行管理。该模式适用于民众自治意识较强、有社会力量参与社区管理基础的街镇。上海的社会组织发展速度较快，在社会管理中发挥着越来越重要的作用。因此，可以在社会组织发展较好、志愿者素质较高的社区尝试通过社会组织组建社区综合性应急救援队伍。

NGO型救援队伍模式可以有两种形式，一种形式是由分离于街镇之外的致力于社区综合应急救援的NGO负责在各社区培训和招募志愿者，组建该社区的综合性应急救援队，该类型的NGO自身形成网络体系，在政府之外按照社会组织的发展规律自我发展，在社区直接管理和运行救援队，如美国的CERT组织，其自身是一个庞大的社会组织。另一种形式是社区内的志愿者组织或自治组织在专业部门的指导下组建成基层综合性应急救援队，在社区与街镇政府协助共建。

（四）建立浦东新区基层综合性应急救援队伍体系

由于浦东新区各基层突发事件的性质各不相同，基层发展水平也不一致，所以基层综合应急救援队伍的建设可以多元发展。但是，为了更好地推动基层应急救援组织的发展，提高基层应急救援队伍的水平，需要建立一体化的管理体制与标准化的管理机制。

多元化建设是指基层综合性应急救援队伍的建设形式可以多元化，以适应街镇应急管理的客观条件和实际需要，如前面提出的可以依托不同组建主体建立相应的属地化基层应急救援队伍。一体化管理是指建立统一的建设目标、建设标准，以实现对基层应急管理队伍的规范化、标准化管理。通过多元化建设和一体化管理，最终建立一支适合浦东新区社会发展的基层综合性应急救援队伍体系（图10-7）。

一体化的管理体系是指将基层应急救援队伍的建设纳入到浦东新区应急救援队伍体系中，同时将队伍管理纳入到浦东新区突发事件应急管理体系中。建立“目标任务为导向、能力培养为路径、考核认证为手段”的管理原则，通过落实责任主体并明确队伍建设具体职责，围绕统一的目标任务，建立包括培训演练、考核评估在内的一整套基层应急救援队伍管理机制，实现各类应急救援力量和资源的有效整合。

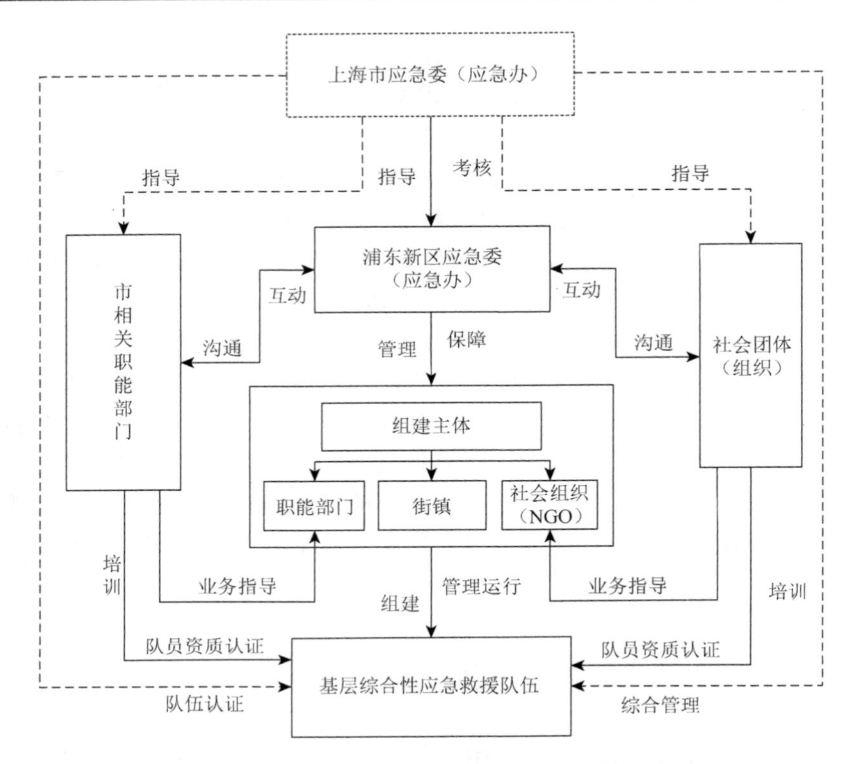

图 10-7　基层综合性应急救援队伍一体化管理体系

第三节　城市综合防灾中的多元参与

与特大型城市建设规模扩大、经济高速发展相伴随的是城市人口集聚、功能叠加，各类灾害风险呈放大效应。城市风险的不断累积，城市运行的巨大风险单靠政府去承担，必然挂一漏万。因此，需要企业、社会组织、个人等社会力量的共同参与、分担风险，才可能全面提升城市防范风险、应对灾害的能力。风险社会要求政府、企业、社会共同分担风险，也就是社会治理要确立合作、互通、共享的理念，打造社会治理人人有责、人人尽责的命运共同体，构建全民共建共享的社会治理格局，政府和社会要各归其位、各担其责。

基层社区是社会管理的末梢，是综合管理的落脚点和着力点，也是浦东新区三级安全管理单元的末端，社区安，则城市安。因此，加强基层社区安全治理能起到全区安全管理全覆盖的重要作用。浦东新区应该在花木街道、陆家嘴街道等基层社区安全治理经验的基础上，创新发展，完善多元主体参与的社区安全治理模式，构建多元参与治理的城市综合防灾体系。

一、防灾减灾体系建设中的社会力量

随着社会组织参与公共管理事务的深入，社会组织在应急管理中发挥着越来越重要作用。在公民社会崛起的背景下，社会组织、商业组织将民众自主的力量汇合，使民众成为不容小觑的参与主体，这是民众参与公共安全管理的基础。

社会组织可以全方位地参与安全治理，提供专业服务，无论是灾害事故后的救援抢险，还是灾前的预防准备工作，应急志愿组织可以参与应急管理阶段的各个环节，并且将不同的社会主体——社会、企业、保险、资本运作等共同纳入安全管理体系中，实现多元治理，确保快速恢复。因此，需要提升社会参与程度，将社会组织参与城市安全治理纳入城市安全组织体系中，构建集政府、社会、民众于一体的浦东新区城市综合防灾组织方式，以有效预防和应对复杂系统的灾害与突发事件。

在防灾减灾救灾工作中，社会组织、企业和个人都是不可或缺的社会力量。浦东新区社会组织发展领先，社会组织可以在参与应急管理方面做些尝试。浦东新区需要进一步建立和完善多元主体参与的城市综合防灾减灾体系，鼓励和促进社会力量有效参与城市安全治理。

作为社会建设和治理的主体力量之一，上海市的社会组织不仅在数量上有大幅度增长，而且在社会发展的诸多领域也发挥了积极的作用。截至 2017 年 6 月，上海经民政部门核准登记的社会组织有 1.4 万家，其中浦东新区就有 1600 多家，约占 11.4%。浦东新区大力培育发展社会组织，重视社会组织发展规律的研究及顶层设计，认真制定科学的社会组织发展规划及社会组织的扶持政策，善于通过政策引导社会组织结构的优化和社会组织秩序的良性发展，初步形成了较为完整的社会组织发展体系。

多元主体参与的防灾减灾体系以政府为核心，以社会组织为主力，以个人志愿者为辅助，企业支持，共建共赢。社会组织、个人志愿者和企业在该体系中的参与方式、服务对象和政策需求各不相同，因此需要出台相关政策法规，明确社会力量在防灾减灾救灾工作中的地位和作用，厘清不同的社会力量主体和各级政府的关系定位，搭建协调沟通的平台，建立有效的管理机制、高效的应急联动机制和可持续的保障机制。

就社会组织而言，多元参与体系建设应重点关注不同类型社会组织在城市综合防灾管理过程中的不同作用，建立一套规范的专业性评价考核系统，对社会组织进行有效的评级和监管，将有资质的社会组织纳入政府应急管理队伍序列，形成政府-社会的合力。

就个人志愿者而言，多元参与体系建设的重点在于构建志愿者信息平台，依托信息平台，采集志愿者个人防灾减灾救灾相关技能信息和服务意向，以便在灾害发生的时候迅速找到可以满足服务对象特殊需求的志愿者，将个人的零散力量纳入多元参与体系中。

就企业而言，多元参与体系建设应重点鼓励企业参与灾害预防准备，与保险公司合作，创立符合浦东新区实际的社区灾害保险和居民个人的灾害保险，以便于实现灾害风险的有效分担；鼓励驻地企业参与其所在社区的防灾减灾救灾工作，从企业社会责任角度，为所在社区提供一定的救灾物资和宣传演练资金。

通过政府引导、多元参与建立的防灾减灾体系，能够充分挖掘社会力量，鼓励社会参与，共建安全城市。

二、建立多元参与的浦东社区安全管理机制

社区安全是城市安全的基本组成，很多国家都将安全社区建设作为城市安全规划的任务之一，如伦敦在《大伦敦规划》2016 年修改版中提出的将伦敦建设成为“首屈一指的全球城市”，将“多元便利的安全社区构成的城市”作为规划建设目标之一[①]。因此社区安全管理体制机制建设是城市综合防灾规划的重要内容。但社区安全管理不是政府大包大揽能做好的，而且政府也很难为此提供庞大的人、财、物资源。这必然要求社区有一定的自发性，主动承担自身的安全管理职责。通过社区安全治理体系建设，使社区既能有效预防和应对各种突发事件，成为一个有准备的社区；又能在遭受灾难后快速恢复，成为一个有恢复能力的社区。

社区安全治理的根本目的在于提高社区抵御各种风险灾害的能力，减轻社区风险损失。根据风险管理理论，社区安全治理针对的是影响社区安全的各种风险隐患和突发事件，这是社区安全治理的客观对象。但是，社区安全治理的另一个重要目的就是通过治理过程，提高社区民众识别风险、应对风险的能力，从这个角度看，社区民众也是安全治理的对象之一。这正是社区安全治理与一般公共事务管理的不同之处，社区安全治理更强调社区民众的参与性与持续性。这样的治理过程正是社区主体与社区客体持续互动、自我完善、自我改进的过程，是社区安全治理目的所在。

日本和美国的社区减灾组织承担着社区综合减灾工作各方面的任务，包括制定社区应急处理计划，建立社区和政府之间的关系，确定减轻灾害影响的措施；邀请居民参加会议等需要政府、社区、民众的多方参与，因此多以委员会的形式成立和运作。委员会成员包括地方管理者、社区民众，以及物业、非政府组织、

① 资料来源：Mayor of London. 2016. The London Plan：Spatial Development Strategy for London.

社区医院、警察、消防、学校等部门①。值得注意的是，非政府组织在社区综合减灾中发挥了积极作用，取得了很好的实践效果，非政府组织参与社区安全治理已经成为社区综合减灾发展的新趋势。

浦东新区作为未来卓越全球城市的核心城区，公民将在参与城市治理方面发挥重要作用。因此，需要用全球视野、国际标准构建多元主体参与的浦东新区城市治理体系。多元主体参与的社区安全治理模式包括两个方面：参与者和参与模式。

（一）参与主体的多元化

在日本和美国的模式中，社区是一个综合性的平台，将消防安全、急救知识、心理调适等各方面的知识技能资源在社区进行整合，并通过社区平台向民众传播。社会共同体的安全责任单靠政府是无力承担的，社会的每一分子都要承担社会安全责任。在公民社会崛起的背景下，社会组织、商业组织将民众自主的力量汇合，使民众成为不容小觑的参与主体，这是民众参与公共安全管理的基础（滕五晓，2012）。

社区组织也将利益相关者及其附带的经济、社会资源集聚在社区，为社区防灾减灾的开展创造了有利的条件。足够的资源是社区安全治理工作的重要保障。让社区内所有的利益相关者都参与到项目中来，有利于保证项目的独立性、有效性和持续性。利益相关者指的是直接或者间接受到社区安全影响的组织机构和个人。只有这些组织机构都参与到项目中，并支持项目的开展，才能为项目争取更多的资源。因此需要充分培养社区获取和利用资源的能力，让社区成为整合资源的合适平台。

社区安全治理中的社会参与具有两个方面含义：一是社会组织本身是社区利益相关者，由于社区安全治理强调社区的开放性和动态性，在这样的社区范畴中，社区安全值得各方的重视，无论是企业、社会团体还是个体；二是社会组织是社会力量参与公共治理的重要组成部分，它既能从专业领域与政府合作或代替政府完成各种具体的治理项目，如接受政府委托，通过政府购买服务的形式为社区提供安全治理服务，又能发挥社会组织能动作用，如通过志愿服务或公益性服务、提供资金援助或设立基金项目、接受社区委托提供专业服务等方式，积极、主动地参与社区安全治理。社会组织参与社区安全治理，能在人员、技术、资金等方面为社区安全治理提供支撑，确保社区安全治理的实施。社会组织的专业指导和

① 资料来源：Christina Bollin. 2003. Community-based disaster risk management approach：Experience gained in Central America.

社区民众自身的参与，对于社区民众来说，不仅接受了社会组织给予的治理项目的支援，也接受了社会组织治理理念和方法，确保了社区安全治理的良性循环，更具有科学性和持续性。美国社区安全治理的参与者如图 10-8 所示[①]。

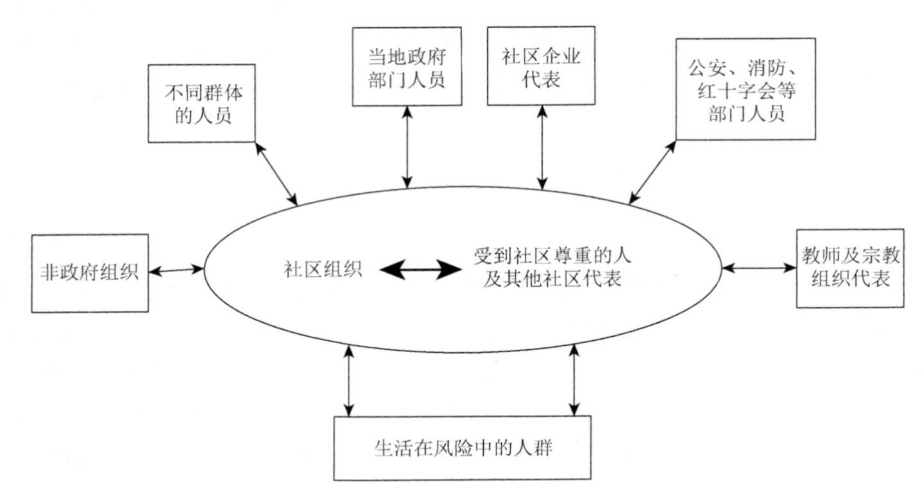

图 10-8　美国社区安全治理的多元参与

（二）多元参与模式的建立

社区安全治理不应该是政府一家的行为，而应是充分发挥社区自主性，由政府引导和支持、社会各界共同行动的社会参与机制，实现包括政府、社区民众、社会组织（非政府组织）、企业等利益主体在内的社区多元化共治，及时、有效地预防、控制和处理各种突发事件，最终将突发事件的危害降低到最低。将自上而下的管理转变为上下互动的治理，这种社区安全治理模式可以称为“社区安全多元主体协同治理”模式（滕五晓等，2014）。这种模式中，政府、社区、社会形成了一个利益集合体，更加满足多元社会的社区安全治理的实际需要。

政府、社区、社会组织共同参与社区安全治理的模式中，三者各自相对独立，发挥不同的作用，但又相互依赖、相互补充，缺一不可。从责任分担角度，实现社区安全治理是政府、社区及社会组织的共同责任，三者共同构成了社区安全治理的多元主体。

在运作形式上，社区是第一主体，既是治理目标和实施规划的主要决策者，

① 资料来源：Christina Bollin. 2003. Community-based disaster risk management approach：Experience gained in Central America.

又是治理的主要实施者，社区民众（组织）是治理的第一主体。而社区安全治理的政策制定、规范引导、经费确保、治理效果的检查和评估等是社区安全治理的前提和保障，是政府公共事务管理的重要组成部分，在这方面，政府是引导的第一主体。在安全治理的方法和技术、项目实施的监督、考核和评估等方面需要社会的支持和协同，没有专业技术支撑，也就不可能有高质量的安全治理，在这方面，社会组织的技术指导和支撑作用成为第一要务，另外，社会组织还能与政府合作或替代政府参与社区安全治理活动。

基于上述分析，政府、社区、社会组织在社区安全治理中既发挥独立的主体作用，又相互依存、相互促进，有效地发挥政府、社会、社区不同主体各自的积极作用。从政府安全治理的政策制定和保障，到社区民众积极、广泛的参与，再到社会组织的专业支持，构成了社区安全治理最有效的“三位一体”协同治理模式（图 10-9）。

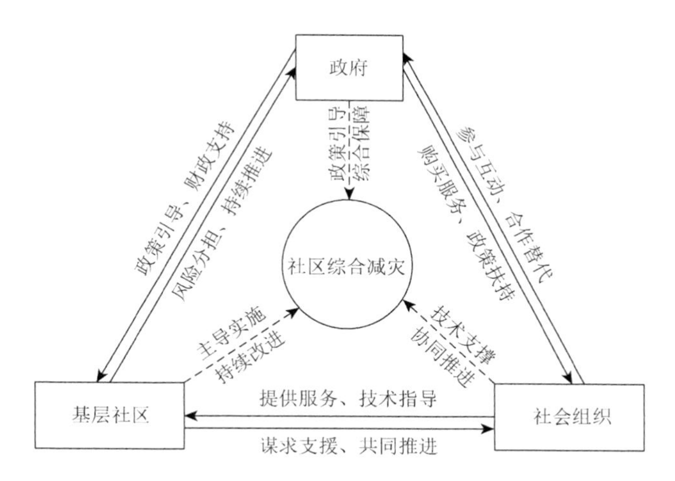

图 10-9　“三位一体”社区安全协同治理模式

（三）“三位一体”协同治理模式下的职责分工

在“三位一体”协同治理模式中，政府、社会组织、社区在社区安全治理工作中具有各自不同的作用，其职责分工也各不相同。这也正是社区安全治理中需要多元主体“协同”治理的重要性所在。

1）政府的职责：政府在社区安全治理工作中可以通过社区安全治理项目推进、资金投入、政策支持与引导、购买服务（政府财政）、考核评估、治理目标和标准设计等多方面发挥主体作用。政府不一定要参与到具体的社区安全治理项目中，而是应充分发挥“政策引导、综合保障”的积极作用。

2）社区的职责：社区民众是参与社区安全治理工作最直接的主体，是安全治理运作的实施者。在“三位一体”模式中，社区在政府治理目标和政策的引导下，谋求社会组织的专业支持和技术指导，负责社区安全治理工作的运作，发挥“主导实施、持续改进”的主体作用，通过社区全面、广泛参与治理过程，达到持续、改进的社区安全治理的目的。

3）社会组织的职责：社会组织既可以通过提供技术支援、咨询服务、志愿服务等形式直接参与到社区安全治理工作中，也可以通过设立社区安全治理的援助项目、设置社区安全治理基金、提供培训、协助政府进行项目管理、考核评估等方式间接参与社区安全治理工作。社会组织在社区安全治理工作中发挥“协同推进、技术支撑”的作用。

在浦东新区应急管理体系框架下，创新多元参与基层社区安全治理模式，建立政府、社会（组织）、社区（民众）三位一体的城市安全协同治理体系，全面提升浦东新区城市社会应对灾害的能力，建设全球安全城区——安全浦东。

三、培育浦东新区防灾社会组织

尽管新区社会组织已有很好的发展，但仍然存在良莠不齐的情况，特别是综合减灾方面的专业机构还严重缺乏，现有的社会组织难以提供综合减灾专业技术服务。结合浦东新区综合减灾工作实际，以及社会组织的发展现状，浦东新区可充分动员社区力量，建立“政府主导、社区运作、社会协同”的浦东新区特色基层综合减灾管理模式。

培育浦东新区防灾社会组织，可从以下两个方面着手。

1. 减灾统筹协调类社会组织

培育减灾统筹协调类社会组织，在政府与社会组织及社区之间建立联系。一方面，可以在一定程度上替代政府实施综合减灾工作，根据政府的要求，研究制定社区综合减灾技术规范、建设标准等，为政府提供决策咨询；另一方面，可以大力培育社会组织和专业机构，以满足社区综合减灾的要求。

减灾统筹协调类社会组织是新区层面的社会团体，可由熟悉应急管理、社区综合减灾工作的人员筹备，开展各类综合减灾相关项目研究，进行新区各类灾害情况分析，制定社区综合减灾工作流程及标准等。此类社会组织的成立能够有效地整合气象灾害预防、防震减灾、公共安全事件防范、火灾预防等一系列公共部门的职能，合理利用全社会的减灾资源，统一规划社区的灾害管理职能，在综合减灾中发挥特殊作用。

减灾统筹协调类社会组织可先行由上海市浦东新区人民政府培育成型，而后通过上海市浦东新区人民政府购买服务的形式，维持机构的正常运作。

2. 培育社区综合减灾推进专业机构

单依靠减灾统筹协调类社会组织的力量，无法在面积广阔的浦东新区及众多的居（村）委条件下，开展具体的社区综合减灾工作。因此需要有一些专业的机构深入社区，和社区一起开展具体的社区综合减灾工作。该类机构在社区开展具体的社区综合减灾工作时，应吸纳社区的专业社工、灾害信息员等，一起在社区开展工作。充分调动民众的广泛参与，才可能真正实现社区综合减灾。

专业机构可以先由上海市浦东新区人民政府或专业协会发掘有潜质的机构进行培训孵化和检测评估，在条件成熟以后，机构独立运行，通过街镇购买服务的形式开展工作。

参考文献

滕五晓. 2012. 社区安全治理：理论与实务. 上海：上海三联书店.
滕五晓，陈磊，万蓓蕾. 2014. 社区安全治理模式研究——基于上海社区风险评估实践的探讨. 马克思主义与现实，(6)：70-75.
滕五晓，胡晶焱. 2015. 基层综合性应急救援队伍组建模式及管理机制研究.上海行政学院学报，16（1）：79-87.